U0166568

华章原创精品

深度探索Linux系统虚拟化

原理与实现

Inside the Linux Virtualization

Principle and Implementation

王柏生 谢广军 著

机械工业出版社
China Machine Press

图书在版编目（CIP）数据

深度探索 Linux 系统虚拟化：原理与实现 / 王柏生，谢广军著．—北京：机械工业出版社，2020.9（2024.5 重印）
（华章原创精品）

ISBN 978-7-111-66606-6

I. 深… II. ① 王… ② 谢… III. Linux 操作系统 IV. TP316.85

中国版本图书馆 CIP 数据核字（2020）第 181327 号

深度探索 Linux 系统虚拟化：原理与实现

出版发行：机械工业出版社（北京市西城区百万庄大街 22 号 邮政编码：100037）

责任编辑：栾传龙 责任校对：殷 虹

印 刷：固安县铭成印刷有限公司 版 次：2024 年 5 月第 1 版第 5 次印刷

开 本：186mm × 240mm 1/16 印 张：18.25

书 号：ISBN 978-7-111-66606-6 定 价：89.00 元

客服电话：（010）88361066 68326294

Preface 前　言

为何写作本书

大约在 2014 年底，我参与了一个项目，使用 Android 模拟器在 x86 架构的机器上运行各种 Android 游戏。当时项目遇到的核心问题是游戏运行卡顿严重，印象中普通的小游戏每秒大约只能渲染十几帧，大型游戏则完全无法成功加载。运行模拟器的机器都有顶配的显卡，因此硬件性能并不存在问题。那么问题就出在软件架构上了。当时采用的软件架构是：使用虚拟机运行 Android 程序，Android 中有一个模块会将数据通过网络传送给另外一个本地应用进行渲染。对于游戏这种数据量很大的应用，采用网络包传输显然不是一个最优的方案。除了网络包在协议栈中的各种复杂处理外，大量的网络包传输会导致虚拟机和主机之间的频繁切换，这将耗费大量的计算资源。基于此，我们设计的新方案是在 VMM 层实现一个虚拟设备，在 Guest 内部通过这个虚拟设备向渲染程序发送数据。虚拟设备通过 IPC 方式与负责渲染的程序进行通信。方案实现后，原来无法加载的大型游戏每秒都可以达到 Android 的渲染上限 60 帧。

2015 年我参与了另外一个项目，将虚拟机的块设备数据存储到块存储集群。原有的方案是在宿主机上采用 SCSI 创建一个块设备，然后将这个块设备传给 Qemu，SCSI 设备再通过 iSCSI 协议将块数据传递给远端块存储集群。这个方案有很多弊端，块数据经历了两次 I/O 栈，一次是 Guest 内核中的，另外一次是 Host 内核中的，因此效率很低。另外，这个方案还有个致命的问题：那时偶尔会遇到内核中 iSCSI 协议的 Bug，此时除了重启宿主机外别无他法，而且那时热迁移还不是很成熟，可以想象一下重启宿主机的后果。为了解决这些问题，我们设计了另外一种方案，在 Qemu 中实现一个虚拟块设备，绕过内核的 I/O 栈，在该虚拟块设备中直接将块数据通过 TCP/IP 发给块存储集群，从而不再依赖 iSCSI 协议。方案实现后，IOPS 获得了极大的提升，系统的稳定性也增强了。

经历了很多类似上述的情况，因此我打算写一本 Linux 系统虚拟化方面的书，希望能让读者更深刻地认识和理解系统虚拟化，于是我和本书的第二作者谢广军博士相约，一起撰写本书。从 2015 年开始，历时近 6 年，中间历经多次易稿，从最开始过多地聚焦于烦琐的技术细节，到尝试从系统结构、操作系统和硬件等多角度去解释原委。书中全部采用可以说明问题的早期代码版本，而不是采用因各种特性迭代而变得纷繁复杂的最新代码。

在这 5 年多的时间里，每每不想坚持时，就会想起自己年轻气盛时经常质疑前辈们为我们留下了什么，而如今我扪心自问，从事了这么多年计算机工作，我又为这个行业做了什么？最后，希望本书能让大家有所收获。

读者对象

虚拟化是云计算的基础，此书写给云计算相关从业人员，也写给希望学习云计算相关技术的院校学生，以及 Linux 系统虚拟化的爱好者。

如何阅读本书

本书探讨了软件如何虚拟计算机系统，包括 CPU、内存、中断和外设等。此外，在云计算中，网络虚拟化也至关重要，因此，本书最后一章探讨了网络虚拟化。

第 1 章讨论 CPU 虚拟化。这一章介绍了 x86 架构下的 VMX 扩展，讨论了在 VMX 下虚拟 CPU 的完整生命周期。以 Guest 通过内存映射（MMIO）方式访问外设为例，展示了 KVM 如何完整地模拟一个 CPU 指令。然后，我们探讨了 KVM 是如何模拟多处理器系统的。最后，通过一个具体的 KVM 用户空间部分的实例，带领读者直观地体会 CPU 虚拟化的概念。

第 2 章讨论内存虚拟化。这一章首先简略地介绍了内存寻址的基本原理，然后分别探讨了实模式 Guest 以及保护模式 Guest 的内存寻址，包括大家比较熟悉的影子页表等。最后，我们讨论了在硬件虚拟化支持下，即 EPT 模式下从 Guest 的虚拟地址到 Host 的物理地址的翻译过程。

第 3 章讨论中断虚拟化。这一章我们从最初 IBM PC 为单核系统设计的 PIC（8259A）开始，讨论到为多核系统设计的 APIC，再到绕开 I/O APIC、从设备直接向 LAPIC 发送基于消息的 MSI。最后，我们讨论了 Intel 为了提高效率是如何从硬件层面对虚拟化中断进行支持的，以及 KVM 是如何使用它们的。

第 4 章和第 5 章讨论外设虚拟化。我们从完全虚拟化开始，讨论到半虚拟化，最后讨论到 Intel 的 VT-d 支持下的硬件辅助虚拟化。其间，我们通过实现一个模拟串口，带领读者直观地体会设备虚拟化的基本原理，然后带领读者深入了解 Virito 标准。最后，我们还探讨了支持 SR-IOV 的 DMA 重映射和中断重映射。

第 6 章以一个典型的 Overlay 网络为例，从虚拟机访问外部主机、外部主机访问虚拟机两个方面，分别探讨了计算节点、网络节点上的网络虚拟化技术。

勘误和支持

由于作者水平和编写时间有限，书中难免出现一些错误或者不准确的地方，恳请读者批评指正。来信请发送至邮箱 baisheng_wang@163.com 或 yfc@hzbook.com，我们会尽自己最大努力给予回复。

致谢

特别感谢机械工业出版社的编辑们，他们不断地鼓励我，并提出了宝贵的修改意见，感谢他们专业且细致的工作。

最后，感谢我的妻子，她担起全部家务琐事和教育孩子的重任，让我把全部精力都放在追求理想上。

王柏生

2020 年 8 月

目 录 *Contents*

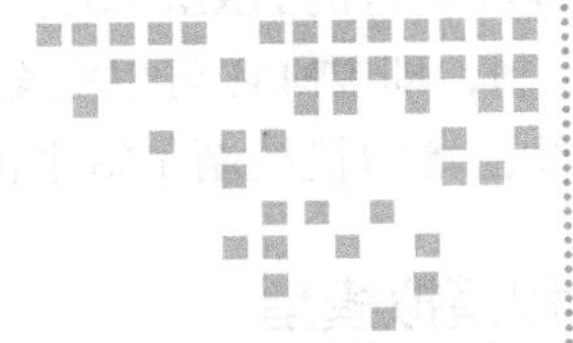

第 1 章 Chapter 1

CPU 虚拟化

在本章中，我们首先介绍了 CPU 虚拟化的基本概念，探讨了 x86 架构在虚拟化时面临的障碍，以及为支持 CPU 虚拟化，Intel 在硬件层面实现的扩展 VMX。我们介绍了在 VMX 扩展支持下，虚拟 CPU 从 Host 模式到 Guest 模式，再回到 Host 模式的完整生命周期。然后我们重点讨论了虚拟机 CPU 如何在 Host 模式和 Guest 模式之间切换，以及在 Host 模式和 Guest 模式切换时，KVM 及物理 CPU 是如何保存虚拟 CPU 的上下文的。接下来，我们重点讨论了虚拟 CPU 在 Guest 模式下运行时，由于运行敏感指令而触发虚拟机退出的典型情况。我们以 MMIO 为例，向读者展示了 KVM 如何完整地模拟一个 CPU 指令，以及 KVM 是如何模拟多核处理器的。在本章的最后，我们通过一个具体的 KVM 用户空间的实例，向读者直观地展示了 CPU 虚拟化的概念。

1.1 x86 架构 CPU 虚拟化

Gerald J. Popek 和 Robert P. Goldberg 在 1974 年发表的论文“Formal Requirements for Virtualizable Third Generation Architectures”中提出了虚拟化的 3 个条件：

1）等价性，即 VMM 需要在宿主机上为虚拟机模拟出一个本质上与物理机一致的环境。虚拟机在这个环境上运行与其在物理机上运行别无二致，除了可能因为资源竞争或者 VMM 的干预导致在虚拟环境中表现略有差异，比如虚拟机的 I/O、网络等因宿主机的限速或者多个虚拟机共享资源，导致速度可能要比独占物理机时慢一些。

2）高效性，即虚拟机指令执行的性能与其在物理机上运行相比并无明显损耗。该标准要求虚拟机中的绝大部分指令无须 VMM 干预而直接运行在物理 CPU 上，比如我们在 x86

架构上通过 Qemu 运行的 ARM 系统并不是虚拟化，而是模拟。

3）资源控制，即 VMM 可以完全控制系统资源。由 VMM 控制协调宿主机资源给各个虚拟机，而不能由虚拟机控制了宿主机的资源。

1.1.1 陷入和模拟模型

为了满足 Gerald J. Popek 和 Robert P. Goldberg 提出的虚拟化的 3 个条件，一个典型的解决方案是陷入和模拟（Trap and Emulate）模型。

一般来说，处理器分为两种运行模式：系统模式和用户模式。相应地，CPU 的指令也分为特权指令和非特权指令。特权指令只能在系统模式运行，如果在用户模式运行就将触发处理器异常。操作系统允许内核运行在系统模式，因为内核需要管理系统资源，需要运行特权指令，而普通的用户程序则运行在用户模式。

在陷入和模拟模型下，虚拟机的用户程序仍然运行在用户模式，但是虚拟机的内核也将运行在用户模式，这种方式称为特权级压缩（Ring Compression）。在这种方式下，虚拟机中的非特权指令直接运行在处理器上，满足了虚拟化标准中高效的要求，即大部分指令无须 VMM 干预直接在处理器上运行。但是，当虚拟机执行特权指令时，因为是在用户模式下运行，将触发处理器异常，从而陷入 VMM 中，由 VMM 代理虚拟机完成系统资源的访问，即所谓的模拟（emulate）。如此，又满足了虚拟化标准中 VMM 控制系统资源的要求，虚拟机将不会因为可以直接运行特权指令而修改宿主机的资源，从而破坏宿主机的环境。

1.1.2 x86 架构虚拟化的障碍

Gerald J. Popek 和 Robert P. Goldberg 指出，修改系统资源的，或者在不同模式下行为有不同表现的，都属于敏感指令。在虚拟化场景下，VMM 需要监测这些敏感指令。一个支持虚拟化的体系架构的敏感指令都属于特权指令，即在非特权级别执行这些敏感指令时 CPU 会抛出异常，进入 VMM 的异常处理函数，从而实现了控制 VM 访问敏感资源的目的。

但是，x86 架构恰恰不能满足这个准则。x86 架构并不是所有的敏感指令都是特权指令，有些敏感指令在非特权模式下执行时并不会抛出异常，此时 VMM 就无法拦截处理 VM 的行为了。我们以修改 FLAGS 寄存器中的 IF（Interrupt Flag）为例，我们首先使用指令 pushf 将 FLAGS 寄存器的内容压到栈中，然后将栈顶的 IF 清零，最后使用 popf 指令从栈中恢复 FLAGS 寄存器。如果虚拟机内核没有运行在 ring 0，x86 的 CPU 并不会抛出异常，而只是默默地忽略指令 popf，因此虚拟机关闭 IF 的目的并没有生效。

有人提出半虚拟化的解决方案，即修改 Guest 的代码，但是这不符合虚拟化的透明准则。后来，人们提出了二进制翻译的方案，包括静态翻译和动态翻译。静态翻译就是在运行前扫描整个可执行文件，对敏感指令进行翻译，形成一个新的文件。然而，静态翻译必须提前处理，而且对于有些指令只有在运行时才会产生的副作用，无法静态处理。于是，动态翻译应运而生，即在运行时以代码块为单元动态地修改二进制代码。动态翻译在很多VMM中得到应用，而且优化的效果非常不错。

1.1.3 VMX

虽然大家从软件层面采用了多种方案来解决x86架构在虚拟化时遇到的问题，但是这些解决方案除了引入了额外的开销外，还给VMM的实现带来了巨大的复杂性。于是，Intel尝试从硬件层面解决这个问题。Intel并没有将那些非特权的敏感指令修改为特权指令，因为并不是所有的特权指令都需要拦截处理。举一个典型的例子，每当操作系统内核切换进程时，都会切换cr3寄存器，使其指向当前运行进程的页表。但是，当使用影子页表进行GVA到HPA的映射时，VMM模块需要捕获Guest每一次设置cr3寄存器的操作，使其指向影子页表。而当启用了硬件层面的EPT支持后，cr3寄存器不再需要指向影子页表，其仍然指向Guest的进程的页表。因此，VMM无须再捕捉Guest设置cr3寄存器的操作，也就是说，虽然写cr3寄存器是一个特权操作，但这个操作不需要陷入VMM。

Intel开发了VT技术以支持虚拟化，为CPU增加了Virtual-Machine Extensions，简称VMX。一旦启动了CPU的VMX支持，CPU将提供两种运行模式：VMX Root Mode和VMX non-Root Mode，每一种模式都支持ring 0 ～ ring 3。VMM运行在VMX Root Mode，除了支持VMX外，VMX Root Mode和普通的模式并无本质区别。VM运行在VMX non-Root Mode，Guest无须再采用特权级压缩方式，Guest kernel可以直接运行在VMX non-Root Mode的ring 0中，如图1-1所示。

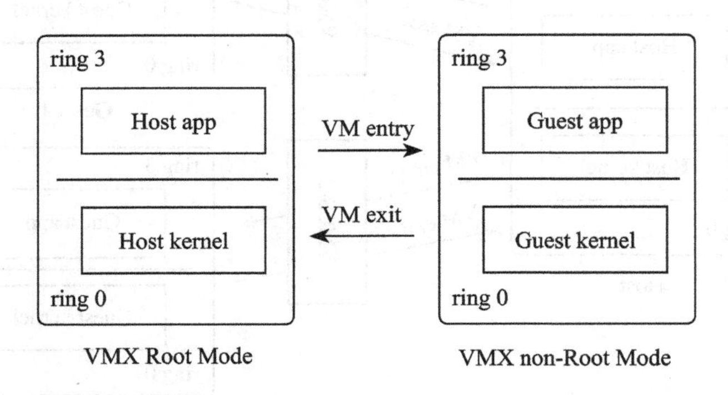

图1-1 VMX运行模式

处于VMX Root Mode的VMM可以通过执行CPU提供的虚拟化指令VMLaunch切换到VMX non-Root Mode，因为这个过程相当于进入Guest，所以通常也被称为VM entry。当Guest内部执行了敏感指令，比如某些I/O操作后，将触发CPU发生陷入的动作，从VMX non-Root Mode切换回VMX Root Mode，这个过程相当于退出VM，所以也称为VM exit。然后VMM将对Guest的操作进行模拟。相比于将Guest的内核也运行在用户模式（ring 1 ～ ring 3）的方式，支持VMX的CPU有以下3点不同：

1）运行于 Guest 模式时，Guest 用户空间的系统调用直接陷入 Guest 模式的内核空间，而不再是陷入 Host 模式的内核空间。

2）对于外部中断，因为需要由 VMM 控制系统的资源，所以处于 Guest 模式的 CPU 收到外部中断后，则触发 CPU 从 Guest 模式退出到 Host 模式，由 Host 内核处理外部中断。处理完中断后，再重新切入 Guest 模式。为了提高 I/O 效率，Intel 支持外设透传模式，在这种模式下，Guest 不必产生 VM exit，"设备虚拟化"一章将讨论这种特殊方式。

3）不再是所有的特权指令都会导致处于 Guest 模式的 CPU 发生 VM exit，仅当运行敏感指令时才会导致 CPU 从 Guest 模式陷入 Host 模式，因为有的特权指令并不需要由 VMM 介入处理。

如同一个 CPU 可以分时运行多个任务一样，每个任务有自己的上下文，由调度器在调度时切换上下文，从而实现同一个 CPU 同时运行多个任务。在虚拟化场景下，同一个物理 CPU"一人分饰多角"，分时运行着 Host 及 Guest，在不同模式间按需切换，因此，不同模式也需要保存自己的上下文。为此，VMX 设计了一个保存上下文的数据结构：VMCS。每一个 Guest 都有一个 VMCS 实例，当物理 CPU 加载了不同的 VMCS 时，将运行不同的 Guest 如图 1-2 所示。

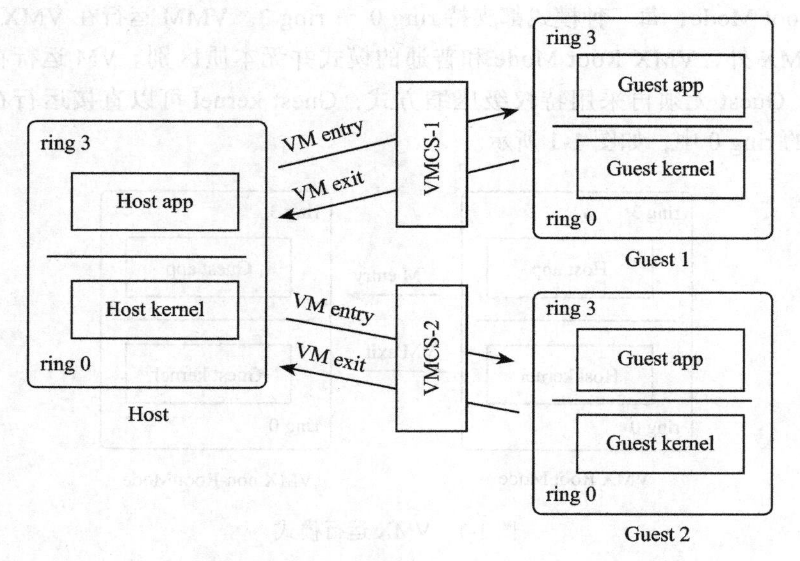

图 1-2　多个 Guest 切换

VMCS 中主要保存着两大类数据，一类是状态，包括 Host 的状态和 Guest 的状态，另外一类是控制 Guest 运行时的行为。其中：

1）Guest-state area，保存虚拟机状态的区域。当发生 VM exit 时，Guest 的状态将保存在这个区域；当 VM entry 时，这些状态将被装载到 CPU 中。这些都是硬件层面的自动行为，无须 VMM 编码干预。

2）Host-state area，保存宿主机状态的区域。当发生 VM entry 时，CPU 自动将宿主机状态保存到这个区域；当发生 VM exit 时，CPU 自动从 VMCS 恢复宿主机状态到物理 CPU。

3）VM-exit information fields。当虚拟机发生 VM exit 时，VMM 需要知道导致 VM exit 的原因，然后才能"对症下药"，进行相应的模拟操作。为此，CPU 会自动将 Guest 退出的原因保存在这个区域，供 VMM 使用。

4）VM-execution control fields。这个区域中的各种字段控制着虚拟机运行时的一些行为，比如设置 Guest 运行时访问 cr3 寄存器时是否触发 VM exit；控制 VM entry 与 VM exit 时行为的 VM-entry control fields 和 VM-exit control fields。此外还有很多不同功能的区域，我们不再一一列举，读者如有需要可以查阅 Intel 手册。

在创建 VCPU 时，KVM 模块将为每个 VCPU 申请一个 VMCS，每次 CPU 准备切入 Guest 模式时，将设置其 VMCS 指针指向即将切入的 Guest 对应的 VMCS 实例：

```
commit 6aa8b732ca01c3d7a54e93f4d701b8aabbe60fb7
[PATCH] kvm: userspace interface
linux.git/drivers/kvm/vmx.c
static struct kvm_vcpu *vmx_vcpu_load(struct kvm_vcpu *vcpu)
{
    u64 phys_addr = __pa(vcpu->vmcs);
    int cpu;

    cpu = get_cpu();
    …
    if (per_cpu(current_vmcs, cpu) != vcpu->vmcs) {
        …
        per_cpu(current_vmcs, cpu) = vcpu->vmcs;
        asm volatile (ASM_VMX_VMPTRLD_RAX "; setna %0"
                : "=g"(error) : "a"(&phys_addr), "m"(phys_addr)
                : "cc");
        …
    }
    …
}
```

并不是所有的状态都由 CPU 自动保存与恢复，我们还需要考虑效率。以 cr2 寄存器为例，大多数时候，从 Guest 退出 Host 到再次进入 Guest 期间，Host 并不会改变 cr2 寄存器的值，而且写 cr2 的开销很大，如果每次 VM entry 时都更新一次 cr2，除了浪费 CPU 的算力毫无意义。因此，将这些状态交给 VMM，由软件自行控制更为合理。

1.1.4 VCPU 生命周期

对于每个虚拟处理器（VCPU），VMM 使用一个线程来代表 VCPU 这个实体。在 Guest 运转过程中，每个 VCPU 基本都在如图 1-3 所示的状态中不断地转换。

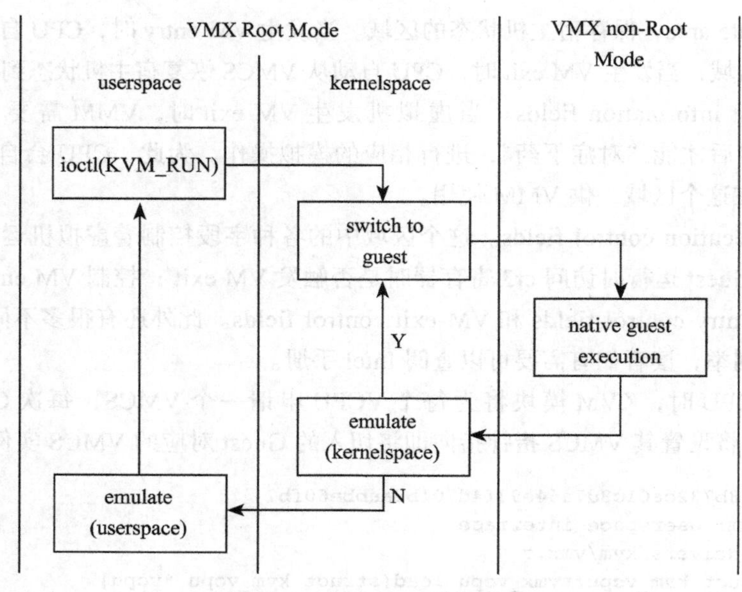

图 1-3 VCPU 生命周期

1）在用户空间准备好后，VCPU 所在线程向内核中 KVM 模块发起一个 ioctl 请求 KVM_RUN，告知内核中的 KVM 模块，用户空间的操作已经完成，可以切入 Guest 模式运行 Guest 了。

2）在进入内核态后，KVM 模块将调用 CPU 提供的虚拟化指令切入 Guest 模式。如果是首次运行 Guest，则使用 VMLaunch 指令，否则使用 VMResume 指令。在这个切换过程中，首先，CPU 的状态（也就是 Host 的状态）将会被保存到 VMCS 中存储 Host 状态的区域，非 CPU 自动保存的状态由 KVM 负责保存。然后，加载存储在 VMCS 中的 Guest 的状态到物理 CPU，非 CPU 自动恢复的状态则由 KVM 负责恢复。

3）物理 CPU 切入 Guest 模式，运行 Guest 指令。当执行 Guest 指令遇到敏感指令时，CPU 将从 Guest 模式切回到 Host 模式的 ring 0，进入 Host 内核的 KVM 模块。在这个切换过程中，首先，CPU 的状态（也就是 Guest 的状态）将会被保存到 VMCS 中存储 Guest 状态的区域，然后，加载存储在 VMCS 中的 Host 的状态到物理 CPU。同样的，非 CPU 自动保存的状态由 KVM 模块负责保存。

4）处于内核态的 KVM 模块从 VMCS 中读取虚拟机退出原因，尝试在内核中处理。如果内核中可以处理，那么虚拟机就不必再切换到 Host 模式的用户态了，处理完后，直接快速切回 Guest。这种退出也称为轻量级虚拟机退出。

5）如果内核态的 KVM 模块不能处理虚拟机退出，那么 VCPU 将再进行一次上下文切换，从 Host 的内核态切换到 Host 的用户态，由 VMM 的用户空间部分进行处理。VMM 用户空间处理完毕，再次发起切入 Guest 模式的指令。在整个虚拟机运行过程中，步骤 1 ～ 5

循环往复。

下面是KVM切入、切出Guest的代码：

```
commit 6aa8b732ca01c3d7a54e93f4d701b8aabbe60fb7
[PATCH] kvm: userspace interface
linux.git/drivers/kvm/vmx.c
static int vmx_vcpu_run(struct kvm_vcpu *vcpu, …)
{
    u8 fail;
    u16 fs_sel, gs_sel, ldt_sel;
    int fs_gs_ldt_reload_needed;

again:
    …
        /* Enter guest mode */
        "jne launched \n\t"
        ASM_VMX_VMLAUNCH "\n\t"
        "jmp kvm_vmx_return \n\t"
        "launched: " ASM_VMX_VMRESUME "\n\t"
        ".globl kvm_vmx_return \n\t"
        "kvm_vmx_return: "
        /* Save guest registers, load host registers, keep flags */
    …
        if (kvm_handle_exit(kvm_run, vcpu)) {
            …
          goto again;
        }
    }
    return 0;
}
```

在从Guest退出时，KVM模块首先调用函数kvm_handle_exit尝试在内核空间处理Guest退出。函数kvm_handle_exit有个约定，如果在内核空间可以成功处理虚拟机退出，或者是因为其他干扰比如外部中断导致虚拟机退出等无须切换到Host的用户空间，则返回1；否则返回0，表示需要求助KVM的用户空间处理虚拟机退出，比如需要KVM用户空间的模拟设备处理外设请求。

如果内核空间成功处理了虚拟机的退出，则函数kvm_handle_exit返回1，在上述代码中即直接跳转到标签again处，然后程序流程会再次切入Guest。如果函数kvm_handle_exit返回0，则函数vmx_vcpu_run结束执行，CPU从内核空间返回到用户空间，以kvmtool为例，其相关代码片段如下：

```
commit 8d20223edc81c6b199842b36fcd5b0aa1b8d3456
Dump KVM_EXIT_IO details
kvmtool.git/kvm.c
int main(int argc, char *argv[])
{
    …
```

```
    for (;;) {
        kvm__run(kvm);

        switch (kvm->kvm_run->exit_reason) {
        case KVM_EXIT_IO:
        …
    }
    …
}
```

根据代码可见，kvmtool 发起进入 Guest 的代码处于一个 for 的无限循环中。当从 KVM 内核空间返回用户空间后，kvmtool 在用户空间处理 Guest 的请求，比如调用模拟设备处理 I/O 请求。在处理完 Guest 的请求后，重新进入下一轮 for 循环，kvmtool 再次请求 KVM 模块切入 Guest。

1.2 虚拟机切入和退出

在这一节，我们讨论内核中的 KVM 模块如何切入虚拟机，以及围绕着虚拟机切入和退出进行的上下文保存。

1.2.1 GCC 内联汇编

KVM 模块中切入 Guest 模式的代码使用 GCC 的内联汇编编写，为了理解这段代码，我们需要简要地介绍一下这段内联汇编涉及的语法，其基本语法模板如下：

```
asm volatile ( assembler template
    : output operands                  /* optional */
    : input operands                   /* optional */
    : list of clobbered registers      /* optional */
    );
```

（1）关键字 asm 和 volatile

asm 为 GCC 关键字，表示接下来要嵌入汇编代码，如果 asm 与程序中其他命名冲突，可以使用 __asm__。

volatile 为可选关键字，表示不需要 GCC 对下面的汇编代码做任何优化，类似的，GCC 也支持 __volatile__。

（2）汇编指令（assembler template）

这部分即要嵌入的汇编指令，由于是在 C 语言中内联汇编代码，因此须用双引号将命令括起来。如果内嵌多行汇编指令，则每条指令占用 1 行，每行指令使用双引号括起来，以后缀 \n\t 结尾，其中 \n 为 newline 的缩写，\t 为 tab 的缩写。由于 GCC 将每条指令以字符串的形式传递给汇编器 AS，所以我们使用 \n\t 分隔符来分隔每一条指令，示例代码如下：

```
__asm__ ("movl %eax, %ebx \n\t"
         "movl $56, %esi \n\t"
         "movl %ecx, $label(%edx,%ebx,$4) \n\t"
         "movb %ah, (%ebx) \n\t");
```

当使用扩展模式，即包含 output、input 和 clobber list 部分时，汇编指令中需要使用两个“%”来引用寄存器，比如 %%rax；使用一个“%”来引用输入、输出操作数，比如 %1，以便帮助 GCC 区分寄存器和由 C 语言提供的操作数。

（3）输出操作数（output operands）

内联汇编有零个或多个输出操作数，用来指示内联汇编指令修改了 C 代码中的变量。如果有多个输出参数，则需要对每个输出参数进行分隔。每个输出操作数的格式为：

```
[[asmSymbolicName]] constraint (cvariablename)
```

我们可以为输出操作数指定一个名字 asmSymbolicName，汇编指令中可以使用这个名字引用输出操作数。

除了使用名字引用操作数外，还可以使用序号引用操作数。比如输出操作数有两个，那么可以用 %0 引用第 1 个输出操作数，%1 引用第 2 个操作数，以此类推。

输出操作数的约束部分必须以“=”或者“+”作为前缀，“=”表示只写，“+”表示读写。在前缀之后，就可以是各种约束了，比如“=a”表示先将结果输出至 rax/eax 寄存器，然后再由 rax/eax 寄存器更新相应的输出变量。

cvariablename 为代码中的 C 变量名字，需要使用括号括起来。

（4）输入操作数（input operands）

内联汇编可以有零个或多个输入操作数，输入操作数来自 C 代码中的变量或者表达式，作为汇编指令的输入，每个输入操作数的格式如下：

```
[[asmSymbolicName]] constraint (cexpression)
```

同输出操作数相同，也可以为每个输入操作数指定名字 asmSymbolicName，汇编指令中可以使用这个名字引用输入操作数。

除了使用名字引用输入操作数外，还可以使用序号引用输入操作数。输入操作数的序号以最后一个输出操作数的序号加 1 开始，比如输出操作数有两个，输入操作数有 3 个，那么需要使用 %2 引用第 1 个输入操作数，%3 引用第 2 个输入操作数，以此类推。

除了不必以“=”或者“+”前缀开头外，输入操作数的前缀与输出操作数基本相同。除了寄存器约束外，在后面的代码中我们还会看到“i”这个约束，表示这个输入操作数是个立即数（immediate integer）。

cexpression 为代码中的 C 变量或者表达式，需要使用括号括起来。

（5）clobber list

某些汇编指令执行后会有一些副作用，可能会隐性地影响某些寄存器或者内存的值，如果被影响的寄存器或者内存并没有在输入、输出操作数中列出来，那么需要将这些寄存器或者内存列入 clobber list。通过这种方式，内联汇编告知 GCC，需要 GCC“照顾”好这些被影响的寄存器或者内存，比如必要时需要在执行内联汇编指令前保存好寄存器，而在执行内联汇编指令后恢复寄存器的值。

接下来我们来看一个具体的例子。这个例子是一个加法运算，一个加数是 val，值为 100，另外一个加数是一个立即数 400，计算结果保存到变量 sum 中：

```
01 int val = 100, sum = 0;
02
03 asm ("movl %1, %%rax; \n\t"
04      "movl %c[addend], %%rbx; \n\t"
05      "addl %%rbx, %%rax; \n\t"
06      “movl %%rax, %0; \n\t”
07
08      : “=” (sum)
09      : (c)(val), [addend]” i” (400)
10      : “rbx”
11     );
```

我们先来看第 3 行的汇编指令。因为存在寄存器引用和通过序号引用的操作数，所以使用两个“%”引用寄存器。%1 引用的是输入操作数 val，其中 c 表示使用 rcx 寄存器保存 val，也就是说在执行这条汇编指令前，首先将 val 的值赋值到 rcx 寄存器中，然后汇编指令再将 rcx 寄存器的值赋值到 rax 寄存器中。

第 4 行的汇编指令引用的 addend 是第 2 个输入操作数的符号名字，因为这是一个立即数，所以这个变量前面使用了 c 修饰符。这是 GCC 的一个语法，表示后面是个立即数。

第 5 条指令求 rbx 寄存器和 rax 寄存器的和，并将结果保存到 rax 寄存器中。

第 6 条指令中的 %0 引用的是输出操作数 sum，这是 C 代码中的变量，因为 sum 是只写的输出操作数，所以使用约束“=”。所以第 6 行的汇编指令是将计算的结果存储到变量 sum 中。

从这段代码中我们看到，在汇编代码中使用了 rbx 寄存器，而 rbx 寄存器没有出现在输出、输入操作数中，所以内联汇编需要把 rbx 寄存器列入 clobber list 中，见第 10 行代码，告诉 GCC 汇编指令污染了 rbx 寄存器，如果有必要，则需要在执行内联汇编指令前自行保存 rbx 寄存器，执行内联汇编指令后再自行恢复 rbx 寄存器。

1.2.2 虚拟机切入和退出及相关的上下文保存

了解了内联汇编的语法后，接下来我们开始探讨虚拟机切入和退出部分的内联汇编指令：

```
commit 1c696d0e1b7c10e1e8b34cb6c797329e3c33f262
KVM: VMX: Simplify saving guest rcx in vmx_vcpu_run
```

```
linux.git/arch/x86/kvm/vmx.c
01 static void vmx_vcpu_run(struct kvm_vcpu *vcpu)
02 {
03     struct vcpu_vmx *vmx = to_vmx(vcpu);
04     …
05     asm(
06         /* Store host registers */
07         "push %%"R"dx; push %%"R"bp;"
08         "push %%"R"cx \n\t"
09         "cmp %%"R"sp, %c[host_rsp](%0) \n\t"
10         "je 1f \n\t"
11         "mov %%"R"sp, %c[host_rsp](%0) \n\t"
12         __ex(ASM_VMX_VMWRITE_RSP_RDX) "\n\t"
13         "1: \n\t"
14         /* Reload cr2 if changed */
15         "mov %c[cr2](%0), %%"R"ax \n\t"
16         "mov %%cr2, %%"R"dx \n\t"
17         "cmp %%"R"ax, %%"R"dx \n\t"
18         "je 2f \n\t"
19         "mov %%"R"ax, %%cr2 \n\t"
20         "2: \n\t"
21         /* Check if vmlaunch of vmresume is needed */
22         "cmpl $0, %c[launched](%0) \n\t"
23         /* Load guest registers.  Don't clobber flags. */
24         "mov %c[rax](%0), %%"R"ax \n\t"
25         "mov %c[rbx](%0), %%"R"bx \n\t"
26         …
27         "mov %c[rcx](%0), %%"R"cx \n\t" /* kills %0 (ecx) */
28
29         /* Enter guest mode */
30         "jne .Llaunched \n\t"
31         __ex(ASM_VMX_VMLAUNCH) "\n\t"
32         "jmp .Lkvm_vmx_return \n\t"
33         ".Llaunched: " __ex(ASM_VMX_VMRESUME) "\n\t"
34         ".Lkvm_vmx_return: "
35         /* Save guest registers, load host registers, keep …*/
36         "xchg %0,     (%%"R"sp) \n\t"
37         "mov %%"R"ax, %c[rax](%0) \n\t"
38         "mov %%"R"bx, %c[rbx](%0) \n\t"
39         "pop"Q" %c[rcx](%0) \n\t"
40         "mov %%"R"dx, %c[rdx](%0) \n\t"
41         …
42         "mov %%cr2, %%"R"ax   \n\t"
43         "mov %%"R"ax, %c[cr2](%0) \n\t"
44
45         "pop %%"R"bp; pop  %%"R"dx \n\t"
46         "setbe %c[fail](%0) \n\t"
47           : : "c"(vmx), "d"((unsigned long)HOST_RSP),
48         [launched]"i"(offsetof(struct vcpu_vmx, launched)),
49         [fail]"i"(offsetof(struct vcpu_vmx, fail)),
```

```
50             [host_rsp]"i"(offsetof(struct vcpu_vmx, host_rsp)),
51             [rax]"i"(offsetof(struct vcpu_vmx,
52                     vcpu.arch.regs[VCPU_REGS_RAX])),
53             [rbx]"i"(offsetof(struct vcpu_vmx,
54                     vcpu.arch.regs[VCPU_REGS_RBX])),
55             …
56             [cr2]"i"(offsetof(struct vcpu_vmx, vcpu.arch.cr2))
57               : "cc", "memory"
58             , R"ax", R"bx", R"di", R"si"
59 #ifdef CONFIG_X86_64
60             , "r8", "r9", "r10", "r11", "r12", "r13", "r14", "r15"
61 #endif
62               );
63       …
64 }
```

CPU 从 Host 模式切换到 Guest 模式时，并不会自动保存部分寄存器，典型的比如通用寄存器。因此，第 7 行代码 KVM 将宿主机的通用寄存器保存到栈中。当发生 VM 退出时，KVM 从栈中将这些保存的宿主机的通用寄存器恢复到 CPU 的物理寄存器中。这里，宏 R 在 64 位下值为 r，32 位下为 e，所以通过定义这个宏，从编码层面更简洁地支持 64 位和 32 位。但是读者可能有疑问，为什么这里只保存这两个寄存器？事实上，KVM 最初的实现是将所有的通用寄存器都压入栈中了。后来使用了 GCC 内联汇编的 clobber list 特性，将所有可能会被内联汇编代码影响的寄存器都写入 clobber list 中，GCC 自己负责保存和恢复操作这些寄存器的内容。代码第 57 ～ 61 行就是 clobber list。这里面有两个特殊的寄存器：rdx/edx 和 rbp/ebp，其中 rdx/edx 寄存器是 GCC 保留的 regparm 特性，不能放在 clobber list 中，另外一个 rbp/ebp 寄存器也不生效，所以 KVM 手动保存了这两个寄存器。

此外，KVM 在第 8 行代码保存了 rcx/ecx 寄存器，这里的 rcx/ecx 寄存器有着特殊的使命。当从 Guest 退出到 Host 时，CPU 不会自动保存 Guest 的一些寄存器，典型的如通用寄存器，KVM 手动将其保存到了结构体 vcpu_vmx 中的子结构体中。因此，在 Guest 退出的那一刻，首先必须要获取结构体 vcpu_vmx 的实例，也就是第 3 行代码中的变量 vmx，将 CPU 寄存器中的状态保存到这个 vmx 中，也就是说，在保存完 Guest 的状态后，才能进行其他操作，避免破坏 Guest 的状态。于是，每次从 Host 切入 Guest 前的最后一刻，KVM 将 vmx 的地址压入栈顶，然后在 Guest 退出时从栈顶第一时间取出 vmx。那么如何将 vmx 压入栈顶呢？参见第 47 行代码，这里使用了 GCC 内联汇编的 input 约束，即在执行汇编代码前，告诉编译器将变量 vmx 加载到 rcx/ecx 寄存器，那么在执行第 8 行代码，即将 rcx/ecx 寄存器的内容压入栈时，实际上是将变量 vmx 压入栈顶了。

在 Guest 退出时，CPU 会自动将 VMCS 中 Host 的 rsp/esp 寄存器恢复到物理 CPU 的 rsp/esp 寄存器中，所以此时可以访问 VCPU 线程在 Host 态下的栈。在 Guest 退出后的第 1 行代码，即第 36 行代码，调用 xchg 指令将栈顶的值和序号 %0 指代的变量进行交换，根据第 47 行代码可见，%0 指代变量 vmx，对应的寄存器是 rcx/ecx，也就是说，这行代码将切入 Guest 之前保存到栈顶的变量 vmx 的地址恢复到了 rcx/ecx 寄存器中，%0 引用的也是这个地址，那么就可以使用 %0 引用这个地址保存 Guest 的寄存器了。

读者可能会问，Guest 没有使用变量 vmx，也没有破坏它，那么 Host 是否可以直接使用这个变量呢？事实上，从底层来看，对于存放在栈中的变量 vmx，GCC 通常使用栈帧基址指针 rbp/ebp 或寄存器引用。但是，在 Guest 退出的第一时间，除了专用寄存器，这些通用寄存器中保存的都是 Guest 的状态，所以自然也无法通过 rbp/ebp 加偏移的方式来引用 vmx。因为退出 Guest 时 CPU 自动恢复 Host 的栈顶指针，所以 KVM 巧妙地利用了这一点，借助栈顶保存 vmx。然后，通过交换栈顶的变量和 rcx/ecx 寄存器，实现了在 rcx/ecx 寄存器中引用 vmx 的同时，又将 Guest 的 rcx/ecx 寄存器的状态保存到了栈中。

获取到了保存 Guest 状态的地址，接下来保存 Guest 的状态，见代码第 37 ～ 43 行。

退出 Guest 后的第 1 行代码（即第 36 行）将 Guest 的 rcx/ecx 寄存器的值保存到了栈中，所以第 39 行代码从栈顶弹出 Guest 的 rcx/ecx 的值到保存 Guest 状态的内存中 rcx/ecx 相应的位置。

并不是每次 Guest 退出到切入，Host 的栈都会发生变化，因此 Host 的 rsp/esp 也无须每次都更新。只有 rsp/esp 变化了，才需要更新 VMCS 中 Host 的 rsp/esp 字段，以减少不必要的写 VMCS 操作。所以 KVM 在 VCPU 中记录了 host_rsp 的值，用来比较 rsp/esp 是否发生了变化，见代码第 9 ～ 13 行。

将 Host 的 rsp/esp 写入 VMCS 中的指令是：

```
ASM_VMX_VMWRITE_RSP_RDX
```

写 VMCS 的指令有两个参数，一个指明写 VMCS 中哪个字段，另外一个是写入的值。rsp/esp 很好理解，指明写入的值在 rsp/esp 寄存器里。那么 rdx 是什么呢？见第 47 行代码对寄存器 rdx/edx 的约束：

```
"d"((unsigned long)HOST_RSP)
```

结合宏 HOST_RSP 的定义：

```
/* VMCS Encodings */
enum vmcs_field {
    …
    HOST_RSP                        = 0x00006c14,
    …
};
```

可见，ASM_VMX_VMWRITE_RSP_RDX 就是将 rsp/esp 的值写入 VMCS 中 Host 的 rsp 字段。

VMX 没有定义 CPU 自动保存 cr2 寄存器，但是事实上，Host 可能更改 cr2 的值，以下面这段代码为例：

```
commit 1c696d0e1b7c10e1e8b34cb6c797329e3c33f262
```

```
KVM: VMX: Simplify saving guest rcx in vmx_vcpu_run
linux.git/arch/x86/kvm/x86.c
void kvm_inject_page_fault(struct kvm_vcpu *vcpu, …)
{
    ++vcpu->stat.pf_guest;
    vcpu->arch.cr2 = fault->address;
    kvm_queue_exception_e(vcpu, PF_VECTOR, fault->error_code);
}
```

所以，在切入 Guest 前，KVM 检测物理 CPU 的 cr2 寄存器与 VCPU 中保存的 Guest 的 cr2 寄存器是否相同，如果不同，则需要使用 Guest 的 cr2 寄存器更新物理 CPU 的 cr2 寄存器，见第 14 ～20 行代码。但是绝大数情况下，从 Guest 退出到下一次切入 Guest，cr2 寄存器的值不会发生变化，另一方面，加载 cr2 寄存器的开销很大，所以只有在 cr2 寄存器发生变化时才需要重新加载 cr2 寄存器。

有些 Guest 的退出是由页面异常引起的，比如通过 MMIO 方式访问外设的 I/O，而页面异常的地址会记录在 cr2 寄存器中，因此在 Guest 退出时，KVM 需要保存 Guest 的 cr2，见代码第 42 ～ 43 行。由于指令格式的限制，mov 指令不支持控制寄存器到内存地址的复制，因此需要通过 rax/eax 寄存器中转一下。

在切入 Guest 前，除了加载 cr2 寄存器外，还需要加载那些物理 CPU 不会自动加载的通用寄存器，见代码第 24 ～ 27 行。

考虑到 xchg 是个原子操作，会锁住地址总线，因此为了提高效率，后来 KVM 摒弃了这条指令，设计了一种新的方案。KVM 在 VCPU 的栈中为 Guest 的 rcx/ecx 寄存器分配了一个位置。这样，当 Guest 退出时，在使用 rcx/ecx 寄存器引用变量 vmx 前，可以将 Guest 的 rcx/ecx 寄存器临时保存到 VCPU 的栈中为其预留的位置：

```
commit 40712faeb84dacfcb3925a88231daa08b3624d34
KVM: VMX: Avoid atomic operation in vmx_vcpu_run
linux.git/arch/x86/kvm/vmx.c
01 static void vmx_vcpu_run(struct kvm_vcpu *vcpu)
02 {
03     …
04     asm(
05         /* Store host registers */
06         "push %%"R"dx; push %%"R"bp;"
07         "push %%"R"cx \n\t" /* placeholder for guest rcx */
08         "push %%"R"cx \n\t"
09         …
10         ".Lkvm_vmx_return: "
11         /* Save guest registers, load host registers, …*/
12         "mov %0, %c[wordsize](%%"R"sp) \n\t"
13         "pop %0 \n\t"
14         "mov %%"R"ax, %c[rax](%0) \n\t"
15         "mov %%"R"bx, %c[rbx](%0) \n\t"
16         "pop"Q" %c[rcx](%0) \n\t"
```

```
17    …
18        [wordsize]"i"(sizeof(ulong))
19    …
20 }
```

第 7 行代码就是 KVM 为 Guest 的 rcx/ecx 寄存器在栈上预留的空间，第 8 行代码是将变量 vmx 压入栈中。

在 Guest 退出的那一刻，CPU 的 rcx/ecx 寄存器中存储的是 Guest 的状态，所以使用 rcx/ecx 寄存器前，需要将 Guest 的状态保存起来。保存的位置就是进入 Guest 前，KVM 为其在栈上预留的位置，即栈顶的下一个位置，见第 12 行代码，即栈顶加上一个字（word）的偏移。

保存好 Guest 的值后，rcx/ecx 寄存器就可以使用了，第 13 行代码将栈顶的值即 vmx 弹出到 rcx/ecx 寄存器中。弹出栈顶的 vmx 后，下面就是 Guest 的 rcx/ecx 寄存器了，所以第 16 行代码将 Guest 的 rcx/ecx 寄存器保存到结构体 VCPU 中的相关寄存器数组中。

1.3 陷入和模拟

虚拟机进入 Guest 模式后，并不会永远处于 Guest 模式。从 Host 的角度来说，VM 就是 Host 的一个进程，一个 Host 上的多个 VM 与 Host 共享系统的资源。因此，当访问系统资源时，就需要退出到 Host 模式，由 Host 作为统一的管理者代为完成资源访问。

比如当虚拟机进行 I/O 访问时，首先需要陷入 Host，VMM 中的虚拟磁盘收到 I/O 请求后，如果虚拟机磁盘镜像存储在本地文件，那么就代为读写本地文件，如果是存储在远端集群，那么就通过网络发送到远端存储集群。再比如访问设备 I/O 内存映射的地址空间，当访问这些地址时，将触发页面异常，但是这些地址对应的不是内存，而是模拟设备的 I/O 空间，因此需要 KVM 介入，调用相应的模拟设备处理 I/O。通常虚拟机并不会呈现 Host 的 CPU 信息，而是呈现一个指定的 CPU 型号，在这种情况下，显然 cpuid 指令也不能在 Guest 模式执行，需要 KVM 介入对 cpuid 指令进行模拟。

当然，除了 Guest 主动触发的陷入，还有一些陷入是被动触发的，比如外部时钟中断、外设的中断等。对于外部中断，一般都不是来自 Guest 的诉求，而只是需要 Guest 将 CPU 资源让给 Host。

1.3.1 访问外设

前文中提到，虚拟化的 3 个条件之一是资源控制，即由 VMM 控制和协调宿主机资源给各个虚拟机，而不能由虚拟机控制宿主机的资源。以虚拟机的不同处理器之间发送核间中断为例，核间中断是由一个 CPU 通过其对应的 LAPIC 发送中断信号到目标 CPU 对应的 LAPIC，如果不加限制地任由 Guest 访问 CPU 的物理 LAPIC 芯片，那么这个中断信号就可能被发送到其他物理 CPU 了。而对于虚拟化而言，不同的 CPU 只是不同的线程，核间中断本质上是在同一个进程的不同线程之间发送中断信号。当 Guest 的一个 CPU（线程）发送核间中断时，应该陷入 VMM 中，由虚拟的 LAPIC 找到目标 CPU（线程），向目标 CPU（线程）注入中断。

常用的访问外设方式包括 Port I/O 和 MMIO（memory-mapped I/O）。在这一节，我们重点探讨 MMIO，然后简单地介绍一下 PIO，更多内容将在“设备虚拟化”一章中讨论。

1. MMIO

MMIO 是 PCI 规范的一部分，I/O 设备被映射到内存地址空间而不是 I/O 空间。从处理器的角度来看，I/O 映射到内存地址空间后，访问外设与访问内存一样，简化了程序设计。以 MMIO 方式访问外设时不使用专用的访问外设的指令（out、outs、in、ins），是一种隐式的 I/O 访问，但是因为这些映射的地址空间是留给外设的，因此 CPU 将产生页面异常，从而触发虚拟机退出，陷入 VMM 中。以 LAPIC 为例，其使用一个 4KB 大小的设备内存保存各个寄存器的值，内核将这个 4KB 大小的页面映射到地址空间中：

```
linux-1.3.31/arch/i386/kernel/smp.c
void smp_boot_cpus(void)
{
    …
    apic_reg = vremap(0xFEE00000,4096);
    …
}

linux-1.3.31/include/asm-i386/i82489.h
#define     APIC_ICR     0x300

linux-1.3.31/include/asm-i386/smp.h
extern __inline void apic_write(unsigned long reg,
unsigned long v)
{
    *((unsigned long *)(apic_reg+reg))=v;
}
```

代码中地址 0xFEE00000 是 32 位 x86 架构为 LAPIC 的 4KB 的设备内存分配的总线地址，映射到地址空间中的逻辑地址为 apic_reg。LAPIC 各个寄存器都存储在这个 4KB 设备内存中，各个寄存器可以使用相对于 4KB 内存的偏移寻址。比如，icr 寄存器的低 32 位的偏移为 0x300，因此 icr 寄存器的逻辑地址为 apic_reg + 0x300，此时访问 icr 寄存器就像访问普通内存一样了，写 icr 寄存器的代码如下所示：

```
linux-1.3.31/arch/i386/kernel/smp.c
void smp_boot_cpus(void)
{
    …
```

```
        apic_write(APIC_ICR, cfg);    /* Kick the second */
    …
}
```

当 Guest 执行这条指令时，由于这是为 LAPIC 保留的地址空间，因此将触发 Guest 发生页面异常，进入 KVM 模块：

```
commit 97222cc8316328965851ed28d23f6b64b4c912d2
KVM: Emulate local APIC in kernel
linux.git/drivers/kvm/vmx.c
static int handle_exception(struct kvm_vcpu *vcpu, …)
{
    …
    if (is_page_fault(intr_info)) {
        …
        r = kvm_mmu_page_fault(vcpu, cr2, error_code);
        …
        if (!r) {
            …
            return 1;
        }

        er = emulate_instruction(vcpu, kvm_run, cr2, error_code);
        …
    }
    …
}
```

显然对于这种页面异常，缺页异常处理函数是没法处理的，因为这个地址范围根本就不是留给内存的，所以，最后逻辑就到了函数 emulate_instruction。后面我们会看到，为了提高效率和简化实现，Intel VMX 增加了一种原因为 apic access 的虚拟机退出，我们会在“中断虚拟化”一章中讨论。可以毫不夸张地说，MMIO 的模拟是 KVM 指令模拟中较为复杂的，代码非常晦涩难懂。要理解 MMIO 的模拟，需要对 x86 指令有所了解。我们首先来看一下 x86 指令的格式，如图 1-4 所示。

instruction prefixes	opcode	ModR/M	SIB	displacement	immediate

图 1-4 x86 指令格式

首先是指令前缀（instruction prefixes），典型的比如 lock 前缀，其对应常用的原子操作。当指令前面添加了 lock 前缀，后面的操作将锁内存总线，排他地进行该次内存读写，高性能编程领域经常使用原子操作。此外，还有常用于 mov 系列指令之前的 rep 前缀等。

每一个指令都包含操作码（opcode），opcode 就是这个指令的索引，占用 1 ～ 3 字节。opcode 是指令编码中最重要的部分，所有的指令都必须有 opcode，而其他的 5 个域都是可选的。

与操作码不同，操作数并不都是嵌在指令中的。操作码指定了寄存器以及嵌入在指令中的立即数，至于是在哪个寄存器、在内存的哪个位置、使用哪个寄存器索引内存位置，则由ModR/M和SIB通过编码查表的方式确定。

displacement表示偏移，immediate表示立即数。

我们以下面的代码片段为例，看一下编译器将MMIO访问翻译的汇编指令：

```
// test.c
char *icr_reg;
void write() {
    *((unsigned long *)icr_reg) = 123;
}
```

我们将上述代码片段编译为汇编指令：

```
gcc -S test.c
```

核心汇编指令如下：

```
// test.s
    movq    icr_reg(%rip), %rax
    movq    $123, (%rax)
```

可见，这段MMIO访问被编译器翻译为mov指令，源操作数是立即数，目的操作数icr_reg（%rip）相当于icr寄存器映射到内存地址空间中的内存地址。因为这个地址是一段特殊的地址，所以当Guest访问这个地址，即上述第2行代码时，将产生页面异常，触发虚拟机退出，进入KVM模块。

KVM中模拟指令的入口函数是emulate_instruction，其核心部分在函数x86_emulate_memop中，结合这个函数我们来讨论一下MMIO指令的模拟：

```
commit 97222cc8316328965851ed28d23f6b64b4c912d2
KVM: Emulate local APIC in kernel
linux.git/drivers/kvm/x86_emulate.c
01 int x86_emulate_memop(struct x86_emulate_ctxt *ctxt, …)
02 {
03     unsigned d;
04     u8 b, sib, twobyte = 0, rex_prefix = 0;
05     …
06     for (i = 0; i < 8; i++) {
07         switch (b = insn_fetch(u8, 1, _eip)) {
08 …
09     d = opcode_table[b];
10     …
11     if (d & ModRM) {
12         modrm = insn_fetch(u8, 1, _eip);
13         modrm_mod |= (modrm & 0xc0) >> 6;
14         …
15     }
```

```
16     …
17     switch (d & SrcMask) {
18     …
19     case SrcImm:
20         src.type = OP_IMM;
21         src.ptr = (unsigned long *)_eip;
22         src.bytes = (d & ByteOp) ? 1 : op_bytes;
23         …
24         switch (src.bytes) {
25         case 1:
26             src.val = insn_fetch(s8, 1, _eip);
27             break;
28         …
29     }
30     …
31     switch (d & DstMask) {
32     …
33     case DstMem:
34         dst.type = OP_MEM;
35         dst.ptr = (unsigned long *)cr2;
36         dst.bytes = (d & ByteOp) ? 1 : op_bytes;
37     …
38     }
39     …
40     switch (b) {
41     …
42     case 0x88 ... 0x8b: /* mov */
43     case 0xc6 ... 0xc7: /* mov (sole member of Grp11) */
44         dst.val = src.val;
45         break;
46     …
47     }
48
49 writeback:
50     if (!no_wb) {
51         switch (dst.type) {
52         …
53         case OP_MEM:
54             …
56                 rc = ops->write_emulated((unsigned long)dst.ptr,
57                                 &dst.val, dst.bytes,
58                                 ctxt->vcpu);
59     …
60     ctxt->vcpu->rip = _eip;
61     …
62 }
```

函数x86_emulate_memop首先解析代码的前缀，即代码第6～8行。在处理完指令前缀后，变量b通过函数insn_fetch读入的是操作码（opcode)，然后需要根据操作码判断指令操作数的寻址方式，该方式记录在一个数组opcode_table中，以操作码为索引就可以读出寻址方式，见第 9 行代码。如果使用了 ModR/M 和 SIB 寻址操作数，则解码 ModR/M 和 SIB 部分见第 11 ～ 15 行代码。

第 17 ～ 29 行代码解析源操作数，对于以 MMIO 方式写 APIC 的寄存器来说，源操作数是立即数，所以进入第 19 行代码所在的分支。因为立即数直接嵌在指令编码里，所以根据立即数占据的字节数，调用 insn_fetch 从指令编码中读取立即数，见第 25 ～ 27 行代码。为了减少代码的篇幅，这里只列出了立即数为 1 字节的情况。

第 31 ～ 38 行代码解析目的操作数，对于以 MMIO 方式写 APIC 的寄存器来说，其目的操作数是内存，所以进入第 33 行代码所在的分支。本质上，这条指令是因为向目的操作数指定的地址写入时引发页面异常，而引起异常的地址记录在 cr2 寄存器中，所以目的操作数的地址就是 cr2 寄存器中的地址，见第 35 行代码。

确定好了源操作数和目的操作数后，接下来就要模拟操作码所对应的操作了，即第 40 ～ 47 行代码。对于以 MMIO 方式写 APIC 的寄存器来说，其操作是 mov，所以进入第 42、43 行代码所在分支。这里模拟了 mov 指令的逻辑，将源操作数的值写入目的操作数指定的地址，见第 44 行代码。

指令模拟完成后，需要更新指令指针，跳过已经模拟完的指令，否则会形成死循环，见第 60 行代码。

对于一个设备而言，仅仅简单地把源操作数赋值给目的操作数指向的地址还不够，因为写寄存器的操作可能会伴随一些副作用，需要设备做些额外的操作。比如，对于 APIC 而言，写 icr 寄存器可能需要 LAPIC 向另外一个处理器发出 IPI 中断，因此还需要调用设备的相应处理函数，这就是第 56 ～ 58 行代码的目的，函数指针 write_emulated 指向的函数为 emulator_write_emulated：

```
commit c5ec153402b6d276fe20029da1059ba42a4b55e5
KVM: enable in-kernel APIC INIT/SIPI handling
linux.git/drivers/kvm/kvm_main.c
int emulator_write_emulated(unsigned long addr, const void *val,…)
{
    …
    return emulator_write_emulated_onepage(addr, val, …);
}

static int emulator_write_emulated_onepage(unsigned long addr,…)
{
    …
    mmio_dev = vcpu_find_mmio_dev(vcpu, gpa);
    if (mmio_dev) {
        kvm_iodevice_write(mmio_dev, gpa, bytes, val);
        return X86EMUL_CONTINUE;
    }
    …
}
```

函数 emulator_write_emulated_onepage 根据目的操作数的地址找到 MMIO 设备，然后 kvm_iodevice_write 调用具体 MMIO 设备的处理函数。对于 LAPIC 模拟设备，这个函数是 apic_mmio_write。如果 Guest 内核写的是 icr 寄存器，可以清楚地看到伴随着这个“写 icr 寄存器”的动作，LAPIC 还有另一个副作用，即向其他 CPU 发送 IPI：

```
commit c5ec153402b6d276fe20029da1059ba42a4b55e5
KVM: enable in-kernel APIC INIT/SIPI handling
linux.git/drivers/kvm/lapic.c
static void apic_mmio_write(struct kvm_io_device *this, …)
{
    …
    case APIC_ICR:
        …
        apic_send_ipi(apic);
    …
}
```

鉴于 LAPIC 的寄存器的访问非常频繁，所以 Intel 从硬件层面做了很多支持，比如为访问 LAPIC 的寄存器增加了专门退出的原因，这样就不必首先进入缺页异常函数来尝试处理，当缺页异常函数无法处理后再进入指令模拟函数，而是直接进入 LAPIC 的处理函数：

```
commit f78e0e2ee498e8f847500b565792c7d7634dcf54
KVM: VMX: Enable memory mapped TPR shadow (FlexPriority)
linux.git/drivers/kvm/vmx.c
static int (*kvm_vmx_exit_handlers[])(…) = {
    …
    [EXIT_REASON_APIC_ACCESS]                 = handle_apic_access,
};

static int handle_apic_access(struct kvm_vcpu *vcpu, …)
{
    …
    er = emulate_instruction(vcpu, kvm_run, 0, 0, 0);
    …
}
```

2. PIO

PIO 使用专用的 I/O 指令（out、outs、in、ins）访问外设，当 Guest 通过这些专门的 I/O 指令访问外设时，处于 Guest 模式的 CPU 将主动发生陷入，进入 VMM。Intel PIO 指令支持两种模式，一种是普通的 I/O，另一种是 string I/O。普通的 I/O 指令一次传递 1 个值，对应于 x86 架构的指令 out、in；string I/O 指令一次传递多个值，对应于 x86 架构的指令 outs、ins。因此，对于普通的 I/O，只需要记录下 val，而对于 string I/O，则需要记录下 I/O 值所在的地址。

我们以向块设备写数据为例，对于普通的 I/O，其使用的是 out 指令，格式如表 1-1 所示。

表 1-1 out 指令格式

指　令	描　述
OUT imm8, AL	将 al 寄存器的内容写入 I/O 端口 imm8
OUT imm8, AX	将 ax 寄存器的内容写入 I/O 端口 imm8
OUT imm8, EAX	将 eax 寄存器的内容写入 I/O 端口 imm8
OUT DX, AL	将 al 寄存器的内容写入 dx 寄存器中记录的 I/O 端口
OUT DX, AX	将 ax 寄存器的内容写入 dx 寄存器中记录的 I/O 端口
OUT DX, EAX	将 eax 寄存器的内容写入 dx 寄存器中记录的 I/O 端口

我们可以看到，无论哪种格式，out 指令的源操作数都是寄存器 al、ax、eax 系列。因此，当陷入 KVM 模块时，KVM 模块可以从 Guest 的 rax 寄存器的值中取出 Guest 准备写给外设的值，KVM 将这个值存储到结构体 kvm_run 中。对于 string 类型的 I/O，需要记录的是数据所在的内存地址，这个地址在陷入 KVM 前，CPU 会将其记录在 VMCS 的字段 GUEST_LINEAR_ADDRESS 中，KVM 将这个值从 VMCS 中读出来，存储到结构体 kvm_run 中：

```
commit 6aa8b732ca01c3d7a54e93f4d701b8aabbe60fb7
[PATCH] kvm: userspace interface
linux.git/drivers/kvm/vmx.c
static int handle_io(struct kvm_vcpu *vcpu, …)
{
    …
    if (kvm_run->io.string) {
    …
        kvm_run->io.address = vmcs_readl(GUEST_LINEAR_ADDRESS);
    } else
        kvm_run->io.value = vcpu->regs[VCPU_REGS_RAX]; /* rax */
    return 0;
}
```

然后，程序的执行流程流转到 I/O 模拟设备，模拟设备将从结构体 kvm_run 中取出 I/O 相关的值，存储到本地文件镜像或通过网络发给存储集群。I/O 模拟的更多细节我们将在“设备虚拟化”一章讨论。

1.3.2 特殊指令

有一些指令从机制上可以直接在 Guest 模式下本地运行，但是其在虚拟化上下文的语义与非虚拟化下完全不同。比如 cpuid 指令，在虚拟化上下文运行这条指令时，其本质上并不是获取物理 CPU 的特性，而是获取 VCPU 的特性；再比如 hlt 指令，在虚拟化上下文运行这条指令时，其本质上并不是停止物理 CPU 的运行，而是停止 VCPU 的运行。所以，这种指令需要陷入 KVM 进行模拟，而不能在 Guest 模式下本地运行。在这一节，我们以这两个指令为例，讨论这两个指令的模拟。

1. cpuid 指令模拟

cpuid 指令会返回 CPU 的特性信息，如果直接在 Guest 模式下运行，获取的将是宿主机物理 CPU 的各种特性，但是实际上，通过一个线程模拟的 CPU 的特性与物理 CPU 可能会有很大差别。比如，因为 KVM 在指令、设备层面通过软件方式进行了模拟，所以这个模拟的 CPU 可能要比物理 CPU 支持更多的特性。再比如，对于虚拟机而言，其可能在不同宿主机、不同集群之间迁移，因此也需要从虚拟化层面给出一个一致的 CPU 特性，所以 cpuid 指令需要陷入 VMM 特殊处理。

Intel 手册中对 cpuid 指令的描述如表 1-2 所示。

表 1-2　cpuid 指令

指　令	描　述
CPUID	cpuid 指令根据 eax 寄存器中输入（有时 ecx 寄存器也作为输入），将处理器标识（CPU 的型号、家族、类型等）和功能信息（比如缓存信息，CPU 是否支持 VMX、MMX 等）返回到 eax、ebx、ecx 和 edx 寄存器中

cpuid 指令使用 eax 寄存器作为输入参数，有些情况也需要使用 ecx 寄存器作为输入参数。比如，当 eax 为 0 时，在执行完 cpuid 指令后，eax 中包含的是支持最大的功能（function）号，ebx、ecx、edx 中是 CPU 制造商的 ID；当 eax 值为 2 时，执行 cpuid 指令后，将在寄存器 eax、ebx、ecx、edx 中返回包括 TLB、Cache、Prefetch 的信息；再比如，当 eax 值为 7，ecx 值为 0 时，将在寄存器 eax、ebx、ecx、edx 中返回处理器扩展特性。

起初，KVM 的用户空间通过 cpuid 指令获取 Host 的 CPU 特征，加上用户空间的配置，定义好 VCPU 支持的 CPU 特性，传递给 KVM 内核模块。KVM 模块在内核中定义了接收来自用户空间定义的 CPU 特性的结构体：

```
commit 06465c5a3aa9948a7b00af49cd22ed8f235cdb0f
KVM: Handle cpuid in the kernel instead of punting to userspace
linux.git/include/linux/kvm.h
struct kvm_cpuid_entry {
    __u32 function;
    __u32 eax;
    __u32 ebx;
    __u32 ecx;
    __u32 edx;
    __u32 padding;
};
```

用户空间按照如下结构体 kvm_cpuid 的格式组织好 CPU 特性后，通过如下 KVM 模块提供的接口传递给 KVM 内核模块：

```
commit 06465c5a3aa9948a7b00af49cd22ed8f235cdb0f
KVM: Handle cpuid in the kernel instead of punting to userspace
 linux.git/include/linux/kvm.h
/* for KVM_SET_CPUID */
```

```
struct kvm_cpuid {
    __u32 nent;
    __u32 padding;
    struct kvm_cpuid_entry entries[0];
};

linux.git/drivers/kvm/kvm_main.c
static long kvm_vcpu_ioctl(struct file *filp,
               unsigned int ioctl, unsigned long arg)
{
    …
    case KVM_SET_CPUID: {
        struct kvm_cpuid __user *cpuid_arg = argp;
        struct kvm_cpuid cpuid;
        …
        if (copy_from_user(&cpuid, cpuid_arg, sizeof cpuid))
            goto out;
        r = kvm_vcpu_ioctl_set_cpuid(vcpu, &cpuid,
cpuid_arg->entries);
        …
}

static int kvm_vcpu_ioctl_set_cpuid(struct kvm_vcpu *vcpu,
                    struct kvm_cpuid *cpuid,
                    struct kvm_cpuid_entry __user *entries)
{
    …
    if (copy_from_user(&vcpu->cpuid_entries, entries,
               cpuid->nent * sizeof(struct kvm_cpuid_entry)))
    …
}
```

KVM内核模块将用户空间组织的结构体kvm_cpuid复制到内核的结构体kvm_cpuid_entry实例中。首次读取时并不确定entry的数量，所以第1次读取结构体kvm_cpuid，其中的字段nent包含了entry的数量，类似读消息头。获取了entry的数量后，再读结构体中包含的entry。所以从用户空间到内核空间的复制执行了两次。

事实上，除了硬件支持的CPU特性外，KVM内核模块还提供了一些软件方式模拟的特性，所以用户空间仅从硬件CPU读取特性是不够的。为此，KVM后来实现了2.0版本的cpuid指令的模拟，即cpuid2，在这个版本中，KVM内核模块为用户空间提供了接口，用户空间可以通过这个接口获取KVM可以支持的CPU特性，其中包括硬件CPU本身支持的特性，也包括KVM内核模块通过软件方式模拟的特性，用户空间基于这个信息构造VCPU的特征。具体内容我们就不展开介绍了。

在Guest执行cpuid指令发生VM exit时，KVM会根据eax中的功能号以及ecx中的子功能号，从kvm_cpuid_entry实例中索引到相应的entry，使用entry中的eax、ebx、ecx、edx覆盖结构体vcpu中的数组regs中相应的字段。当再次切入Guest时，KVM会将它们加载到物理CPU的通用寄存器，这样在进入Guest后，Guest就可以从这几个寄存器读取CPU相关信息和特性。相关代码如下：

```
commit 06465c5a3aa9948a7b00af49cd22ed8f235cdb0f
KVM: Handle cpuid in the kernel instead of punting to userspace
void kvm_emulate_cpuid(struct kvm_vcpu *vcpu)
{
    int i;
    u32 function;
    struct kvm_cpuid_entry *e, *best;
    …
    function = vcpu->regs[VCPU_REGS_RAX];
    …
    for (i = 0; i < vcpu->cpuid_nent; ++i) {
        e = &vcpu->cpuid_entries[i];
        if (e->function == function) {
            best = e;
            break;
        }
        …
    }
    if (best) {
        vcpu->regs[VCPU_REGS_RAX] = best->eax;
        vcpu->regs[VCPU_REGS_RBX] = best->ebx;
        vcpu->regs[VCPU_REGS_RCX] = best->ecx;
        vcpu->regs[VCPU_REGS_RDX] = best->edx;
    }
    …
    kvm_arch_ops->skip_emulated_instruction(vcpu);
}
```

最后，我们以一段用户空间处理cpuid的过程为例结束本节。假设我们虚拟机所在的集群由小部分支持AVX2的和大部分不支持AVX2的机器混合组成，为了可以在不同类型的Host之间迁移虚拟机，我们计划CPU的特征不支持AVX2指令。我们首先从KVM内核模块获取其可以支持的CPU特征，然后清除AVX2指令的支持，代码大致如下：

```
struct kvm_cpuid2 *kvm_cpuid;

kvm_cpuid = (struct kvm_cpuid2 *)malloc(sizeof(*kvm_cpuid) +
      CPUID_ENTRIES * sizeof(*kvm_cpuid->entries));
kvm_cpuid->nent = CPUID_ENTRIES;
ioctl(vcpu_fd, KVM_GET_SUPPORTED_CPUID, kvm_cpuid);

for (i = 0; i < kvm_cpuid->nent; i++) {
  struct kvm_cpuid_entry2 *entry = &kvm_cpuid->entries[i];

  if (entry->function == 7) {
    /* Clear AVX2 */
    entry->ebx &= ~(1 << 6);
```

```
        break;
    };
}

ioctl(vcpu_fd, KVM_SET_CPUID2, kvm_cpuid);
```

2. hlt 指令模拟

当处理器执行 hlt 指令后，将处于停机状态（Halt）。对于开启了超线程的处理器，hlt 指令是停止的逻辑核。之后如果收到 NMI、SMI 中断，或者 reset 信号等，则恢复运行。但是，对于虚拟机而言，如果任凭 Guest 的某个核本地执行 hlt，将导致物理 CPU 停止运行，然而我们需要停止的只是 Host 中用于模拟 CPU 的线程。因此，Guest 执行 hlt 指令时需要陷入 KVM 中，由 KVM 挂起 VCPU 对应的线程，而不是停止物理 CPU：

```
commit b6958ce44a11a9e9425d2b67a653b1ca2a27796f
KVM: Emulate hlt in the kernel
linux.git/drivers/kvm/vmx.c
static int handle_halt(struct kvm_vcpu *vcpu, …)
{
    skip_emulated_instruction(vcpu);
    return kvm_emulate_halt(vcpu);
}

linux.git/drivers/kvm/kvm_main.c
int kvm_emulate_halt(struct kvm_vcpu *vcpu)
{
    …
        kvm_vcpu_kernel_halt(vcpu);
    …
}

static void kvm_vcpu_kernel_halt(struct kvm_vcpu *vcpu)
{
    …
    while(!(irqchip_in_kernel(vcpu->kvm) &&
          kvm_cpu_has_interrupt(vcpu))
          && !vcpu->irq_summary
          && !signal_pending(current)) {
        set_current_state(TASK_INTERRUPTIBLE);
        …
        schedule();
        …
    }
    …
    set_current_state(TASK_RUNNING);
}
```

VCPU 对应的线程将自己设置为可被中断的状态（TASK_INTERRUPTIBLE），然后主动调用内核的调度函数 schedule() 将自己挂起，让物理处理器运行其他就绪任务。当挂起的

VCPU 线程被其他任务唤醒后，将从 schedule() 后面的一条语句继续运行。当准备进入下一次循环时，因为有中断需要处理，则跳出循环，将自己设置为就绪状态，接下来 VCPU 线程则再次进入 Guest 模式。

1.3.3　访问具有副作用的寄存器

Guest 在访问 CPU 的很多寄存器时，除了读写寄存器的内容外，一些访问会产生副作用。对于这些具有副作用的访问，CPU 也需要从 Guest 陷入 VMM，由 VMM 进行模拟，也就是完成副作用。

典型的比如前面提到的核间中断，对于 LAPIC 而言，写中断控制寄存器可能需要 LAPIC 向另外一个处理器发送核间中断，发送核间中断就是写中断控制寄存器这个操作的副作用。因此，当 Guest 访问 LAPIC 的中断控制寄存器时，CPU 需要陷入 KVM 中，由 KVM 调用虚拟 LAPIC 芯片提供的函数向目标 CPU 发送核间中断。

再比如地址翻译，每当 Guest 内切换进程，Guest 的内核将设置 cr3 寄存器指向即将运行的进程的页表。而当使用影子页表机制完成虚拟机地址（GVA）到宿主机物理地址（HPA）的映射时，我们期望物理 CPU 的 cr3 寄存器指向 KVM 为 Guest 中即将投入运行的进程准备的影子页表，因此当 Guest 切换进程时，CPU 需要从 Guest 陷入 KVM 中，让 KVM 将 cr3 寄存器设置为指向影子页表。因此，当使用影子页表机制时，KVM 需要设置 VMCS 中的 Processor-Based VM-Execution Controls 的第 15 位 CR3-load exiting，当设置了 CR3-load exiting 后，每当 Guest 访问物理 CPU 的 cr3 寄存器时，都将触发物理 CPU 陷入 KVM，KVM 调用函数 handle_cr 设置 cr3 寄存器指向影子页表，如下代码所示。关于更进一步的详细内容，我们将在“内存虚拟化”一章探讨。

```
commit 6aa8b732ca01c3d7a54e93f4d701b8aabbe60fb7
[PATCH] kvm: userspace interface
linux.git/drivers/kvm/vmx.c
static int handle_cr(struct kvm_vcpu *vcpu, …)
{
    u64 exit_qualification;
    int cr;
    int reg;

    exit_qualification = vmcs_read64(EXIT_QUALIFICATION);
    cr = exit_qualification & 15;
    reg = (exit_qualification >> 8) & 15;
    switch ((exit_qualification >> 4) & 3) {
    case 0: /* mov to cr */
        switch (cr) {
        …
        case 3:
            vcpu_load_rsp_rip(vcpu);
            set_cr3(vcpu, vcpu->regs[reg]);
```

```
        skip_emulated_instruction(vcpu);
        return 1;
        ...
}
```

1.4 对称多处理器虚拟化

对称多处理器（Symmetrical Multi-Processing）简称SMP，指在一个计算机上汇集了一组处理器。在这种架构中，一台计算机由多个处理器组成，所有的处理器都可以平等地访问内存、I/O和外部中断，运行操作系统的单一副本，并共享内存和其他资源。操作系统将任务均匀地分布在多个CPU中，从而极大地提高了整个系统的数据处理能力。在虚拟SMP系统时，每个CPU使用一个线程来模拟，如图1-5所示。

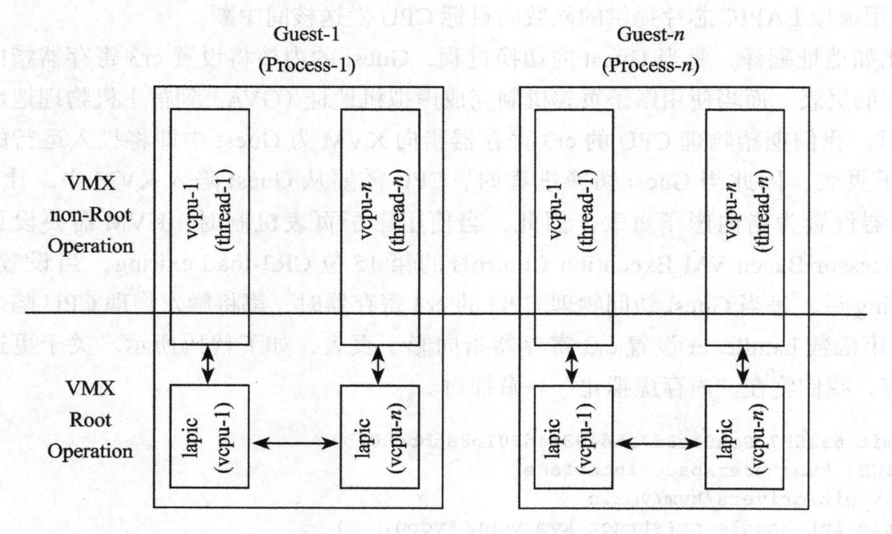

图1-5 对称多处理器虚拟化

其中有两个主要部分需要考虑：一是KVM需要把这些VCPU的信息告知Guest，这样Guest才可以充分利用多处理器资源；二是多处理器系统只能由一个处理器准备基础环境，这些环境准备工作如果由多个处理器不加保护地并发执行，将会带来灾难，此时其他处理器都必须处于停止状态，当基础环境准备好后，其他处理器再启动运行。

1.4.1 MP Table

操作系统有两种获取处理器信息的方式：一种是Intel的MultiProcessor Specification（后续简称MP Spec）约定的方式；另外一种是ACPI MADT（Multiple APIC Description Table）约定的方式。MP Spec约定的核心数据结构包括两部分：MP Floating Pointer Structure（后

续简称 MPF）和 MP Configuration Table（后续简称 MP Table）的地址，如图 1-6 所示。

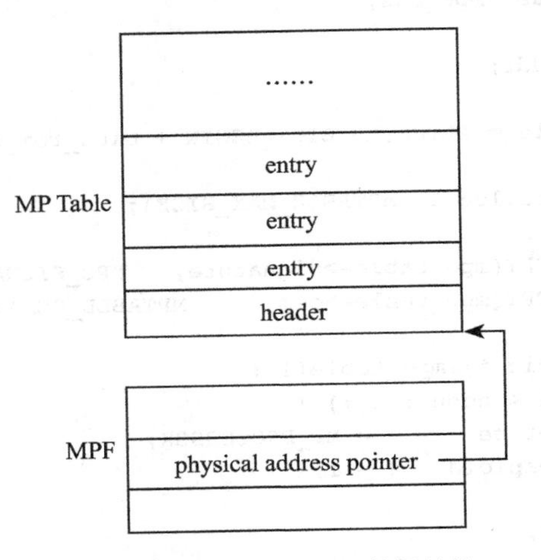

图 1-6　MP Configuration 数据结构

处理器的信息记录于 MP Table，MP Table 包含多个 entry，entry 分为不同的类型，有的 entry 是描述处理器信息的，有的 entry 是描述总线信息的，有的 entry 是描述中断信息的，等等。每个处理器类型的 entry 记录了一个处理器的信息。

而 MP Table 地址记录在 MPF 中，MP 标准约定 MPF 可以存放在如下几个位置：

1）存放在 BIOS 扩展数据区的前 1KB 内。

2）系统基础内存最高的 1KB 内。比如对于 640KB 内存，那么 MPF 存放在 639KB ～ 640KB 内。

3）存放在主板 BIOS 区域，即 0xF0000 ～ 0xFFFFF 之间。

操作系统启动时，将在 MP Spec 约定的位置搜索 MPF。那么操作系统如何确定何处内存为 MPF 呢？根据 MP Spec 约定，MPF 起始的 4 字节为 _MP_。在定位了 MPF 后，操作系统就可以顺藤摸瓜，找到 MP Table，从中获取处理器信息。

1. VMM 准备处理器信息

kvmtool 将 MP Table 放置在了主板 BIOS 所在的区域（0xF0000 ～ 0xFFFFF），在 BIOS 实际占据地址的末尾处。kvmtool 首先申请了一块内存区，在其中组织 MPF 和 MP Table，然后将组织好的数据结构复制到 Guest 中主板 BIOS 所在的区域，代码如下：

```
commit 0c7c14a747e9eb2c3cacef60fb74b0698c9d3adf
kvm tools: Add MP tables support
kvmtool.git/mptable.c
01 void mptable_setup(struct kvm *kvm, unsigned int ncpus)
02 {
03     unsigned long real_mpc_table, size;
04     struct mpf_intel *mpf_intel;
05     struct mpc_table *mpc_table;
```

```
06     struct mpc_cpu *mpc_cpu;
07     struct mpc_bus *mpc_bus;
08     …
09     void *last_addr;
10     …
11     real_mpc_table = ALIGN(MB_BIOS_BEGIN + bios_rom_size, 16);
12     …
13     mpc_table = calloc(1, MPTABLE_MAX_SIZE);
14     …
15     MPTABLE_STRNCPY(mpc_table->signature,   MPC_SIGNATURE);
16     MPTABLE_STRNCPY(mpc_table->oem,     MPTABLE_OEM);
17     …
18     mpc_cpu = (void *)&mpc_table[1];
19     for (i = 0; i < ncpus; i++) {
20         mpc_cpu->type         = MP_PROCESSOR;
21         mpc_cpu->apicid       = i;
22         …
23         mpc_cpu++;
24     }
25
26     last_addr = (void *)mpc_cpu;
27     …
28     mpc_bus        = last_addr;
29     mpc_bus->type    = MP_BUS;
30     mpc_bus->busid   = pcibusid;
31     …
32     last_addr = (void *)&mpc_bus[1];
33     …
34     mpf_intel = (void *)ALIGN((unsigned long)last_addr, 16);
35     …
36     mpf_intel->physptr  = (unsigned int)real_mpc_table;
37     …
38     size = (unsigned long)mpf_intel + sizeof(*mpf_intel) -
39             (unsigned long)mpc_table;
40     …
41     memcpy(guest_flat_to_host(kvm, real_mpc_table),
42             mpc_table, size);
43     …
44 }
```

函数 mptable_setup 首先申请了一块临时的内存区，见第 13 行代码。然后开始组织结构体 MP Table，其中第 15 ～ 17 行代码是组织 header 部分。

紧接在 header 后面的就是各种 entry 了，首先是处理器类型的 entry，见第 18 ～ 24 行代码。MP Spec 约定，在处理器类型的 entry 中，需要提供处理器对应的 LAPIC 的 ID，作为发送核间中断时的目的地址。根据代码可见，0 号 CPU 对应的 LAPIC 的 ID 为 0，1 号 CPU 对应的 LAPIC 的 ID 为 1，以此类推。

在处理器之后，还有各种总线、中断等 entry，见代码第 28 ～ 33 行，这里我们不一一讨论了。

在组织完 MP Table 后，函数 mptable_setup 开始组织 MPF。MPF 紧邻 MP Table，见第36行代码，其中的字段 physptr 指向了 MP Table。

最后，将组织好的 MPF 和 MP Table 复制到主板 BIOS 区域，见第 41、42 行代码。其中，real_mpc_table 是 Guest 中指向主板 BIOS 占据地址的结尾，见第 11 行代码。这个地址是 Guest 的地址空间，因此如果 kvmtool 需要访问，需要调用函数 guest_flat_to_host 将其转换为对应的 Host 的地址，见第 41 行代码。复制的区域包括整个 MP Table 和 MPF，见第38、39 行代码。

2. Guest 读取处理器信息

虚拟机启动后，将扫描 MP Spec 约定的存放 MPF 的位置：

```
linux-1.3.31/arch/i386/mm/init.c
unsigned long paging_init(unsigned long start_mem, …)
{
    …
    smp_scan_config(0x0,0x400); /* Scan the bottom 1K for … */
    …
    smp_scan_config(639*0x400,0x400); /* Scan the top 1K of …*/
    smp_scan_config(0xF0000,0x10000);   /* Scan the 64K … */
    …
}
```

操作系统如何确定某处内存存放的为 MPF 呢？根据 MP Spec 约定，MPF 起始的 4 字节为 _MP_，如图 1-7 所示。

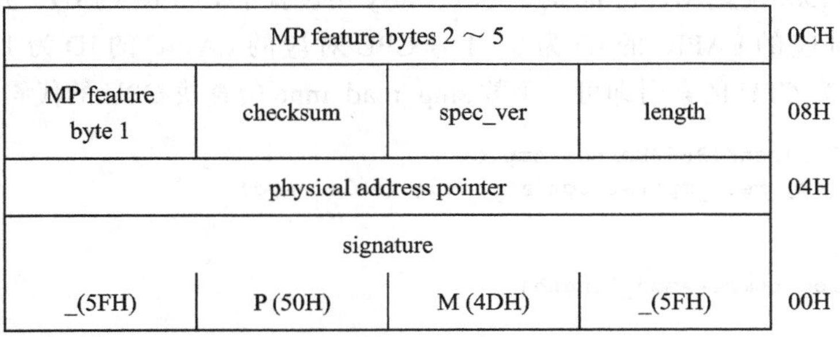

MP feature bytes 2 ～ 5				0CH
MP feature byte 1	checksum	spec_ver	length	08H
physical address pointer				04H
signature _(5FH)	P (50H)	M (4DH)	_(5FH)	00H

图 1-7 MPF 格式

操作系统只要在 MP Spec 约定的几个区域内，以 4 字节为单位搜索到关键字 _MP_，就可以认定这是结构体 MPF。在下面的代码中，函数 smp_scan_config 以 4 字节为单位，地毯式匹配关键字 _MP_，其中宏 SMP_MAGIC_IDENT 就是 _MP_。当找到 MPF 后，如果其中指向 MP Table 的字段 mpf_physptr 非空，则调用函数 smp_read_mpc 遍历 MP Table：

```
linux-1.3.31/arch/i386/kernel/smp.c
void smp_scan_config(unsigned long base, unsigned long length)
{
    unsigned long *bp=(unsigned long *)base;
```

```
    struct intel_mp_floating *mpf;
    …
    while(length>0)
    {
        if(*bp==SMP_MAGIC_IDENT)
        {
            mpf=(struct intel_mp_floating *)bp;
            if(mpf->mpf_length==1 &&
                !mpf_checksum((unsigned char *)bp,16) &&
                mpf->mpf_specification==1)
            {
                …
                if(mpf->mpf_physptr)
                    smp_read_mpc((void *)mpf->mpf_physptr);
                …
            }
        }
        bp+=4;
        length-=16;
    }
}
```

内核中定义了一个 bitmask 类型的变量 cpu_present_map，比如发现了 0 号 CPU，则设置变量 cpu_present_map 的第 0 位为 1，之后根据 cpu_present_map 中标识的位启动对应的 CPU。所以，函数 smp_read_mpc 的主要作用就是遍历 MP Table，找出具体的 CPU 信息，将 cpu_present_map 中对应的位置位，记录下系统中有哪些处理器。

在前面 kvmtool 设置 MP Table 时，CPU entry 中设置了 LAPIC 的 ID，并且是从 0 开始的，0 号 CPU 对应的 LAPIC 的 ID 为 0，1 号 CPU 对应的 LAPIC 的 ID 为 1，所以，使用 LAPIC 的 ID 作为 CPU 的索引即可。函数 smp_read_mpc 中查找 CPU 的代码如下：

```
linux-1.3.31/arch/i386/kernel/smp.c
static int smp_read_mpc(struct mp_config_table *mpc)
{
    …
    while(count<mpc->mpc_length)
    {
        switch(*mpt)
        {
            case MP_PROCESSOR:
            {
                struct mpc_config_processor *m=
                    (struct mpc_config_processor *)mpt;
                if(m->mpc_cpuflag&CPU_ENABLED)
                {
                    …
                        cpu_present_map|=(1<<m->mpc_apicid);
                }
                mpt+=sizeof(*m);
```

```
                    count+=sizeof(*m);
                    break;
                }
                ...
            }
        }
        ...
    }
```

1.4.2 处理器启动过程

对于 SMP 系统，在正常运转时每个核的地位都是同等的，但是在系统启动时，需要准备环境，包括从 BIOS 获取系统各种信息，然后解压内核，跳转到解压的内核处并初始化必要的系统资源、数据结构以及各子系统等。这些准备工作如果由多个处理器不加保护地并发执行，将会带来灾难，因此只能由一个处理器执行，其他处理器必须处于停止状态，这就是操作系统的 Boostrap 过程，因此执行这些操作的处理器被称为 Boostrap Processor，简称 BSP。

当操作系统的初始化过程完成后，BSP 需要通知其他处理器启动。相对于 BSP，其他处理器被称为 Application Processor，简称 AP。AP 需要略过解压内核、内核初始化等相关代码，跳转到一段为其准备的特殊代码，进行处理器自身相关的初始化，包括设置相关的寄存器、切换到保护模式等，然后运行 0 号任务，等待其他就绪任务到来。

MP Spec 1.4 定义的 BSP 通知 AP 启动的逻辑如下：

```
BSP sends AP an INIT IPI
BSP DELAYs (10mSec)
If (APIC_VERSION is not an 82489DX) {
    BSP sends AP a STARTUP IPI
    BSP DELAYs (200μSEC)
    BSP sends AP a STARTUP IPI
    BSP DELAYs (200μSEC)
}
BSP verifies synchronization with executing AP
```

不同系列的处理器，其启动逻辑有所不同。对于 80486 这种使用独立 LAPIC（型号为 82489DX）的 CPU，BSP 只需要发送 1 个 INIT IPI 即可，独立 LAPIC 不支持 STARTUP IPI。在 INIT IPI 方式下，BSP 不能设置 AP 的起始运行地址，AP 固定从 BIOS 中开始运行，然后跳转到一个固定位置，操作系统只能将 AP 起始运行的代码放置在这个固定的位置。

对于比较新的 CPU，LAPIC 被集成到 CPU 内部。这些较新的 CPU 支持 STARTUP IPI，可以指定 AP 的起始运行地址。当处于 INIT 状态的 CPU 收到 STARTUP IPI 后，将从 STARTUP IPI 指定的位置开始运行。为了防止一些噪音导致 STARTUP IPI 信号丢失，较早的 CPU 约定发送两次 STARTUP IPI，而对于较新的 CPU，发送一次 STARTUP IPI 足矣。

1. VMM 侧多处理器启动

通常多处理器系统都会将 0 号 CPU 作为 BSP，kvmtool 也不例外，其选择虚拟机的

0号处理器作为BSP，将0号VCPU的状态设置为可以运行，而其他VCPU，即AP都被设置为未初始化。如果VCPU状态为未初始化，那么在尝试切入Guest时，VCPU对应的线程将被挂起。BSP准备好基础环境后，将向AP先后发送INIT IPI和STARTUP IPI，唤醒VCPU所在的线程。在收到STARTUP IPI后，VCPU的状态变更为VCPU_MP_STATE_SIPI_RECEIVED，处于此状态的VCPU再次尝试进入Guest时，将顺利进入Guest，不会再被挂起。相关代码如下：

```
commit c5ec153402b6d276fe20029da1059ba42a4b55e5
KVM: enable in-kernel APIC INIT/SIPI handling
linux.git/drivers/kvm/kvm_main.c
01 int kvm_vcpu_init(struct kvm_vcpu *vcpu, …, unsigned id)
02 {
03     …
04     if (!irqchip_in_kernel(kvm) || id == 0)
05         vcpu->mp_state = VCPU_MP_STATE_RUNNABLE;
06     else
07         vcpu->mp_state = VCPU_MP_STATE_UNINITIALIZED;
08     …
09 }

10 static int kvm_vcpu_ioctl_run(struct kvm_vcpu *vcpu, …)
11 {
12     …
13     if (unlikely(vcpu->mp_state ==
14                  VCPU_MP_STATE_UNINITIALIZED)) {
15         kvm_vcpu_block(vcpu);
16         …
17         return -EAGAIN;
18     }
19     …
20 }

21 static void kvm_vcpu_block(struct kvm_vcpu *vcpu)
22 {
23     …
24     while (…&& vcpu->mp_state != VCPU_MP_STATE_SIPI_RECEIVED) {
25         set_current_state(TASK_INTERRUPTIBLE);
26         …
27         schedule();
28         …
29     }
30 …
31 }
```

根据第6、7行代码，kvmtool将AP的初始状态设置为VCPU_MP_STATE_UNINITIALIZED。那么，当VCPU尝试进入Guest模式时，根据第13～15行代码，其将进入函数kvm_vcpu_block。

函数kvm_vcpu_block将判断VCPU的状态。根据第24行代码，当VCPU尚不是VCPU_MP_STATE_SIPI_RECEIVED状态时，kvm_vcpu_block会将VCPU所在的线程设置为可中断状态，然后主动请求内核进行调度，VCPU所在的线程将被挂起。我们从状态VCPU_MP_STATE_SIPI_RECEIVED的名字就可以看出，这个状态表示VCPU收到SIPI（STARTUP IPI的简写）了，也就是说，只有在VCPU收到BSP发来的STARTUP IPI后，才可以开始运行。

当BSP向AP发送STARTUP IPI后，其他AP所在的线程将被唤醒，线程的状态将会流转为VCPU_MP_STATE_SIPI_RECEIVED，AP线程从上次挂起处，即第15行代码后继续执行。当执行到第17行代码时，将返回用户空间，用户空间通过ioctl发起KVM_RUN命令以再次发起进入虚拟机操作，这次VCPU所在线程将不会再进入第13、14行代码所在的if分支了，而是会顺利进入Guest。

根据第4、5行代码，kvmtool将BSP的状态设置为VCPU_MP_STATE_RUNNABLE，因此当BSP所在的线程首次尝试进入Guest时，不会进入第13、14行代码所在的if分支，而是顺利进入Guest，开启系统Bootstrap过程。

2. Guest侧多处理器启动

BSP准备好环境后，通过向AP发送核间中断的方式启动AP。BSP除了告知LAPIC核间中段的目的CPU等常规信息外，还有两个特殊的字段需要注意。一个是Delivery Mode，对于INIT IPI，Delivery Mode对应的值为INIT；对于STARTUP IPI，Delivery Mode对应的值为start up。AP通过Delivery Mode字段的值判断INIT IPI和STARTUP IPI。另外一个值得注意的字段是STARTUP IPI指定的AP的起始运行地址，其占用的是中断控制寄存器中的vector字段（0～7字节）。LAPIC的中断控制寄存器的具体格式如图1-8所示。

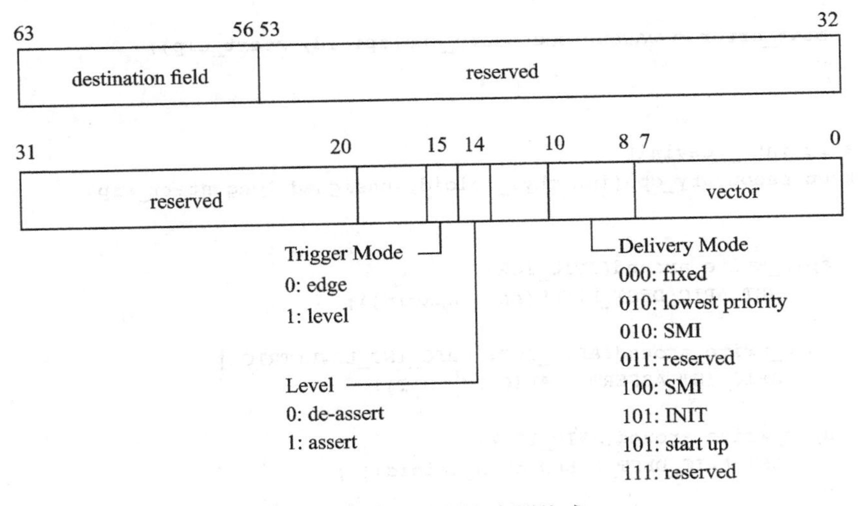

图1-8 中断控制寄存器格式

BSP 准备好基础环境后，调用函数 smp_boot_cpus 启动其他 AP：

```
commit c5ec153402b6d276fe20029da1059ba42a4b55e5
KVM: enable in-kernel APIC INIT/SIPI handling
linux.git/arch/x86/kernel/smpboot_32.c
static void __init smp_boot_cpus(unsigned int max_cpus)
{
    …
    for (bit = 0; kicked < NR_CPUS && bit < MAX_APICS; bit++) {
        apicid = cpu_present_to_apicid(bit);
        …
        if (!check_apicid_present(bit))
            continue;
        …
        if (… || do_boot_cpu(apicid, cpu))
        …
    }
    …
}
```

在前面讨论 MP Table 时，我们提到过，在启动时，操作系统会扫描 MP Table，在全局变量 phys_cpu_present_map 中标记存在的 CPU，比如如果 0 号 CPU 存在，那么 phys_cpu_present_map 的位 0 将被置为 1。这里函数 smp_boot_cpus 就是检查 phys_cpu_present_map 中的每一位，如果置位了，则调用函数 do_boot_cpu 以启动相应的处理器：

```
commit c5ec153402b6d276fe20029da1059ba42a4b55e5
KVM: enable in-kernel APIC INIT/SIPI handling
linux.git/arch/x86/kernel/smpboot_32.c
01 static int __cpuinit do_boot_cpu(int apicid, int cpu)
02 {
03     …
04     boot_error = wakeup_secondary_cpu(apicid, start_eip);
05     …
06 }

07 static int __devinit
08 wakeup_secondary_cpu(int phys_apicid, unsigned long start_eip)
09 {
10     …
11     apic_write_around(APIC_ICR2,
12         SET_APIC_DEST_FIELD(phys_apicid));
13     …
14     apic_write_around(APIC_ICR, APIC_INT_LEVELTRIG |
15         APIC_INT_ASSERT | APIC_DM_INIT);
16     …
17     apic_write_around(APIC_ICR2,
18         SET_APIC_DEST_FIELD(phys_apicid)) ;
19     …
20     apic_write_around(APIC_ICR, APIC_INT_LEVELTRIG |
```

```
21          APIC_DM_INIT);
22      …
23      if (APIC_INTEGRATED(apic_version[phys_apicid]))
24          num_starts = 2;
25      else
26          num_starts = 0;
27      …
28      for (j = 1; j <= num_starts; j++) {
29          …
30          apic_write_around(APIC_ICR2,
31              SET_APIC_DEST_FIELD(phys_apicid));
32          …
33          apic_write_around(APIC_ICR, APIC_DM_STARTUP
34                      | (start_eip >> 12));
35          …
36      }
37      …
38  }
```

MP Spec 规定 INIT IPI 使用水平触发模式，第 1 次使引脚有效，第 2 次使引脚无效。第 11 ～ 15 行代码就是发送第 1 次 INIT IPI，即 assert INIT，其中第 11、12 行代码是设置中断控制寄存器的目的 CPU 字段；第 14 ～ 15 行代码按照 MP Spec 要求设置 LAPIC 为水平触发，并设置引脚有效（assert）；第 15 行代码设置了中断控制寄存器的 Delivery Mode 字段的值 APIC_DM_INIT，即设置了这个核间中断是一个 INIT IPI。第 17 ～ 21 行代码是发送第 2 次 INIT IPI，即 de-assert INIT。

第 23 行代码判断 LAPIC 是集成到 CPU 内部的还是独立的。集成 LAPIC 支持 STARTUP IPI，MP Spec 约定需要发送两次 STARTUP IPI，所以变量 num_starts 被赋值为 2，即循环两次，发送两次 STARTUP IPI。独立的 LAPIC 不支持 STARTUP IPI，所以变量 num_starts 被赋值为 0，即不执行循环，所以不会发送 STARTUP IPI。

第 30 ～ 34 行代码是发送 STARTUP IPI。第 33 行代码设置了中断控制寄存器的 Delivery Mode 字段的值为 APIC_DM_STARTUP，即设置了这是 STARTUP IPI。STARTUP IPI 支持设置 AP 的起始运行地址，其使用中断控制寄存器中的 vector 字段（0 ～ 7 字节）存储 AP 开始运行的地址。该地址要求 4KB 页面对齐，即假设字段 vector 的值为 VV，当 CPU 收到 STARTUP IPI 后，其从 0xVV0000 处开始运行。

根据第 34 行代码，AP 启动运行的位置为 start_eip，我们看到 start_eip 按照页面对齐的要求右移了 12 位。start_eip 指向的代码片段是专门为 AP 启动准备的入口，这段代码被称为 trampoline，以 32 位系统为例，这段代码在文件 arch/x86/kernel/trampoline_32.S 中。BSP 向 AP 发送核间中断启动 AP 前，在低端内存申请了一块内存，将 trampoline 代码片段复制到这块区域，并将 start_eip 指向这块内存区，相关代码如下：

```
commit c5ec153402b6d276fe20029da1059ba42a4b55e5
KVM: enable in-kernel APIC INIT/SIPI handling
```

```
linux.git/arch/x86/kernel/smpboot_32.c
01 static int __cpuinit do_boot_cpu(int apicid, int cpu)
02 {
03     …
04     start_eip = setup_trampoline();
05     …
06 }

07 static unsigned long __devinit setup_trampoline(void)
08 {
09     memcpy(trampoline_base, trampoline_data,
10            trampoline_end - trampoline_data);
11     return virt_to_phys(trampoline_base);
12 }

linux.git/arch/x86/kernel/trampoline_32.S
13 ENTRY(trampoline_data)
14     …
15     ljmpl   $__BOOT_CS, $(startup_32_smp-__PAGE_OFFSET)

linux.git/arch/x86/kernel/head_32.S
16 ENTRY(startup_32)
17 …
18 ENTRY(startup_32_smp)
19     …
20     movb ready, %cl
21     movb $1, ready
22     cmpb $0,%cl     # the first CPU calls start_kernel
23     je   1f
24     …
25     jmp initialize_secondary # all other CPUs call …
26 1:
27 #endif /* CONFIG_SMP */
28     jmp start_kernel
29     …
30 ready:  .byte 0

linux.git/arch/x86/kernel/smpboot_32.c
31 void __devinit initialize_secondary(void)
32 {
33     …
34     asm volatile(
35         "movl %0,%%esp\n\t"
36         "jmp *%1"
37         :
38         :"m" (current->thread.esp),"m" (current->thread.eip));
39 }
```

第4行代码就是在启动AP前，BSP调用函数setup_trampoline为AP准备启动代码片段。trampoline这段代码将AP从实模式切换到保护模式后，跳转到了解压后的内核的头部，但是并不是从头部（startup_32）开始执行，而是跳过了需要 BSP 执行的如复制引导参数、准备内核页表等部分，从标号 startup_32_smp 处开始执行。

从 startup_32_smp 开始，AP 进行了自身相关必需的初始化。接下来后续又开始分化了，BSP 需要跳转到函数 start_kernel 执行，而 AP 则跳转到函数 initialize_secondary 处执行。这个过程通过变量 ready 来控制，当 CPU 执行到第 23 行代码时，如果此时变量 ready 为 0，则跳转到标号 1 处，即第 26 行代码处，进而在第 28 行代码处进入函数 start_kernel。根据第 30 行代码，变量 ready 的初始值为 0，那么当 BSP 执行第 23 行代码时，因为 BSP 是第一个执行这段代码的，所以 BSP 将跳转到函数 start_kernel 执行。在 BSP 使用完变量 ready 后，其马上会将该变量的值更新为 1，见第 21 行代码，因此，AP 在执行第 23 行代码时不会向前跳转，而是继续执行到第 25 行代码，进入函数 initialize_secondary。

BSP 将跳转到 init/main.c 中的 start_kernel 函数执行，这个函数初始化内核中各种数据结构以及子系统。显然，这些资源初始化一次即可，无须其他 AP 继续来初始化，所以要避免 AP 继续执行 start_kernel 函数。

而对于 AP 跳转到的函数 initialize_secondary，根据第 36、38 行代码可见，AP 最终将跳转到宏 current 指向的结构体 thread 中的字段 eip 处。thread.eip 指向的是 BSP 为 AP 准备第 1 个任务的入口，这个任务就是 CPU 闲时执行的 idle 任务，该任务在做了简短的准备后，随即调用 cpu_idle 将 AP 暂停，等待执行其他就绪任务：

```
commit c5ec153402b6d276fe20029da1059ba42a4b55e5
KVM: enable in-kernel APIC INIT/SIPI handling
linux.git/arch/x86/kernel/smpboot_32.c
static int __cpuinit do_boot_cpu(int apicid, int cpu)
{
    …
    per_cpu(current_task, cpu) = idle;
    …
    idle->thread.eip = (unsigned long) start_secondary;
    …
}

static void __cpuinit start_secondary(void *unused)
{
    …
    cpu_idle();
}
```

3. LAPIC 发送核间中断

在上一节中，我们看到了 Guest 内核通过写 LAPIC 的控制寄存器来发送核间中断，但是核间中断终究是需要 LAPIC 来发送的，因此，在这一节中我们探讨 KVM 中的虚拟 LAPIC 是如何发送核间中断的。

LAPIC 采用一个页面存放各寄存器的值，中断控制寄存器也在这个页面中，操作系统会将这个页面映射到进程的地址空间，通过 MMIO 的方式访问这些寄存器。当 Guest 访问这些寄存器时，将从 Guest 陷入 KVM。后来，为了减少 VM 退出的次数，Intel 从硬件层面对中断进行了支持，如果只是读寄存器的值，那么将不再触发 VM 退出，只有写寄存器时才会触发 VM 退出，具体内容我们将在“中断虚拟化”一章中继续讨论。从 Guest 陷入 KVM 后，将进入函数 apic_mmio_write，该函数读取 icr 寄存器中的目的 CPU 字段，向目的 CPU 发送核间中断：

```
commit c5ec153402b6d276fe20029da1059ba42a4b55e5
KVM: enable in-kernel APIC INIT/SIPI handling
linux.git/drivers/kvm/lapic.c
01 static void apic_mmio_write(struct kvm_io_device *this,…)
02 {
03     …
04     case APIC_ICR:
05         …
06         apic_send_ipi(apic);
07         break;
08 
09     case APIC_ICR2:
10         apic_set_reg(apic, APIC_ICR2, val & 0xff000000);
11         break;
12     …
13 }

14 static void apic_send_ipi(struct kvm_lapic *apic)
15 {
16     …
17     for (i = 0; i < KVM_MAX_VCPUS; i++) {
18         vcpu = apic->vcpu->kvm->vcpus[i];
19         …
20         if (vcpu->apic &&
21             apic_match_dest(vcpu, apic, short_hand, dest,…)) {
22             …
23                 __apic_accept_irq(vcpu->apic, …, vector, …);
24         }
25     }
26     …
27 }

28 static int __apic_accept_irq(struct kvm_lapic *apic, …)
29 {
30     …
31     case APIC_DM_STARTUP:
32         …
33         vcpu->sipi_vector = vector;
34         …
35                 wake_up_interruptible(&vcpu->wq);
36         }
```

```
37      break;
38      …
39 }
```

第9、10行代码是处理Guest写中断控制寄存器高32位的情况，即将Guest设置目的CPU对应的LAPIC的ID记录在虚拟LAPIC中。第4～7行代码处理Guest写中断控制寄存器低32位的情况，其中第6行代码调用函数apic_send_ipi向目的CPU发起了IPI中断。函数apic_send_ipi遍历所有的CPU，调用apic_match_dest尝试匹配目的CPU，一旦匹配成功，则调用__apic_accept_irq以完成向目的CPU发送核间中断。根据第31、35代码，当BSP向AP发送的是STARTUP IPI时，KVM将唤醒AP开始运行Guest。

Guest运行的起始地址记录在数据结构vcpu的变量sipi_vector中，见第33行代码。在AP准备切入Guest前，KVM将使用变量sipi_vector来设置AP对应的VMCS中Guest的cs和rip，见如下代码：

```
commit c5ec153402b6d276fe20029da1059ba42a4b55e5
KVM: enable in-kernel APIC INIT/SIPI handling
linux.git/drivers/kvm/kvm_main.c
static int vmx_vcpu_setup(struct vcpu_vmx *vmx)
{
    …
    if (vmx->vcpu.vcpu_id == 0) {
        …
    } else {
        vmcs_write16(GUEST_CS_SELECTOR,
vmx->vcpu.sipi_vector << 8);
        vmcs_writel(GUEST_CS_BASE, vmx->vcpu.sipi_vector << 12);
    }
    …
    if (vmx->vcpu.vcpu_id == 0)
        …
    else
        vmcs_writel(GUEST_RIP, 0);
    …
}
```

函数vmx_vcpu_setup是负责切入Guest前初始化VCPU的，其中vcpu_id非0的分支是处理AP的。代码中sipi_vector是BSP向AP发送START IPI时传递的AP的起始运行地址。MP Spec确定AP的起始地址为4KB页面对齐，即假设中断控制寄存器中字段vector的值为VV，那么AP的起始地址为0xVV0000，这就是为什么代码中将sipi_vector左移12位作为代码段cs寄存器的值，同时用于页内偏移的rip寄存器设置为0。

1.5 一个简单KVM用户空间实例

在本章的最后，我们通过一个具体的KVM用户空间的实例来结束CPU虚拟化的讨论。

我们将所有的代码都放在一个文件 kvm.c 中，定义了一个结构体 vm 来代表一台虚拟机，为了简单，这台虚拟机只具备计算机的最基本单元，即运算器和内存，因此结构体 vm 中的主体就是处理器和内存。一台虚拟机可能有多个处理器，每个处理器又有自己的状态（各种寄存器），因此，我们也为处理器定义了一个数据结构，即结构体 vcpu。我们只虚拟了一个 vcpu，所以结构体 vm 中的 vcpu 数组只包含一个元素。用户空间需要通过文件 /dev/kvm 与内核中的 KVM 模块通信，因此定义了一个全局变量 g_dev_fd 来记录打开的 /dev/kvm 的文件描述符。

```
#include <linux/kvm.h>
#include <stdlib.h>
#include <stdio.h>
#include <fcntl.h>
#include <sys/mman.h>

struct vm {
  int vm_fd;
  __u64 ram_size;
  __u64 ram_start;
  struct kvm_userspace_memory_region mem;
  struct vcpu *vcpu[1];
};

struct vcpu {
  int id;
  int fd;
  struct kvm_run *run;
  struct kvm_sregs sregs;
  struct kvm_regs regs;
};

int g_dev_fd;
```

main 函数首先对这些变量进行了初始化，然后调用 setup_vm 开始组装机器了。组装好机器后，调用 load_image 加载 Guest 的镜像到内存中，最后调用 run_rm 开始执行 Guest：

```
int main(int argc, char **argv) {
  if ((g_dev_fd = open("/dev/kvm", O_RDWR)) < 0) {
    fprintf(stderr, "failed to open KVM device.\n");
    return -1;
  }

  struct vm *vm = malloc(sizeof(struct vm));
  struct vcpu *vcpu = malloc(sizeof(struct vcpu));
  vcpu->id = 0;
  vm->vcpu[0] = vcpu;

  setup_vm(vm, 64000000);
```

```
  load_image(vm);
  run_vm(vm);

  return 0;
}
```

1.5.1 创建虚拟机实例

显然，对于一台虚拟机实体而言，在KVM中需要一个实例与其对应。因此，在与内核KVM子系统建立关系后，需要向内核中的KVM子系统申请创建一台虚拟机，KVM子系统为此提供的API是KVM_CREATE_VM。通过向KVM子系统发起一个KVM_CREATE_VM命令，KVM子系统将会在内核中创建一个虚拟机实例，并返回指向这个虚拟机实例的一个文件描述符，后续凡是与这个虚拟机实例有关的操作，比如创建这台虚拟机的内存、处理器等都需要通过这个虚拟机实例文件描述符。最初创建的虚拟机只是一个空机箱，既没有内存，也没有处理器。创建虚拟机实例的代码如下：

```
int setup_vm(struct vm *vm, int ram_size) {
  int ret = 0;

  if ((vm->vm_fd = ioctl(g_dev_fd, KVM_CREATE_VM, 0)) < 0) {
    fprintf(stderr, "failed to create vm.\n");
    return -1;
  }
  …
}
```

1.5.2 创建内存

接下来我们开始组装机器，首先是内存，就像需要在内存槽上插上内存条一样，我们也需要为我们的虚拟机安装内存。KVM为用户空间工具配置虚拟机内存定义的数据结构如下：

```
commit 6fc138d2278078990f597cb1f62fde9e5b458f96
KVM: Support assigning userspace memory to the guest
linux.git/include/linux/kvm.h
struct kvm_userspace_memory_region {
      __u32 slot;
      __u32 flags;
      __u64 guest_phys_addr;
      __u64 memory_size; /* bytes */
      __u64 userspace_addr; /* start of the userspace  … */
};
```

其中，slot表示一个内存槽，如果虚拟机中这个内存槽上尚未插入内存，那么就相当于安装一条新的内存，否则就是修改已有的内存。flags是内存的类型，比如KVM_MEM_

READONLY 表示是只读内存。guest_phys_addr 表示这块内存条映射到虚拟机的物理内存地址空间的起始地址，比如 guest_phys_addr 为 0x10000，表示插入的这块内存条占据虚拟机的从 64KB 开始的一段物理内存，内存大小由字段 memory_size 指明。宿主机需要分配一段内存作为虚拟机的物理内存，这段内存在 Host 中的起始地址即 HVA，由字段 userspace_addr 告知 KVM 子系统。

在例子中，我们使用 mmap 分配了一段按照页面尺寸对齐的 64MB 的内存作为虚拟机的物理内存。然后通过 KVM 子系统为用户空间配置虚拟机内存提供的 API KVM_SET_USER_MEMORY_REGION，为虚拟机在 0 号槽上插入一条内存：

```
int setup_vm(struct vm *vm, int ram_size) {
  …
  vm->ram_size = ram_size;
  vm->ram_start =  (__u64)mmap(NULL, vm->ram_size,
       PROT_READ | PROT_WRITE, MAP_PRIVATE |
       MAP_ANONYMOUS | MAP_NORESERVE, -1, 0);
  if ((void *)vm->ram_start == MAP_FAILED) {
    fprintf(stderr, "failed to map memory for vm.\n");
    return -1;
  }

  vm->mem.slot = 0;
  vm->mem.guest_phys_addr = 0;
  vm->mem.memory_size = vm->ram_size;
  vm->mem.userspace_addr = vm->ram_start;

  if ((ioctl(vm->vm_fd, KVM_SET_USER_MEMORY_REGION,
          &(vm->mem))) < 0) {
    fprintf(stderr, "failed to set memory for vm.\n");
    return -1;
  }
  …
}
```

1.5.3 创建处理器

内存准备好了之后，接下来我们创建运行指令的处理器。KVM 模块为用户空间提供的 API 为 KVM_CREATE_VCPU，这个 API 接收一个参数 vcpu id，本质上是 lapci id：

```
int setup_vm(struct vm *vm, int ram_size) {
  …
  struct vcpu *vcpu = vm->vcpu[0];
  vcpu->fd = ioctl(vm->vm_fd, KVM_CREATE_VCPU, vcpu->id);
  if (vm->vcpu[0]->fd < 0) {
    fprintf(stderr, "failed to create cpu for vm.\n");
  }
  …
}
```

创建好处理器后，我们需要告知其从内存的哪里开始执行指令，因此我们可以通过更简洁的方式，直接设置代码段和指令指针来指向Guest系统在内存中加载的位置，而不必按照传统的方式来执行（比如处理器重置后从地址0xfffffff0开始执行）。对于x86架构，KVM为VCPU的寄存器定义了两个结构体。一个是结构体kvm_sregs，KVM称其为special registers，包含段寄存器、控制寄存器等。代码段寄存器cs就在这个结构体中：

```
linux.git/include/linux/kvm.h

struct kvm_sregs {
  /* in */
  __u32 vcpu;
  __u32 padding;

  /* out (KVM_GET_SREGS) / in (KVM_SET_SREGS) */
  struct kvm_segment cs, ds, es, fs, gs, ss;
  struct kvm_segment tr, ldt;
  struct kvm_dtable gdt, idt;
  __u64 cr0, cr2, cr3, cr4, cr8;
  __u64 efer;
  __u64 apic_base;
  __u64 interrupt_bitmap[KVM_IRQ_BITMAP_SIZE(__u64)];
};
```

通用寄存器、标志寄存器，以及前面刚刚提到的指令指针寄存器eip定义在另一个结构体kvm_regs中：

```
linux.git/include/linux/kvm.h

struct kvm_regs {
  /* in */
  __u32 vcpu;
  __u32 padding;

  /* out (KVM_GET_REGS) / in (KVM_SET_REGS) */
  __u64 rax, rbx, rcx, rdx;
  __u64 rsi, rdi, rsp, rbp;
  __u64 r8,  r9,  r10, r11;
  __u64 r12, r13, r14, r15;
  __u64 rip, rflags;
};
```

系统启动时首先进入16位实模式，后面我们会将Guest加载到段地址为0x1000、偏移地址为0的地方，因此，我们设置代码段寄存器为0x1000，指令指针寄存器为0。根据实模式的寻址方式，可以计算出Guest系统加载的物理地址为0x1000 << 4 + 0，即0x10000。

除了设置cs的selector外，我们还设置了cs的base。这是为了避免每次都要做左移计算，每次设置cs时，都把cs_selector << 4的结果存入descriptor cache中，即cs base。

最后，我们需要设置一下 rflags 寄存器，按照 Intel 手册要求，将第 2 位设置为 1，其他位全部初始化为 0：

```
int setup_vm(struct vm *vm, int ram_size) {
…
  // sregs
  if (ioctl(vcpu->fd, KVM_GET_SREGS, &(vcpu->sregs)) < 0) {
    fprintf(stderr, "failed to get sregs.\n");
    exit(-1);
  }
  vcpu->sregs.cs.selector = 0x1000;
  vcpu->sregs.cs.base = 0x1000 << 4;
  if (ioctl(vcpu->fd, KVM_SET_SREGS, &(vcpu->sregs)) < 0) {
    fprintf(stderr, "failed to set sregs.\n");
    exit(-1);
  }

  // regs
  if (ioctl(vcpu->fd, KVM_GET_REGS, &(vcpu->regs)) < 0) {
    fprintf(stderr, "failed to get regs.\n");
    exit(-1);
  }
  vcpu->regs.rip = 0x0;
  vcpu->regs.rflags = 0x2;
  if (ioctl(vcpu->fd, KVM_SET_REGS, &(vcpu->regs)) < 0) {
    fprintf(stderr, "failed to set regs.\n");
    exit(-1);
  }
}
```

1.5.4 Guest

接下来我们实现一个非常小的 Guest，由于它足够小，所以基本不会发生 Bug。这个 Guest 就是一个简单的无限循环，也不运行任何敏感指令：

```
// guest/kernel.S

    .code16gcc
    .text
    .globl  _start
    .type   _start, @function
_start:
    1:
    jmp 1b
```

这个 Guest 的内核中没有任何文件格式解码器，需要将 Guest 编译为无格式的，因此我们需要使用 objcopy 从 ELF 格式转换为 binary 格式，代码从地址 0 开始。这个 Guest 没有任何依赖，所以不连接任何其他的第三方库，最终 Makefile 如下：

```
// guest/Makefile

BIN := kernel.bin
ELF := kernel.elf
OBJ := kernel.o

all: $(BIN)

$(BIN): $(ELF)
	objcopy -O binary $< $@

$(ELF): $(OBJ)
	$(LD) -Ttext=0x00 -nostdlib -static $< -o $@

%.o: %.S
	$(CC) -nostdinc -c $< -o $@

clean:
	rm -rf $(OBJ) $(BIN) $(ELF)
```

1.5.5 加载 Guest 镜像到内存

在初始化 VCPU 时我们将代码段 cs 设置为 0xf000，将 rip 设置为 0，所以这里需要将 Guest 镜像加载到 Guest 的内存地址 (0x1000 << 4) + 0x0 处。Guest 的物理内存的起始地址为 ram_start，所以加载 Guest 镜像到内存的代码如下：

```
void load_image(struct vm *vm) {
  int ret = 0;
  int fd = open("./guest/kernel.bin", O_RDONLY);
  if (fd < 0) {
    fprintf(stderr, "can not open guest image\n");
    exit(-1);
  }

  char *p = (char *)vm->ram_start + ((0x1000 << 4) + 0x0);

  while (1) {
    if ((ret = read(fd, p, 4096)) <= 0)
      break;

    p += ret;
  }
}
```

1.5.6 运行虚拟机

一切准备就绪，接下来该启动虚拟机了，KVM 为此提供的命令是 KVM_RUN。我们将发起虚拟机运行的指令放在一个无限的 while 循环中，如此，一旦 Guest 退出到用户空间，我们可以再次请求 KVM 切回 Guest。启动虚拟机代码如下：

```
void run_vm(struct vm *vm) {
  int ret = 0;

  while (1) {
    if ((ioctl(vm->vcpu[0]->fd, KVM_RUN, 0)) < 0) {
      fprintf(stderr, "failed to run kvm.\n");
      exit(1);
    }
  }
}
```

读者只需要一条命令编译这个 kvm 用户空间实例即可：

```
gcc kvm.c -o kvm
```

然后运行这个 kvm 用户空间实例：

```
sudo ./kvm
```

在另外一个终端中，运行如下命令：

```
pidstat -p `pidof kvm` 1
```

如果一切正常，可以看到类似如下的输出：

```
UID       PID    %usr %system  %guest    %CPU   CPU  Command
  0     17742    0.00    0.00  100.00  100.00     7  kvm
  0     17742    0.00    0.00  100.00  100.00     3  kvm
  0     17742    0.00    0.00  100.00  100.00     1  kvm
  0     17742    0.00    0.00  100.00  100.00     0  kvm
  0     17742    0.00    0.00  100.00  100.00     4  kvm
  …
```

因为在 Guest 中只是简单地运行了一个空循环，没有任何敏感指令，我们可以看到这个 VCPU 的 Guest 态是 100%，所以这台虚拟机基本没有主动地触发陷入。但是，有被动发生的 VM 退出，比如时钟中断、网卡中断落到这个 CPU 上时，但是因为这些中断导致 VM 退出后，VCPU 在 Host 内核态停留的时间非常短暂，马上又再次切入 Guest 了。所以，VCPU 线程的 Host 系统态占比非常少，统计中系统态（%system）的值也是 0。

第 2 章 Chapter 2

内存虚拟化

要想彻底理解如何从软件层面为虚拟机虚拟出物理内存，我们首先需要了解操作系统是如何使用物理内存的。因此，本章中，我们首先简单探讨了内存寻址的基本原理。

以往，很多讨论内存虚拟化的资料都聚焦于影子页表等地址翻译部分，但是几乎没有资料探讨 VMM 如何为虚拟机准备物理内存，以及 VMM 如何将其为虚拟机准备的内存上报给虚拟机，而这是讨论地址翻译的基础，所以，在本章中我们将从这里开启内存虚拟化过程之旅。

我们知道，x86 物理 CPU 重置后都是从实模式开始运行，然后切入保护模式，所以 boot loader 或者操作系统内核都是从实模式开始运行的。而在实模式下并没有页表的概念，那么虚拟机又是如何实现寻址的呢？因此，在接下来的部分，我们讨论了运行在实模式下 Guest 的内存寻址。

随后，我们讨论了运行在保护模式下的 Guest 的寻址方式，即大家比较熟知的影子页表方式。

因为影子页表的低效，包括带来额外的虚拟机退出的额外开销、软件方式遍历页表、内存占用过多等问题，Intel 在硬件层面对内存虚拟化进行了支持，加入了另外一级支持地址映射的硬件单元 EPT。在本章的最后，我们讨论了 EPT 模式下的地址翻译过程，以及 EPT 页表的建立。

2.1 内存寻址

内存是按字节序列组织的，处理器以字节为单位进行寻址，处理器可以寻址的内存范围称为地址空间。x86 架构支持两种典型的内存寻址方式，一种是段式寻址，另外一种是页式寻址。

2.1.1 段式寻址

1978 年，Intel 发布了第一款 16 位微处理器 8086。这款处理器有 20 根地址线，可以支持的地址空间达到 1MB（2^{20} 字节）。但是，这款处理器的数据总线的宽度是 16 位，也就是说，指令指针寄存器 IP 以及其他通用寄存器都是 16 位的，那么指令最大只能寻址 64KB（2^{16} 字节）的地址空间。为了解决这个问题，Intel 的工程师们引入了段的概念，把 1MB 地址空间划分为多个不超过 64KB 大小的段，这样程序就可以访问全部地址空间了。8086 微处理器有 4 个段寄存器 cs、ds、es 和 ss，每个段寄存器也是 16 位的，用于存储段的起始地址，其他寄存器存储的则是段内偏移。因此在这种模式下，程序发起一次内存访问，使用的是如下地址格式，人们将这个地址称为逻辑地址：

```
Segment Base: Segment Offset
```

处理器的段单元（Segment Unit），也叫地址加法器，通过如下公式将这个逻辑地址转换为线性地址：

```
Segment Base << 4 + Segment Offset
```

这个公式将段基址左移 4 位，加上段内偏移，生成了 20 位的物理地址，此时指令可以寻址 1MB 地址空间的任何地址了。Intel 将这种模式称为实模式。

在实模式下，一个主要的问题是没有内存保护。一个程序可以访问整个 1 MB 的地址空间，因此，它也可以访问另一个程序的数据或代码，这是不安全的。除了内存外，实模式对程序访问的资源、执行的指令也没有保护，任何程序都可以执行任何可能导致意外后果的 CPU 指令。

从 80286 开始，Intel 逐渐开始引入保护模式，到 80386 时，保护模式得到全面应用。保护模式引入了段描述符表，段描述符表中的每个描述符对应一个段，包括段的基址、段的长度限制，以及段的各种属性（比如段的访问权限等）。段描述符表包括 GDT 和 LDT 两种，GDT 存储全局的段，每个任务可以有自己的 LDT，存储任务自己的段。每个段描述符长度为 64 位，相比于之前段寄存器只能存储段基址，段描述符可以记录更多的段信息，如增加段访问的权限、读写或是执行的属性等，实现了对内存访问的保护。在有了段描述符表后，段寄存器中存储的不再是段基址，而是一个索引，用于从段描述表中索引具体的段。

2.1.2 平坦内存模型

随着现代多任务操作系统的出现，每个任务都可以访问整个地址空间，而不必考虑实际物理内存的大小，而且通常寻址空间要比实际物理内存大得多，更不用说多个任务同时运行需要的内存了，于是出现了虚拟内存（Virtual Memory）的概念。操作系统将物理内存划分为大小相同的若干页面，在程序运行时，操作系统并不会为程序的全部地址空间都分配实际的物理内存页面，而是在访问时按需分配。当内存紧张时，可能会将最近很少使用的页面交换出去，需要时再载入进来。使用虚拟内存后，操作系统可以运行的任务数量不再受实际物理内存大小的限制。相对于段式内存管理，这种方式被称为页式内存管理。

新的处理器数据总线和地址总线宽度一致，不再需要段寄存器叠加产生更大的寻址空间。而且，页式内存管理方式也可以提供比段式内存管理更多、更灵活、更细粒度的内存保护方式，于是段式内存就显得多余了。Intel 也知道在页式内存管理出现后，段机制成了一个“鸡肋”，而为了向后兼容，又不能将其去掉，于是 Intel 为系统设计者建议了一种平坦内存模型（flat model）。

平坦模型建议创建 4 个段，分别是用于特权级 3 的用户代码段、数据段以及用于特权级 0 的内核代码段、数据段，这 4 个段基址都是 0，并且地址空间完全相同。平坦内存模型几乎完全隐藏了分段机制。Linux 内核从 2.1.43 版本开始使用这种平坦内存模型，其定义的 4 个段如下：

```
linux-2.1.43/arch/i386/kernel/head.S

ENTRY(gdt)
    .quad 0x0000000000000000        /* NULL descriptor */
    .quad 0x0000000000000000        /* not used */
    .quad 0x00cf9a000000ffff        /* 0x10 kernel 4GB code … */
    .quad 0x00cf92000000ffff        /* 0x18 kernel 4GB data … */
    .quad 0x00cffa000000ffff        /* 0x23 user   4GB code … */
    .quad 0x00cff2000000ffff        /* 0x2b user   4GB data … */
```

段描述符的格式如图 2-1 所示。

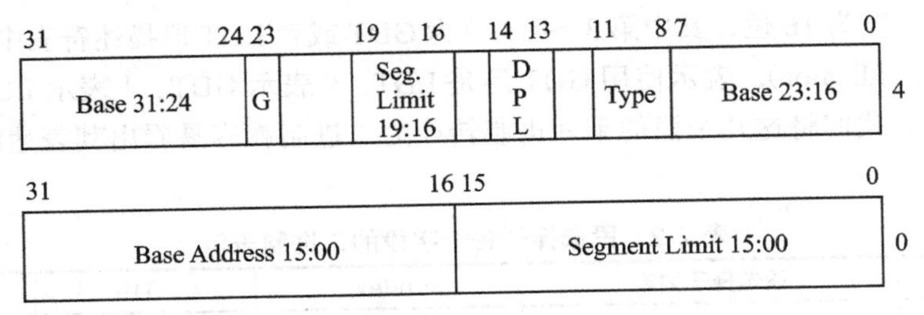

图 2-1　段描述符的格式

字段 Base Address 是段的基址；字段 DPL 是段的权限；字段 Type 表示段是代码段还是数据段，高 32 位的第 11 位为 1 表示是代码段，为 0 是数据段，第 8 ～ 10 位用于附加修饰，比如数据段是只读还是可写。字段 Segment Limit 表示段的长度，其单位依赖于另外一个字段 G（Granularity）。如果字段 G 的值是 0，那么段的长度以字节为单位，最大长度为 2^{20} × 1 字节，即 1MB；如果字段 G 的值是 1，那么段的长度以 4KB 为单位，段的最大长度可达 2^{20} × 4KB，即 4GB。读者可能有个疑问，64 位 CPU 可寻址的长度要远远大于 4GB，那么这怎么应对呢？事实上，虽然不是完全的，但 64 位 CPU 基本上禁用了段模式，忽略段界限的检查。

我们根据段描述符的定义将这 4 个段描述符中的主要字段提取一下，如表 2-1 所示。

表 2-1 段描述符中的主要字段

段	描述符内容	段基址	段界限	段类型（代码 / 数据）	DPL
kernel code	0x00cf9a000000ffff	0x00000000	0xfffff	0b1010	0b00
kernel data	0x00cf92000000ffff	0x00000000	0xfffff	0b0010	0b00
user code	0x00cffa000000ffff	0x00000000	0xfffff	0b1010	0b11
user data	0x00cff2000000ffff	0x00000000	0xfffff	0x0010	0b11

对应这 4 个段，内核中定义了引用这 4 个段的段选择子的宏：

```
linux-2.1.43/include/asm-i386/segment.h

#define KERNEL_CS    0x10
#define KERNEL_DS    0x18

#define USER_CS      0x23
#define USER_DS      0x2B
```

段选择子的格式如图 2-2 所示。

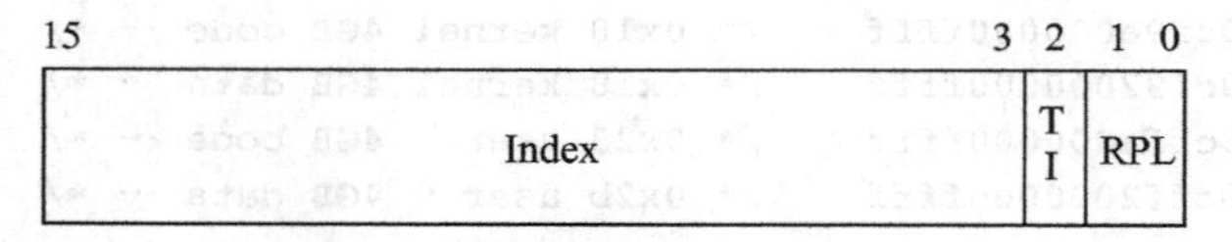

图 2-2 段选择子的格式

段选择子长度为 16 位，其中第 3 ～ 15 位为 GDT 或者 LDT 段描述符表中的索引。第 2 位为 TI（table indicator），表示使用 GDT 还是 LDT，0 表示 GDT，1 表示 LDT。最后 2 位是权限相关的。我们将这几个段的十六进制转换为二进制就容易看出其表达的意思了，如表 2-2 所示。

表 2-2 段选择子各个字段的二进制表示

段选择子	段选择子内容	Index	TI	RPL
KERNEL_CS	0x10	0 0000 0000 0010	0	00
KERNEL_DS	0x18	0 0000 0000 0011	0	00
USER_CS	0x23	0 0000 0000 0100	0	11
USER_DS	0x2B	0 0000 0000 0101	0	11

将十六进制转换为二进制后，意义就很直观了。这 4 个段选择分别对应 GDT 中的第 2、3、4、5 项，即内核代码段、内核数据段、用户代码段和用户数据段。所有程序都使用这一套段定义，按需切换段寄存器。从内核空间返回到用户空间时，cs 段选择子被设置为 USER_CS，其他数据相关的段选择子则被设置为 USER_DS；进入内核空间时，cs 段选择子被设置为 KERNEL_CS，其他数据相关的段选择子则被设置为 KERNEL_DS。我们通过 2 个典型的例子体会一下。

Linux 1.0 版本的内核在系统初始化完成后，准备切换到用户空间的第 1 个进程前会执行如下代码：

```
linux-1.0/include/asm/system.h

#define move_to_user_mode() \
__asm__ __volatile__ ("movl %%esp,%%eax\n\t" \
    "pushl %0\n\t" \
    "pushl %%eax\n\t" \
    "pushfl\n\t" \
    "pushl %1\n\t" \
    "pushl $1f\n\t" \
    "iret\n" \
    "1:\tmovl %0,%%eax\n\t" \
    "mov %%ax,%%ds\n\t" \
    "mov %%ax,%%es\n\t" \
    "mov %%ax,%%fs\n\t" \
    "mov %%ax,%%gs" \
    : /* no outputs */ :"i" (USER_DS), "i" (USER_CS):"ax")
```

因为代码段寄存器和指令指针 EIP 不能直接通过指令操作，所以通常会将返回地址先压入栈中，然后通过 iret 指令将压入的返回地址弹出到 cs 和 eip 中。上述代码采用的就是这种方式，其中 %1 引用的是“i”(USER_CS):“ax”，代码 pushl %1 就是相当于将用户代码段压栈；pushl $1f 是将标号 1: 处的地址压栈，即相当于压栈 eip。在执行完 iret 指令后，代码段寄存器将被加载为用户空间代码段，CPU 从特权级 0 跳转到特权级 3，从内核空间进入用户空间，然后跳转到标号 1: 处执行，其中 %0 引用的是“i”(USER_DS)，所以这里除了代码段寄存器 cs 外，其他段寄存器全部都设置为用户数据段 USER_DS 了。

与上述例子相对应的是从用户空间切换到内核空间。当系统运行在用户空间，发生中断时，CPU 需要切换到内核空间去运行中断处理函数。在中断的那一刻，CPU 将使用中断描述符中的段选择子更新代码段寄存器 cs，而中断描述符中的段选择子为内核代码段，因此，在穿越中断门后，CPU 从特权级 3 跳转到特权级 0，从用户空间进入内核空间。内核在初始化时将中断描述符中的段选择子设置为内核代码段的代码如下：

```
linux-1.0/include/asm/system.h

#define _set_gate(gate_addr,type,dpl,addr) \
__asm__ __volatile__ ("movw %%dx,%%ax\n\t" \
    "movw %2,%%dx\n\t" \
    "movl %%eax,%0\n\t" \
    "movl %%edx,%1" \
    :"=m" (*((long *) (gate_addr))), \
     "=m" (*(1+(long *) (gate_addr))) \
    :"i" ((short) (0x8000+(dpl<<13)+(type<<8))), \
     "d" ((char *) (addr)),"a" (KERNEL_CS << 16) \
    :"ax","dx")
```

中断描述符的格式如图 2-3 所示。

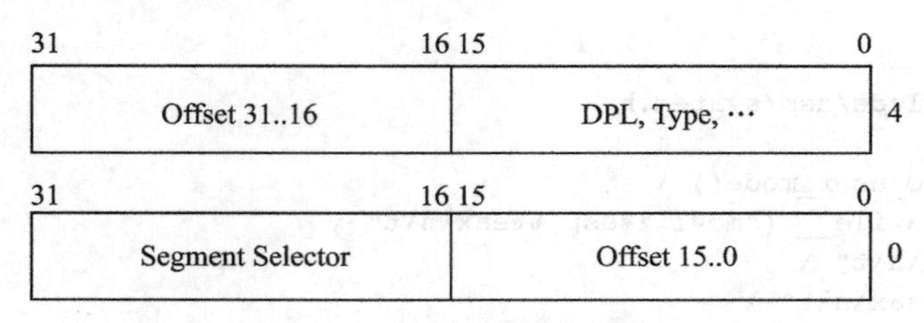

图 2-3　中断描述符格式

从内联汇编代码的输入部分我们看到，内联汇编告知编译器将 eax 寄存器的高 16 位初始化为内核代码段选择子 KERNEL_CS，并将 edx 寄存器初始化为中断处理函数地址 addr。然后内联汇编的第 1 条语句，将 dx 寄存器（edx 寄存器中的低 16 位）即中断处理函数地址的低 16 位装载到 ax 寄存器，即 eax 寄存器的低 16 位。至此，中断描述符第 0 ～ 31 位的内容已经在 eax 寄存器组织好。然后，内联汇编代码将 eax 寄存器的内容装载到 %0 指代的位置，%0 指代的是输出部分的第 1 个操作数，即中断描述符的低 32 位。

介绍完了中断描述符低 32 位的设置，我们再来看看高 32 位的组织。内联汇编代码的输入部分将 edx 寄存器初始化为段内的中断处理函数地址，然后内联汇编的第 2 条语句使用 %2 覆盖了 edx 寄存器的低 16 位。其中，%2 指代的是输入部分的第 1 个操作数，即由 dpl、type 等属性组成的一个立即数，这条代码执行过后，edx 寄存器的内容就是中断描述符的高 32 位。然后，内联汇编代码将 eax 寄存器的内容装载到 %1 指代的位置。这里 %1 指代的是输出部分的第 2 个操作数，即中断描述符的高 32 位。

2.1.3　页式寻址

前面的内容向读者阐述了段的演进历史，以及其在内核中的作用。因为内核使用了平坦内存模型，将段基址设置为 0，逻辑地址就是线性地址了，内核基本屏蔽了段机制，接下来，我们将放下段这个包袱，只关注页式内存管理。

为了使用页式内存管理，操作系统将物理内存划分为多个页面，然后通过一种机制，将虚拟地址映射到具体的物理页面内的偏移。以 32 位地址为例，如果页面大小为 4KB，那么需要 12 位寻址页内偏移地址，假设我们使用 1 级页表映射，那么余下的 20 位用作页表内表项的索引，因此页表内将有 2^{20} 个表项。假设每个页表项占据 4 字节，那么页表的尺寸是 2^{20} × 4bytes = 4MB，如果系统中运行多个任务，而每个任务又都有自己的页表，那么多个页表占据的内存就是一笔不菲的开销。更重要的是，页表中的大部分表项可能从来不会用到，白白浪费内存。

如果我们将 1 级表拓展为 2 级表，1 级表中的表项指向的不是最终的物理页面，而是 2 级的页表，2 级页表中的表项指向的是最终的物理页面。刨除 12 位用于 4KB 页面页内寻址，我们将余下的 20 位划分为 2 个 10 位，第 1 个 10 位用作 1 级表的索引，第 2 个 10 位用作 2

级表的索引。假设每个表项占据 4 字节，那么 1 级表的大小为 $2^{10} \times$ 4bytes = 4KB。同理，2 级表的大小也是占据 4KB。但是，2 级表是按需分配的，所以 2 级表占据的尺寸就变为 N × 4KB，N 为实际需要的 2 级表数量。相比于使用 1 级页表映射，其所占据的内存空间少了很多，相当于"实报实销"了。那么是否可以有多张 1 级表呢？答案是不可以，因为 cr3 寄存器只能记录一张表的地址，所以整个表需要有一个根，即 1 级表只能有一个。典型的 2 级页表映射如图 2-4 所示。

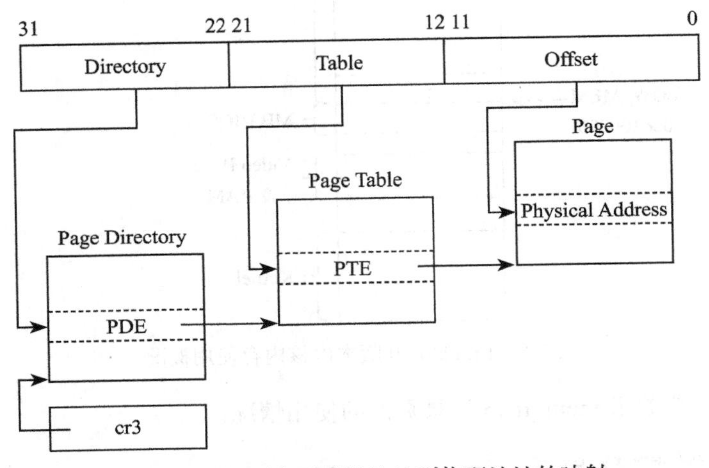

图 2-4　2 级页表下线性地址到物理地址的映射

对于 32 位 CPU 而言，使用 2 级表是一个比较好的平衡，但是对于 64 位 CPU，如果依然使用 2 级表，与 32 位系统使用 1 级表类似，同样面临着单个表尺寸过大，导致物理内存浪费的问题。于是，64 位系统使用 4 级或 5 级表。所以，操作系统最终是使用 1 级、2 级还是 3 级表，甚至更多级表，是从表占用内存的经济角度考量的。

2.1.4 页式寻址实例

我们以 Linux 0.10 版本的内核为例，具体介绍一下页式内存管理机制。Linux 0.10 版本的内核还不支持通过 BIOS 读取系统内存信息，只是硬编码了一个在当时看起来合理的尺寸 16MB。Linux 0.10 版的内核尚未采用平坦内存模型，不同程序有不同的地址空间，大家共享同一个页目录（1 级页表)，不同程序虽使用同一个页目录中不同的页目录项，但是有各自的页表（2 级页表)。内核将 1MB 以下的内存地址空间留给内核自己及 BIOS 和显卡使用，从 1MB 开始，供所有任务使用，共 15MB，每个页面大小是 4KB，15MB 物理内存被划分为 15 × 1024 × 1024 / 4096 = 3840 个页面，如图 2-5 所示。当然，1MB 以下的内存依然使用页式管理，在内核初始化时（代码在 head.s 中）已经建好了页面映射关系，只不过这 1MB 内存属于内核和 BIOS 等专用，不能再将它们分配给其他任务使用。

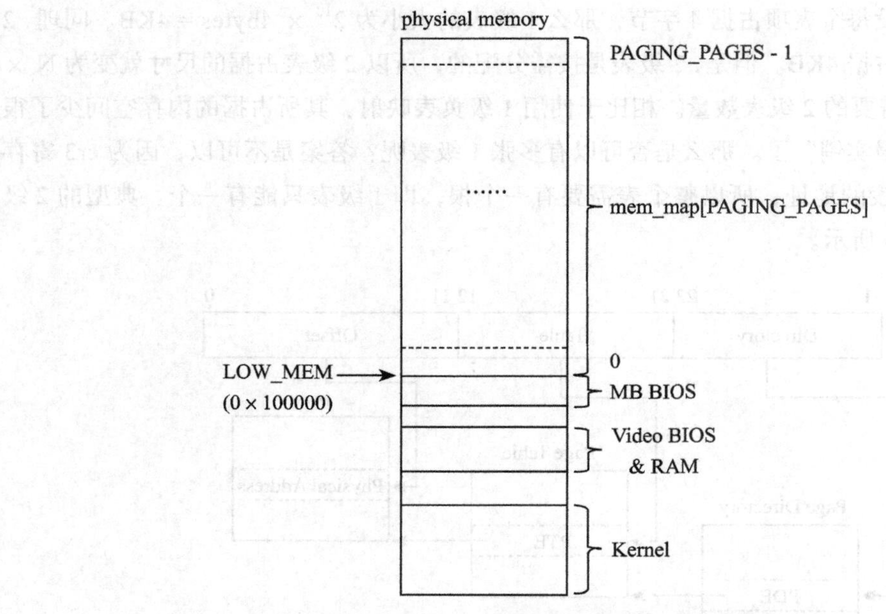

图 2-5　Linux 0.10 版本内核内存使用概况

内核定义了一个数组 mem_map 记录页面的使用情况：

```
linux-0.10/mm/memory.c

#define LOW_MEM 0x100000
#define PAGING_MEMORY (15*1024*1024)
#define PAGING_PAGES (PAGING_MEMORY>>12)

static unsigned char mem_map [ PAGING_PAGES ] = {0,};
```

Linux 0.10 版的内核只是使用一字节来记录一个物理页面的信息，从 1.3.50 版本开始，内核定义了一个更直观的结构体 page 来记录物理页面的信息，数组 mem_map 的元素也不再仅仅是一字节了，而是一个结构体 page 的实例：

```
linux-1.3.50/include/linux/mm.h

typedef struct page {
        unsigned int count;
        unsigned dirty:16,
            age:6,
            unused:9,
            reserved:1;
        unsigned long offset;
        ......
} mem_map_t;

extern mem_map_t * mem_map;
```

每次访存时，MMU首先从TLB中查找是否缓存了虚拟地址到物理地址的映射，如果没有，则从cr3寄存器中取出页表的根地址，即1级表的地址，也称为页目录（Page Directory），遍历页表，将虚拟机地址转换为物理地址。Linux 0.10版本的内核将页目录分配在内存起始位置，即0字节处。这里页表覆盖了IVT，但是此时已经进入了保护模式，保护模式使用IDT而不使用IVT，IVT已经完成它的任务了：

```
linux-0.10/boot/head.s

    xorl %eax,%eax        /* pg_dir is at 0x0000 */
    movl %eax,%cr3        /* cr3 - page directory start */
```

当缺页异常发生时，将调用IDT中缺页异常处理函数：

```
linux-0.10/  mm/page.s

.globl _page_fault

_page_fault:
    …
    movl %cr2,%edx
    pushl %edx
    ……
    call _do_no_page
    ……
```

```
linux-0.10/  mm/memory.c

void do_no_page(unsigned long error_code,unsigned long address)
{
    unsigned long tmp;

    if (tmp=get_free_page())
        if (put_page(tmp,address))
            return;
    do_exit(SIGSEGV);
}
```

缺页异常处理函数从cr2寄存器中取出线性地址，传递给函数do_no_page。do_no_page首先调用get_free_page申请一个空闲页面，然后调用put_page填充页表。

1. 获取空闲页面

我们首先讨论获取空闲页面的函数get_free_page。get_free_page在mem_map中从后向前，查找值为0的项，即没有被占用的物理页面。然后将物理内存页面清零，并将物理页面的地址返回给调用者：

```
linux-0.10/  mm/memory.c

00 unsigned long get_free_page(void)
```

```
01 {
02 register unsigned long __res asm("ax");
03
04 __asm__("std ; repne ; scasb\n\t"
05     "jne 1f\n\t"
06     "movb $1,1(%%edi)\n\t"
07     "sall $12,%%ecx\n\t"
08     "addl %2,%%ecx\n\t"
09     "movl %%ecx,%%edx\n\t"
10     "movl $1024,%%ecx\n\t"
11     "leal 4092(%%edx),%%edi\n\t"
12     "rep ; stosl\n\t"
13     "movl %%edx,%%eax\n"
14     "1:"
15     :"=a" (__res)
16     :"0" (0),"i" (LOW_MEM),"c" (PAGING_PAGES),
17     "D" (mem_map+PAGING_PAGES-1)
18     :"di","cx","dx");
19 return __res;
20 }
```

函数get_free_page的精华在第4行代码。get_free_page使用指令scasb来找到数组mem_map中内容为0的项，scasb比较al寄存器的内容和edi寄存器指向的内存储存的字节，比较之后，edi寄存器根据EFLAGS寄存器中DF标志的设置自动递增或递减。如果DF标志为0，则edi寄存器递增；如果DF标志为1，则edi寄存器递减。第4行代码中，指令std设置了EFLAGS寄存器中的DF标识位，所以这里scasb每执行一次比较后，就将edi减去1字节。

scasb比较的2个寄存器al和edi分别在第1个约束和第5个约束中进行了初始化。第1个约束见第16行代码，这里使用了一种在内联汇编中称为Matching(Digit) constraints的约束方式，表示使用和第0个操作数相同的约束。第0个操作数的约束为使用eax寄存器引用变量__res，见第15行代码，结合到第1个约束上，就相当于“a”(0)，即将eax寄存器初始化为0。第5个约束，见第17行代码，这个约束将edi寄存器初始化为指向mem_map数组的末尾。

在scasb指令前，使用前缀repne修饰scasb，表示重复执行scasb。

综上，第4行代码的意义就是从数组mem_map的最后一个元素开始，一直到找到值为0的元素，或者计数寄存器ecx为0为止。计数寄存器ecx在输入约束部分初始化为页面数PAGING_PAGES，即数组mem_map的大小，见第16行代码。

如果找不到空闲的页面，如第5行代码所示，则直接跳到标号1处，返回0。

在找到空闲页面后，首先将mem_map中对应这个页面的字节设置为1，表示页面被占用了，见第6行代码。但是，为什么内存地址是edi寄存器加1呢？这和指令scasb有关。刚刚提到在执行完比较操作后，scasb会将edi减1，将指向数组mem_map中下一个准备比较的字节，因此需要将这个多减的1加回来。

然后就是计算获取的空闲页面的物理地址了。计数寄存器ecx初始化时指向最后一个页面，然后每比较一次就减1，所以在成功找到空闲页面后，ecx中记录的就是空闲页面序号。这个序号乘以页面尺寸，即4KB（见第7行代码），然后加上内存开始划分页面的起始位置，即LOW_MEM（见第8行代码），就是页面的物理地址了。第8行代码中的%2指代的就是输入约束中的立即数LOW_MEM。从第9行和第13行代码可知，页面起始地址最后会保存到eax寄存器，而输出部分的约束要求编译器将eax寄存器中的内容最后保存到变量__res，这个变量中的内容正是函数get_free_page返回的空闲页面地址。

在返回页面地址之前，函数get_free_page清除了空闲页面的垃圾内容，见第10～12行代码。这里使用stosl指令将eax寄存器的内容覆盖到寄存器edi指向的内存上，这也是第9行代码不直接将页面地址直接保存到eax寄存器的原因，因为这里还要使用eax寄存器中的0值。stosl指令的前缀是rep，所以这是个无条件循环，直到计数寄存器ecx的内容为0为止。在第10行代码中，计数寄存器ecx被设置为1024，stosl每次写4个字节，所以1024次循环正好访问了4096字节大小的页面。从页面的高地址处开始清零，所以第11行代码将edi寄存器指向了页面的末尾地址。

2. 更新页表

申请到了空闲的物理页面后，缺页异常函数需要更新页表，这是通过函数put_page实现的：

```
linux-0.10/  mm/memory.c

01 unsigned long put_page(unsigned long page,unsigned long address)
02 {
03     unsigned long tmp, *page_table;
04     ......
05     page_table = (unsigned long *) ((address>>20) & 0xffc);
06     if ((*page_table)&1)
07         page_table = (unsigned long *)
08                      (0xfffff000 & *page_table);
09     else {
10         if (!(tmp=get_free_page()))
11             return 0;
12         *page_table = tmp|7;
13         page_table = (unsigned long *) tmp;
14     }
15     page_table[(address>>12) & 0x3ff] = page | 7;
16     return page;
17 }
```

首先，我们来看一下第5行代码。直观感觉，这行代码是取页目录项的索引，但是这里只是将发生缺页异常的线性地址右移了20位。我们知道，线性地址的高10位用于页目录项的索引，所以理论上应该右移 22 位才对。我们的认知没错，只不过这里略去了一步操作，所以容易让人感到费解。这里是直接计算出了最终页目录项的地址，一个页目录项占据 4 字节，所以索引乘以 4，就得出了索引所在页目录项相对于页目录基址的偏移。乘以 4 可以使用左移表示，所以下面的公式：

```
(address >> 22) << 2
```

最终简化为：

```
(address >> 20)
```

经过简化后，只是右移了 20 位。页目录中的每个表项是 4 字节的，因此，需要将地址按照 4 字节对齐到页目录项的起始位置，所以需要将最后 2 位清零，因此引出了 0xffc：

```
(address>>20) & 0xffc
```

上述公式的结果就是索引对应的页目录项相对于页目录的基址的偏移。假设页目录的基址为 pg_dir，那么这个页目录项的内存地址就是：

```
pg_dir + (address>>20) & 0xffc
```

而 0.10 内核的页目录在内存地址 0 处：

```
linux-0.10/boot/head.s

    xorl %eax,%eax         /* pg_dir is at 0x0000 */
    movl %eax,%cr3         /* cr3 - page directory start */
```

即 pg_dir 为 0，那么最终页目录项的内存地址就是偏移地址：

```
(address>>20) & 0xffc
```

对这个地址取值，如第 5 行代码所示，就读取了页目录项的内容。页目录项和页表项的格式如图 2-6 所示，这里略去了一些和代码不相关的属性。

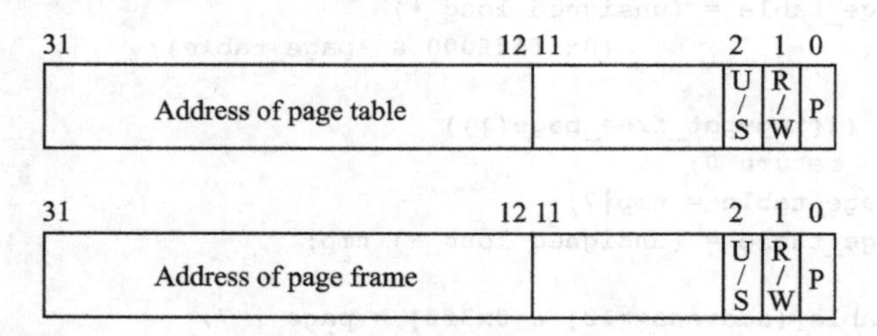

图 2-6　页目录项和页表项的格式

页目录项和页表项的格式大部分都很相似，页目录项中的第 12 ～ 31 位为指向下级页表的基址，页表项的第 12 ～ 31 位指向实际的物理页面。其中 P 位表示表项是否存在，读、写位（Read/Write，R/W）和用户、超级用户位（User/Supervisor，U/S）用于页级的保护机制。

第 6 行代码判断页目录项是否存在。如果页目录项存在，则读出页目录项中下级页表的基址，见第 7 ～ 8 行代码。否则，申请一个页面作为下级页表，同时更新页目录项，将新申请的下级页表基址填入页目录项，设置相关属性位，比如将 P 位设置为 1，表示页目录项有效，见第 10 ～ 13 行代码。

到这里，无论页表是本来就已经存在，还是新申请的，最后需要做的就是使用新申请的物理页面更新相应的页表项。线性地址的中间 10 位，即第 12 ～ 21 位用于索引页表项，第 15 行代码就是设置相应的页表项指向新申请的空闲物理页面地址，更新页表项的相关属性。

2.2　VMM 为 Guest 准备物理内存

计算机系统启动后，主板的 BIOS ROM 将会被映射到内存地址空间，以 x86 架构的 32 位系统为例，映射的地址空间为 0x000F0000 ～ 0x000FFFFF，然后 CPU 跳转到 0xF000:0xFFF0 处，开始运行 BIOS 代码。BIOS 会检查内存信息，记录下来，并对外提供内存信息查询功能。BIOS 将中断向量表（IVT）的第 0x15 个表项中的地址设置为查询内存信息函数的地址，后续的 boot loader 或者 OS 就可以通过发起中断号为 0x15 的软中断，调用 BIOS 中的这个函数，获取系统内存信息。

因此，为了给 Guest 提供这个获取内存系统信息的功能，VMM 需要模拟 BIOS 的这个功能。简单来讲，VMM 需要完成如下几件事：

1）主板的 BIOS ROM 是被系统映射到内存地址空间 0x000F0000 ～ 0x000FFFFF。对于软件模拟而言，就不需要这个映射过程了，VMM 可以将自己实现的模拟 BIOS 中的查询系统内存信息的中断处理函数，直接置于内存 0x000F0000 ～ 0x000FFFFF 中。

2）在建立 IVT 时，设置第 0x15 个表项中的中断函数地址指向模拟的 BIOS 中的内存查询处理函数的地址。

3）对于真实的物理系统，BIOS 会查询真实的物理内存情况，建立内存信息。而对于 VMM 而言，则需要根据用户配置的虚拟机的内存信息，在 BIOS 数据区中自己制造内存信息表。

中断号为 0x15 的 BIOS 中断处理函数，依据传入的参数，即寄存器 eax、ah 中的值，将返回不同的内存信息。比如将 ah 寄存器设置为 0x8A 时，中断将返回扩展内存大小，即地址在 1MB 以上的内存的尺寸；将 ah 寄存器设置为 0x88 时，最多检测出 64MB 内存，实际内存超过 64MB 时也返回 64MB。功能最强的是将 eax 寄存器的值设置为 0xE820，0x15 号中断处理函数将返回主机的完整的内存信息。

由于技术的演进与迭代，以及不同的地址空间被划分为不同的用途，为了向后兼容，内存地址空间被分为了许多不连续的段。对于使用 0xE820 方式获取内存而言，0x15 号中断处理函数使用结构体 e820_entry 描述每个段，包括内存段的起始地址、内存段的大小以及内存段的类型：

```
commit 2f3976eeee4e0421c136c3431990a55cbf0f2bbf
kvm: BIOS E820 memory map emulation
kvmtool.git/include/kvm/e820.h
struct e820_entry {
    uint64_t addr;  /* start of memory segment */
    uint64_t size;  /* size of memory segment */
    uint32_t type;  /* type of memory segment */
} __attribute__((packed));
```

综上，VMM 需要模拟的 BIOS 与内存相关部分如图 2-7 所示。

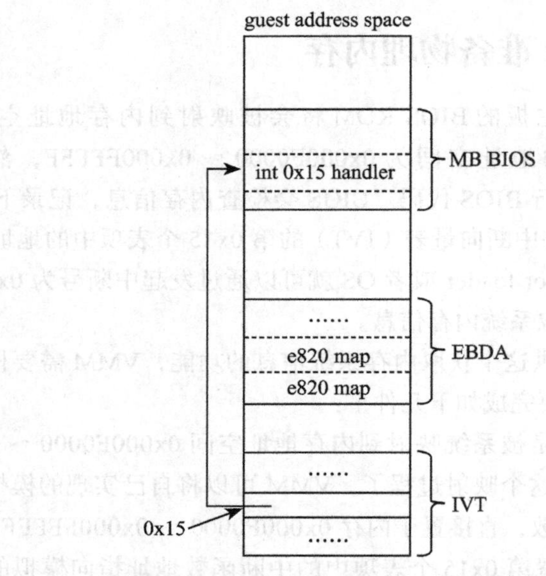

图 2-7　VMM 模拟的 BIOS 与内存相关部分

2.2.1　内核是如何获取内存的

为了更好地理解 kvmtool 如何模拟 BIOS 中的获取内存信息的 0x15 号中断服务，我们首先在这一节从使用者，即 Linux 内核的角度具体体会一下上层软件是如何使用 BIOS 获取内存信息的。对于 eax 寄存器为 0xE820 的 0x15 号中断，每次中断处理函数都将返回给上层调用者一个内存段的信息，需要为 0x15 号中断的处理函数准备的相关参数如下：

1）存储 e820 记录的内存地址。每次发起 0x15 号中断时，中断处理函数会将一条 e820 记录复制到 es:di 指向的内存处。所以在首次发起中断前，需要设置 es:di 指向保存 e820 记录的内存地址。然后在后续每次发起中断前，都需要将 di 寄存器增加一个 e820 记录大小的偏移，即下一个存储 e820 记录的位置。

2）e820 记录的索引。每次调用时，调用者需要告知 0x15 号的中断的处理函数获取哪个 e820 记录，这个索引使用 ebx 寄存器传递。首次调用时，调用者需要将 ebx 设置为 0，即从第 1 个 e820 记录开始。然后每调用一次，如果还有 e820 记录没有读取完毕，中断处理函数会将 ebx 寄存器增加 1，即指向下一个 e820 记录。当所有 e820 记录都复制完成后，中断处理函数会将 ebx 寄存器设置为 0，上层调用者可以根据这个寄存器的值确认是否所有 e820 记录已经读取完毕。

3）每个 e820 记录的大小。需要调用者通过 ecx 寄存器告知中断处理函数。

4）需要按照 0x15 号中断的约定将 edx 寄存器设置为魔数 0x534D4150。

内核中的具体代码如下：

```
linux-2.3.16/arch/i386/boot/setup.S
01 meme820:
02     mov edx, #0x534d4150          ! ascii `SMAP'
03     xor ebx, ebx              ! continuation counter
04
05     mov di, #E820MAP              ! point into the whitelist
06 …
07 jmpe820:
08     mov eax, #0x0000e820          ! e820, upper word zeroed
09     mov ecx, #20              ! size of the e820rec
10     …
11     int 0x15                  ! make the call
12     …
13 good820:
14     …
15     mov ax, di
16     add ax, #20
17     mov di, ax
18
19 again820:
20     cmp ebx, #0           ! check to see if ebx is
21     jne jmpe820           ! set to EOF

linux-2.3.16/   include/asm-i386/e820.h
22 #define E820MAP 0x2d0          /* our map */
```

第 5 行代码设置了存储 e820 记录的内存地址，宏 E820MAP 的定义在第 22 行代码处，可见这个地址位于内核中所谓的零页（zero page）。内核在实模式下通过 BIOS 获取的一些信息存储在这里，在内核进入保护模式后，会到这里读取具体的信息。

在每次 0x15 中断后，内核会将 di 寄存器增加一个 e820 记录的尺寸，即 20 个字节，指向保存下一个 e802 记录的地址，见代码第 15 ～ 17 行。

中断处理函数从寄存器 ebx 获取内核读取的 e820 记录的索引，显然，ebx 寄存器应该从 0 开始，第 3 行代码将该寄存器初始化为 0。每执行一次中断后，内核会判断 ebx 寄存器中的值是否为 0，如果非 0，就说明还有 e820 记录没有读完，跳转到标号 jmpe820 处进入下一个循环，读取下一个 e820 记录，见第 20、21 行代码。当完成全部 e820 记录的读取后，中断处理函数会将 ebx 寄存器设置为 0，内核结束读取过程。

内核通过 ecx 寄存器告知中断处理函数的 e820 记录的大小，见第 9 行代码。由此可见，一个 e820 记录占据 20 个字节大小。

2.2.2 建立内存段信息

BIOS 探测完内存信息后，会将内存信息保存在 BIOS 的数据区 BDA/EBDA 中，当 bootloader 或者 OS 通过软中断的方式向 BIOS 询问内存信息时，BIOS 中的中断处理函数将从 BIOS 的数据区中复制内存信息到调用者指定的位置。同样的道理，既然 VMM 是为操作系统提供一个透明的环境，那么就需要在虚拟 BIOS 使用的数据区，按照 e820 记录的格式，准备好内存段的信息。

物理机的内存由多个内存段组成，每个段使用一个 e820 记录描述，典型的 x86 架构的 32 位系统的内存映射如表 2-3 所示。

表 2-3 典型的 x86 架构的 32 位系统的内存映射

内存段	起始地址	结束地址
Real Mode Interrupt Vector Table	0x00000000	0x000003FF
BDA area	0x00000400	0x000004FF
Conventional Low Memory	0x00000500	0x0009FBFF
EBDA area	0x0009FC00	0x0009FFFF
VIDEO RAM	0x000A0000	0x000BFFFF
VIDEO ROM (BIOS)	0x000C0000	0x000C7FFF
Motherboard BIOS	0x000F0000	0x000FFFFF
Extended Memory	0x00100000	0xFEBFFFFF
Reserved (configs, ACPI, PnP, etc)	0xFEC00000	0xFFFFFFFF

以 kvmtool 为例，其组织的内存段如下：

```
commit 2f3976eeee4e0421c136c3431990a55cbf0f2bbf
kvm: BIOS E820 memory map emulation
kvmtool.git/kvm.c
void kvm__setup_mem(struct kvm *self)
{
	struct e820_entry *mem_map;
	unsigned char *size;

	size		= guest_flat_to_host(self, E820_MAP_SIZE);
	mem_map		= guest_flat_to_host(self, E820_MAP_START);

	*size		= 4;

	mem_map[0]	= (struct e820_entry) {
		.addr		= REAL_MODE_IVT_BEGIN,
```

```
        .size          = BDA_END - REAL_MODE_IVT_BEGIN,
        .type          = E820_MEM_RESERVED,
    };
    mem_map[1]  = (struct e820_entry) {
        .addr          = BDA_END,
        .size          = EBDA_END - BDA_END,
        .type          = E820_MEM_USABLE,
    };
    mem_map[2]  = (struct e820_entry) {
        .addr          = EBDA_END,
        .size          = BZ_KERNEL_START - EBDA_END,
        .type          = E820_MEM_RESERVED,
    };
    mem_map[3]  = (struct e820_entry) {
        .addr          = BZ_KERNEL_START,
        .size          = self->ram_size - BZ_KERNEL_START,
        .type          = E820_MEM_USABLE,
    };
}

#define BZ_KERNEL_START             0x100000UL

kvmtool.git/include/kvm/bios.h
#define E820_MAP_SIZE               EBDA_START
#define E820_MAP_START              (EBDA_START + 0x01)
```

函数 kvm__setup_mem 建立了4个内存段：第1个内存段用于存储实模式的IVT；第2个内存段是传统的低端内存；第3个是BIOS，包括主板BIOS和显卡BIOS，以及用于显卡相关的内存；第4个是扩展内存区，主要的可用内存都在这个段了。关注第4个内存段的起始位置BZ_KERNEL_START，从名字就可以看出，这是bootloader加载内核时存放内核的内存地址。根据宏BZ_KERNEL_START的值可见，就是在扩内存的起始位置，即物理内存1MB处。

另外，kvmtool将内存段数设置为4，存储在了内存地址E820_MAP_SIZE处，根据宏E820_MAP_SIZE的值可见，就是存储在了EBDA区的第1个字节。内核可以从这个位置读取内存段数，即e820记录的总数。从EBDA区的第2个字节开始，开始存放内存段信息。

2.2.3 准备中断0x15的处理函数以及设置IVT

当CPU执行指令int 0x15后，将进入中断处理流程，CPU将从IVT表中的第0x15项取出中断处理函数的地址，然后跳转到中断处理函数执行。这个中断处理函数由BIOS实现，存储在BIOS ROM中。在典型的x86架构的32位系统中，系统启动后，主板的BIOS ROM将被映射到内存地址空间0x000F0000～0x000FFFFF处。也就是说，中断发生后，最终是跳转到地址空间0x000F0000～0x000FFFFF中的中断0x15对应的处理函数处运行。

因此，对于 kvmtool 来讲，需要在 Guest 的 0x000F0000 ～ 0x000FFFFF 这段内存中准备好 0x15 号中断的中断处理函数，包括：

1）在 BIOS ROM 中准备中断处理函数的实现。

2）设置 IVT 中 0x15 号表项的地址指向 0x15 号中断的处理函数。

具体代码如下：

```
commit 2f3976eeee4e0421c136c3431990a55cbf0f2bbf
kvm: BIOS E820 memory map emulation
kvmtool.git/include/kvm/bios.h
01 #define MB_BIOS_BEGIN             0x000f0000
02 #define MB_BIOS_END          0x000fffff

kvmtool.git/bios.c
03 void setup_bios(struct kvm *kvm)
04 {
05     unsigned long address = MB_BIOS_BEGIN;
06     …
07     address = BIOS_NEXT_IRQ_ADDR(address, bios_int10_size);
08     bios_setup_irq_handler(kvm, address, 0x15, bios_int15,
09         bios_int15_size);
10     …
11 }

12 static void bios_setup_irq_handler(struct kvm *kvm, …)
13 {
14     struct real_intr_desc intr_desc;
15     void *p;
16
17     p = guest_flat_to_host(kvm, address);
18     memcpy(p, handler, size);
19     intr_desc = (struct real_intr_desc) {
20         .segment    = REAL_SEGMENT(address),
21         .offset     = REAL_OFFSET(address),
22     };
23     interrupt_table__set(&kvm->interrupt_table,
24         &intr_desc, irq);
25 }
```

根据第 5 行代码可见，变量 address 的初始值 MB_BIOS_BEGIN，是主板 BIOS ROM 映射在 Guest 内存地址空间中的起始位置，第 7 行的宏 BIOS_NEXT_IRQ_ADDR 就是在 BIOS ROM 中确定 0x15 号中断的处理函数的起始存储地址，根据代码可见，这块内存区域位于 0x10 号中断的处理函数的后面。然后第 8、9 行代码中的函数 bios_setup_irq_handler 将 0x15 号中断的处理函数 bios_int15 的实现复制到这里，即 BIOS ROM 区域，具体见第 18 行代码。因为 address 是 Guest 视角的物理地址 GPA（Guest Physical Adddress），而在 kvmtool 中使用这个地址时，需要将其转换为 Host 可用的地址 HVA（Host Virtual Address），第 17 行代码中的函数 guest_flat_to_host 负责这个转换，其中 ram_start 就是 Host 在 HVA

空间为 Guest 分配的 GPA 的基址：

```
commit 2f3976eeee4e0421c136c3431990a55cbf0f2bbf
kvm: BIOS E820 memory map emulation
kvmtool.git/include/kvm/kvm.h
static inline void *guest_flat_to_host(struct kvm *self,
unsigned long offset)
{
    return self->ram_start + offset;
}
```

除了复制中断处理函数实现到 BIOS ROM 外，函数 bios_setup_irq_handler 还负责设置 IVT 表项。第 14 行代码创建了一个临时的 IVT 表项，第 19 ～ 22 行代码组织这个 IVT 表项，设置其中的段地址和段内偏移地址。组织好表项后，调用函数 interrupt_table__set 记录到了数据结构 kvm->interrupt_table 中：

```
commit 2f3976eeee4e0421c136c3431990a55cbf0f2bbf
kvm: BIOS E820 memory map emulation
kvmtool.git/interrupt.c
void interrupt_table__set(struct interrupt_table *self,
struct real_intr_desc *entry, unsigned int num)
{
    if (num < REAL_INTR_VECTORS)
        self->entries[num] = *entry;
}
```

在组织好所有的 IVT 表项后，setup_bios 最后调用函数 interrupt_table__copy 将 kvm->interrupt_table 中的 IVT 表项一次性地复制到 IVT。因为 IVT 存储在物理内存 0 处，所以下面代码中传给 guest_flat_to_host 的第 2 个参数为 0：

```
commit 2f3976eeee4e0421c136c3431990a55cbf0f2bbf
kvm: BIOS E820 memory map emulation
kvmtool.git/bios.c
void setup_bios(struct kvm *kvm)
{
    …
    p = guest_flat_to_host(kvm, 0);
    interrupt_table__copy(&kvm->interrupt_table, p,
REAL_INTR_SIZE);
}

kvmtool.git/interrupt.c
void interrupt_table__copy(struct interrupt_table *self,
void *dst, unsigned int size)
{
    …
    memcpy(dst, self->entries, sizeof(self->entries));
}
```

2.2.4 中断 0x15 的处理函数实现

这一节我们具体看一下 0x15 号中断的处理函数 bios_int15 的实现，这个函数肩负着将 Host 为 Guest 分配的内存传递给 Guest 的任务，具体实现如下：

```
commit 2f3976eeee4e0421c136c3431990a55cbf0f2bbf
kvm: BIOS E820 memory map emulation
kvmtool.git/bios/int15.S
01 GLOBAL(bios_int15)
02      .incbin "bios/int15-real.bin"
03 GLOBAL(bios_int15_end)

kvmtool.git/bios/int15-real.S
04 ENTRY(___int15)
05      …
06      call    e820_query_map
07      …

kvmtool.git/bios/e820.c
08 void e820_query_map(struct e820_query *query)
09 {
10      uint8_t map_size;
11      uint32_t ndx;
12
13      ndx      = query->ebx;
14
15      map_size     = rdfs8(E820_MAP_SIZE);
16
17      if (ndx < map_size) {
18          unsigned long start;
19          unsigned int i;
20          uint8_t *p;
21
22          start    = E820_MAP_START +
23              sizeof(struct e820_entry) * ndx;
24
25          p    = (void *) query->edi;
26
27          for (i = 0; i < sizeof(struct e820_entry); i++)
28              *p++     = rdfs8(start + i);
29      }
30
31      query->eax   = SMAP;
32      query->ecx   = 20;
33      query->ebx   = ++ndx;
34
35      if (ndx >= map_size)
36          query->ebx   = 0;     /* end of map */
37 }
```

首先，中断处理函数 bios_int15 需要知道 OS 读取的是哪条 e820 记录，按照 0x15 号中断的约定，e820 的记录号通过 ebx 寄存器传递，所以函数 e820_query_map 首先从 ebx 寄存器中取出 e820 记录号，见第 13 行代码。

在 2.2.2 节中，我们看到 kvmtool 将 e820 记录的数量存储在了内存地址 E820_MAP_SIZE 处，即 BIOS 数据区起始处的第 1 个字节处。所以这里第 15 行代码是从这个地址读出 e820 记录的数量，用来确认 OS 请求获取的 e820 记录号是否在合法范围内。

如果 OS 请求读取的 e820 记录号合法，则从存储 e820 记录的起始的位置 E820_MAP_START 开始，偏移 ndx 个 e820 记录。循环读取第 ndx 个 e820 记录的信息，复制到 OS 指定的目的地址。依据 0x15 号中断的约定，目的地址由 OS 写在 edi 寄存器中，所以第 25 行代码是从 edi 寄存器中读取出目的地址。第 27、28 行代码将读出的 e820 记录内容复制到 edi 指向的目的地址处。

最后按照 0x15 号中断约定更新各个寄存器，包括将记录下一个访问的 e820 记录号的寄存器 ebx 累加 1，见第 33 行代码。如果已经读到最后一个 e820 记录了，需要将 ebx 寄存器的内容设置为 0，通知 OS 已经读取完毕全部的内存段信息，见第 35、36 行代码。

2.2.5　虚拟内存条

和真实的物理机可能有多个内存条一样，创建虚拟机时，VMM 也需要为虚拟机分配内存条。KVM 定义了一个结构体 kvm_memory_region 供用户空间描述申请创建的内存条的信息：

```
commit 6aa8b732ca01c3d7a54e93f4d701b8aabbe60fb7
[PATCH] kvm: userspace interface
linux.git/include/linux/kvm.h
struct kvm_memory_region {
        __u32 slot;
        __u32 flags;
        __u64 guest_phys_addr;
        __u64 memory_size; /* bytes */
};
```

其中，slot 表示这个结构体 kvm_memory_region 实例描述的是第几个内存条，guest_phys_addr 表示这块内存条在 Guest 物理地址空间中的起始地址，memory_size 表示内存条大小，如图 2-8 所示。

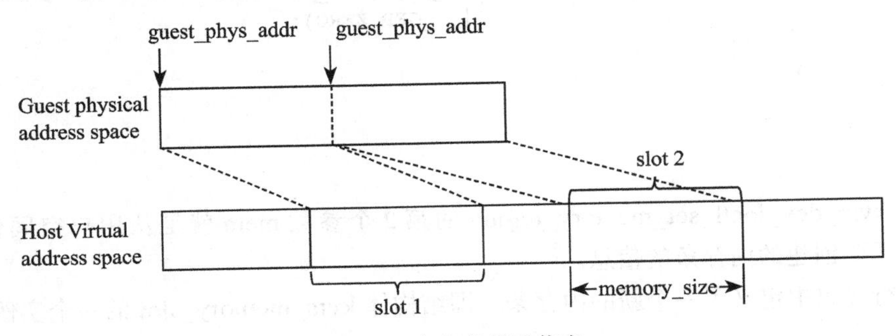

图 2-8　内存条描述信息

KVM 在内核模块中定义的代表内存条实例的数据结构为 kvm_memory_slot：

```
commit 6aa8b732ca01c3d7a54e93f4d701b8aabbe60fb7
[PATCH] kvm: userspace interface
linux.git/drivers/kvm/kvm.h
struct kvm_memory_slot {
    gfn_t base_gfn;
    unsigned long npages;
    unsigned long flags;
    struct page **phys_mem;
    unsigned long *dirty_bitmap;
};
```

结构体 kvm_memory_slot 使用页帧号 base_gfn 描述内存条的起始地址 guest_phys_addr，并定义了一个数组 phys_mem 来记录属于这个内存条的所有页面。KVM 模块收到用户空间传递下来的内存信息后将创建具体的内存条实例：

```
commit 6aa8b732ca01c3d7a54e93f4d701b8aabbe60fb7
[PATCH] kvm: userspace interface
linux.git/drivers/kvm/kvm_main.c
01 static int kvm_dev_ioctl_set_memory_region(struct kvm *kvm,
02                  struct kvm_memory_region *mem)
03 {
04     …
05     struct kvm_memory_slot old, new;
06     …
07     base_gfn = mem->guest_phys_addr >> PAGE_SHIFT;
08     npages = mem->memory_size >> PAGE_SHIFT;
09     …
10     new.base_gfn = base_gfn;
11     new.npages = npages;
12     …
13     if (npages && !new.phys_mem) {
14         new.phys_mem = vmalloc(npages * sizeof(struct page *));
15         …
16         memset(new.phys_mem, 0, npages * sizeof(struct page *));
17         for (i = 0; i < npages; ++i) {
18             new.phys_mem[i] = alloc_page(GFP_HIGHUSER
19                                         | __GFP_ZERO);
20             …
21         }
22     }
23     …
24 }
```

函数 kvm_dev_ioctl_set_memory_region 的第 2 个参数 mem 就是从用户空间传递下来的描述的需要创建的内存条的信息。

第 5 行代码中定义了一个新的内存条，即结构体 kvm_memory_slot 的一个实例 new。

第7行代码将mem中以字节为单位描述的起始地址转换为以页面为单位的，第8行代码将mem中以字节为单位描述的内存段的大小转换为以页面为单位的。然后在第10、11行分别设置new中代表起始地址的字段base_gfn和代表内存条尺寸的字段npages。

第14～19行代码为内存条准备页面。数组phys_mem中的每个元素存储的是一个指向页面的指针。第14行代码根据内存条的页面数分配数组phys_mem的大小，第16行代码初始化该数组。第17～19行循环创建具体的页面。

当Guest发生缺页异常陷入KVM时，KVM中的缺页异常处理函数将根据缺页异常地址gpa，在内存条页面数组phys_mem中为其分配空闲的物理页面：

```
commit 6aa8b732ca01c3d7a54e93f4d701b8aabbe60fb7
[PATCH] kvm: userspace interface
linux.git/drivers/kvm/kvm.h
static inline struct page *gfn_to_page(struct kvm_memory_slot
*slot, gfn_t gfn)
{
    return slot->phys_mem[gfn - slot->base_gfn];
}
```

这种在创建内存条时就为整个内存条预先静态分配好了所有内存页面的方式，如果Guest用不到其中的部分页面，内存就白白浪费了。更为严重的是，这种方式不能利用虚拟内存交换机制，因此，虚拟机物理内存的大小，以及申请虚拟机的数量，都受物理机物理内存大小的限制。实际上，以软件方式模拟的虚拟机，完全可以利用宿主系统的虚拟内存机制，申请内存占用大于物理机物理内存的虚拟机。因此，后来由内核分配的方式演化为由用户空间分配，这样就可以利用虚拟内存机制，与普通应用程序使用虚拟内存机制无异。内存条相关的数据结构与之前相比，多了字段userspace_addr：

```
commit 8a7ae055f3533b520401c170ac55e30628b34df5
KVM: MMU: Partial swapping of guest memory
linux.git/include/linux/kvm.h
struct kvm_userspace_memory_region {
    …
    __u64 userspace_addr; /* start of the userspace allocated … */
};

linux.git/drivers/kvm/kvm.h
struct kvm_memory_slot {
    …
    unsigned long userspace_addr;
};
```

当Guest发生缺页异常陷入KVM时，KVM根据Guest的缺页地址，计算出该地址属于的内存条，以内存条在Host用户空间的起始地址userspace_addr为基址，加上缺页地址在内存段内的偏移，即可将GPA空间的地址转换为HVA空间的地址，缺页地址转换为

HVA空间的地址后，内核就可以使用函数get_user_page按需动态为虚拟地址分配物理页面了：

```
commit 8a7ae055f3533b520401c170ac55e30628b34df5
KVM: MMU: Partial swapping of guest memory
linux.git/drivers/kvm/kvm_main.c
struct page *gfn_to_page(struct kvm *kvm, gfn_t gfn)
{
    struct kvm_memory_slot *slot;
    …
    slot = __gfn_to_memslot(kvm, gfn);
    …
        npages = get_user_pages(current, current->mm,
                    slot->userspace_addr
                    + (gfn - slot->base_gfn) * PAGE_SIZE, 1,
                    1, 1, page, NULL);
    …
}
```

下面是kvmtool向KVM为虚拟机申请内存条的代码片段，描述了Guest在插槽0上的第1块内存条，其对应Guest物理地址空间的起始地址0，内存条的大小self->ram_size，Host在HVA空间地址self->ram_start处分配了一段内存区域，大小为self->ram_size，作为Guest的物理内存条：

```
commit 2f3976eeee4e0421c136c3431990a55cbf0f2bbf
kvm: BIOS E820 memory map emulation
kvmtool.git/kvm.c
struct kvm *kvm__init(const char *kvm_dev)
{
    struct kvm_userspace_memory_region mem;

    mem = (struct kvm_userspace_memory_region) {
        .slot            = 0,
        .guest_phys_addr    = 0x0UL,
        .memory_size        = self->ram_size,
        .userspace_addr     = (unsigned long) self->ram_start,
    };

    ret = ioctl(self->vm_fd, KVM_SET_USER_MEMORY_REGION, &mem);
    …
}
```

2.3 实模式Guest的寻址

x86架构的处理器在复位后，将首先进入实模式，在系统软件准备好保护模式的各项数据结构后，系统软件通过设置控制寄存器使处理器切入保护模式。因此从内存虚拟化的角度而言，需要分别处理实模式和保护模式下的内存寻址。这一节，我们讨论运行于实模式的 Guest 的内存寻址过程。

事实上，即使 Guest 运行在实模式下，CPU 已经处于保护模式了。为了可以在保护模式下运行实模式代码，x86 支持 Virtual-8080 模式，该模式在保护模式下模拟了实模式的运行环境。当访问最终的实际物理内存时，还是需要按照保护模式的方式使用分页寻址机制，如此，才能和其他任务和谐共处在同一个系统中，彼此隔离，共享系统内存。因此，Host 需要为运行于 Virtual-8080 模式的 Guest 也准备一个页表，当切入 Guest 时，cr3 寄存器指向这张页表。这张页表完成从 Guest 的物理地址到 Host 物理地址的转换。

当 Guest 运行在实模式时，从 Guest 的逻辑地址到 Host 的物理内存需要经过 3 次地址转换，如图 2-9 所示。

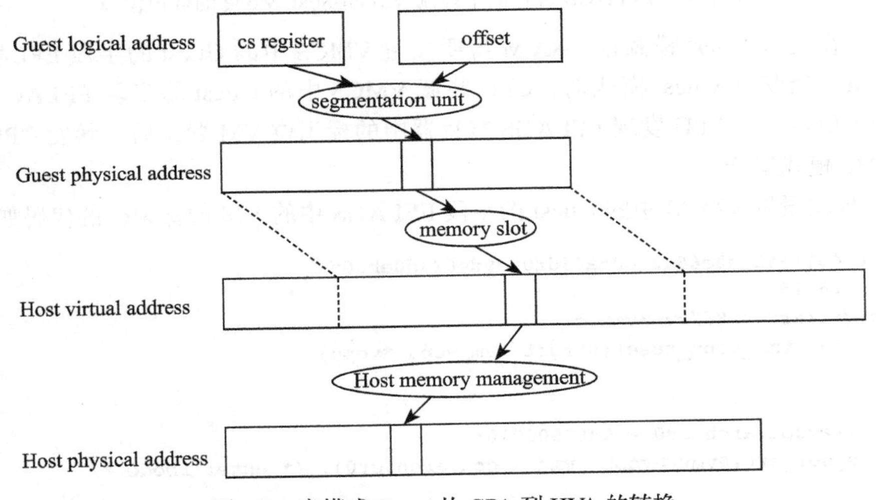

图 2-9　实模式 Guest 从 GPA 到 HVA 的转换

首先，Guest 的逻辑地址（GVA）通过分段机制转换为 Guest 的物理地址（GPA）；其次，Guest 的物理地址（GPA）通过虚拟内存条转换为 Host 的虚拟地址（HVA）；最后，Host 的虚拟地址（HVA）通过宿主系统的内存管理机制映射为 Host 的物理地址（HPA）。

对于第一阶段的地址映射，由处于 Guest 模式的 CPU 处理，此时 CPU 处于 Virtual-8080 模式，无须 VMM 进行任何干预。当 Guest 物理地址送达 MMU 时，最初 VMM 为 Guest 准备的页表是空的，因此 MMU 将向 CPU 发送缺页异常，触发 CPU 从 Guest 模式退出到 Host 模式，进入 KVM 模块。KVM 模块从 cr2 寄存器中读取触发缺页异常的 Guest 的物理地址，判断其属于哪个虚拟内存条，根据这个虚拟内存条在 Host 虚拟地址空间中的区域，将 Guest 物理地址转换为 Host 的虚拟地址。然后使用 Host 内核的内存管理机制为其分配空闲的物理页面，最后更新 VMM 为 Guest 准备的页表，完成整个地址映射过程。

2.3.1 设置CPU运行于Virtual-8086模式

为了运行Guest内核头部的实模式代码，CPU切换到Guest模式后，首先需要切换到Virtual-8086模式。系统软件可以通过设置EFLAGS寄存器中的VM (Virtual-8086 Mode) 标识位，使CPU运行在Virtual-8086模式，如图2-10所示。

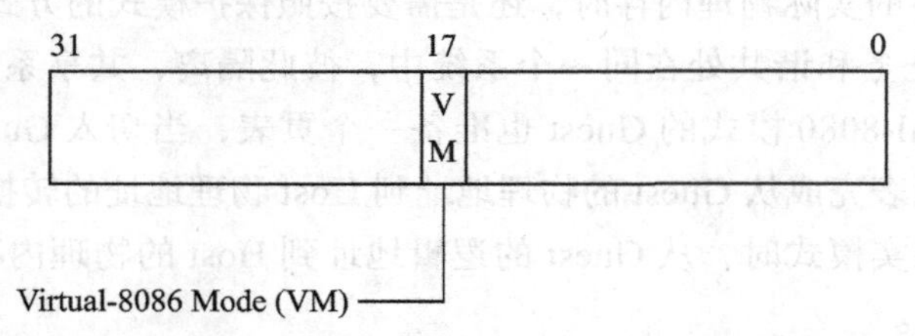

图2-10 EFLAGS寄存器中控制Virtual-8086 Mode的标识位

因此，在切入Guest模式前，KVM需要设置VMCS中的Guest的字段EFLAGS中的标识位VM。当切入Guest模式时，CPU装载VMCS中的Guest的字段EFLAGS到CPU寄存器EFLAGS，当CPU发现EFLAGS寄存器中的标识位VM置位后，触发CPU切换到Virtual-8086模式运行。

KVM模块设置VMCS中的Guest的字段EFLAGS中的VM的标识位的代码如下：

```
commit 4b119e21d0c66c22e8ca03df05d9de623d0eb50f
Linux 2.6.25
linux.git/arch/x86/kvm/vmx.c
static int vmx_vcpu_reset(struct kvm_vcpu *vcpu)
{
    …
    vmx->vcpu.arch.cr0 = 0x60000010;
    vmx_set_cr0(&vmx->vcpu, vmx->vcpu.arch.cr0); /* enter rmode */
    …
}

static void vmx_set_cr0(struct kvm_vcpu *vcpu, unsigned long cr0)
{
    …
    if (!vcpu->arch.rmode.active && !(cr0 & X86_CR0_PE))
        enter_rmode(vcpu);
    …
}

static void enter_rmode(struct kvm_vcpu *vcpu)
{
    …
    flags |= X86_EFLAGS_IOPL | X86_EFLAGS_VM;

    vmcs_writel(GUEST_RFLAGS, flags);
    …
}
```

2.3.2 设置Guest模式下的cr3寄存器

为了让在处于Guest模式的cr3寄存器指向KVM为Guest准备的页表，在切入Guest前，KVM模块需要设置VMCS中的Guest的cr3字段的值，使其指向KVM为Guest准备的、负责映射Guest物理地址到Host物理地址的专用页表的根页面的基址。初始，KVM为Guest准备的专用页表只需要准备一个根页面即可，然后在缺页异常时，缺页异常处理函数按需逐渐完成Guest物理地址到Host物理地址映射的建立。

```
commit 4b119e21d0c66c22e8ca03df05d9de623d0eb50f
Linux 2.6.25
linux.git/arch/x86/kvm/mmu.c
int kvm_mmu_load(struct kvm_vcpu *vcpu)
{
    …
    mmu_alloc_roots(vcpu);
    spin_unlock(&vcpu->kvm->mmu_lock);
    kvm_x86_ops->set_cr3(vcpu, vcpu->arch.mmu.root_hpa);
    …
}

linux.git/arch/x86/kvm/vmx.c
static void vmx_set_cr3(struct kvm_vcpu *vcpu, unsigned long cr3)
{
    vmcs_writel(GUEST_CR3, cr3);
    …
}
```

代码中字段cr3指向的root_hpa，是KVM为Guest分配的专用页表的根页面的地址，由函数mmu_alloc_roots分配。如果是首次为Guest分配页表的根页面，则mmu_alloc_roots会分配一个新的页面作为页表的根页面，否则mmu_alloc_roots会从hash表中找到对应的物理页面。

对于运行于实模式的Guest来说，除了创建Guest后及首次切入Guest运行时，没有必要每次切入Guest时都设置Guest的cr3字段。运行于实模式的Guest，只需要一个页表完成Guest物理地址到Host物理地址的映射。相反，运行于保护模式下的Guest中的每个任务都有自己的页表，所以，Guest的VMCS的cr3字段需要根据任务的轮换，切换为正在运行的任务的页表。在后面讨论保护模式的Guest时我们再进一步讨论。

2.3.3 虚拟MMU的上下文

如前面我们讨论的，即使虚拟机运行于实模式，KVM依然需要为其建立一个页表，完成GPA到HPA的转换。后面我们会看到，对于运行于保护模式的虚拟机而言，KVM也需要为其建立页表。除了物理MMU使用这些页表外，与虚拟化相关的还有很多和页表相关的操作，因此，KVM封装了一个所谓的虚拟MMU，将一些相关操作封装在这里，用来协助支持真实的物理MMU。不同模式虚拟机分别对应不同的上下文，在创建VCPU以及虚拟机从实模式切换到保护模式时，都将调用函数init_kvm_mmu重置VCPU对应的虚拟MMU：

```
commit 6aa8b732ca01c3d7a54e93f4d701b8aabbe60fb7
[PATCH] kvm: userspace interface
linux.git/drivers/kvm/mmu.c
static int init_kvm_mmu(struct kvm_vcpu *vcpu)
{
    …
    if (!is_paging(vcpu))
        return nonpaging_init_context(vcpu);
    else if (kvm_arch_ops->is_long_mode(vcpu))
        return paging64_init_context(vcpu);
    else if (is_pae(vcpu))
        return paging32E_init_context(vcpu);
    else
        return paging32_init_context(vcpu);
}
```

比如，在nonpaging_init_context上下文初始化时，分配了页表的根页面，并确定了页表的级数：

```
commit 6aa8b732ca01c3d7a54e93f4d701b8aabbe60fb7
[PATCH] kvm: userspace interface
linux.git/drivers/kvm/mmu.c
static int nonpaging_init_context(struct kvm_vcpu *vcpu)
{
    struct kvm_mmu *context = &vcpu->mmu;

    context->root_level = PT32E_ROOT_LEVEL;
    context->root_hpa = kvm_mmu_alloc_page(vcpu, NULL);
    …
}
```

虚拟机最初运行于实模式，不支持分页机制，其虚拟MMU的上下文对应着“nonpaging context”。当Guest切换到保护模式后，Guest的寻址方式将从段式寻址转换为页式寻址。x86是通过设置cr0寄存器开启分页的，所以为了开启分页模式，Guest会设置cr0寄存器。当Guest设置cr0寄存器时，将触发CPU从Guest模式退出到Host模式，于是KVM就可以捕获到Guest的切换动作，完成MMU的上下文从“nonpaging context”到相应的“paging context”的切换：

```
commit 6aa8b732ca01c3d7a54e93f4d701b8aabbe60fb7
[PATCH] kvm: userspace interface
linux.git/drivers/kvm/vmx.c
static int handle_cr(struct kvm_vcpu *vcpu, …)
{
```

```
    ...
        switch (cr) {
        case 0:
            ...
            set_cr0(vcpu, vcpu->regs[reg]);
    ...
}

linux.git/drivers/kvm/kvm_main.c
void set_cr0(struct kvm_vcpu *vcpu, unsigned long cr0)
{
    ...
    kvm_mmu_reset_context(vcpu);
    ...
}

linux.git/drivers/kvm/vmx.c
int kvm_mmu_reset_context(struct kvm_vcpu *vcpu)
{
    destroy_kvm_mmu(vcpu);
    return init_kvm_mmu(vcpu);
}
```

2.3.4 缺页异常处理

实模式 Guest 对应的虚拟 MMU 的上下文为“nonpaging context”，其处理缺页异常的函数为 nonpaging_page_fault：

```
commit 6aa8b732ca01c3d7a54e93f4d701b8aabbe60fb7
[PATCH] kvm: userspace interface
linux.git/drivers/kvm/mmu.c
static int nonpaging_page_fault(…, gva_t gva, …)
{
    int ret;
    gpa_t addr = gva;
    …
        hpa_t paddr;

        paddr = gpa_to_hpa(vcpu , addr & PT64_BASE_ADDR_MASK);
        …
        ret = nonpaging_map(vcpu, addr & PAGE_MASK, paddr);
…
}
```

从大的逻辑上可以分为 2 部分：一是为缺页异常地址 GPA 寻找一个空闲物理页面，因为内存是以页面为单位进行映射，所以调用函数 gpa_to_hpa 时将 gpa 按照页面地址进行了对齐处理，意为求得页面地址的 HPA，而不是页面内某个偏移地址的 HPA；二是将页表中的映射建立起来，包括分配必要的页表页，填充页表项等。接下来我们分别讨论这 2 部分。

1. 为 GPA 分配空闲物理页面

当发生缺页异常后，在退出 Guest 模式之前，CPU 首先将 cr2 寄存器中记录的引发缺页异常的地址记录到 VMCS 中的字段 Exit qualification 中。所以，异常处理函数 handle_exception 首先从 VMCS 的字段 Exit qualification 中读取缺页异常地址到变量 cr2 中，然后将这个地址传递给具体处理缺页异常的函数 page_fault，对于实模式 Guest 的缺页异常的函数为 nonpaging_page_fault：

```
commit 6aa8b732ca01c3d7a54e93f4d701b8aabbe60fb7
[PATCH] kvm: userspace interface
linux.git/drivers/kvm/vmx.c
static int handle_exception(…)
{
    …
    if (is_page_fault(intr_info)) {
        cr2 = vmcs_readl(EXIT_QUALIFICATION);
        …
        if (!vcpu->mmu.page_fault(vcpu, cr2, error_code)) {
    …
}
```

如同一台计算机可能有多个内存条一样，VMM 也会为虚拟机分配多个内存条。对于虚拟机来说，其物理内存是由承载虚拟机的进程在其地址空间为虚拟机分配的一段一段的地址空间，每一段地址空间对虚拟机而言就相当于一个物理内存条，如图 2-11 所示。其中，每个内存条的 gfn 表示这个内存条在 Guest 的物理地址空间的起始页帧号，npages 表示内存条的大小，每个内存条有个数组 phys_mem 记录支撑这个内存条的物理页面，比如 phys_mem[0] 记录的就是内存条的第 1 个物理页面。

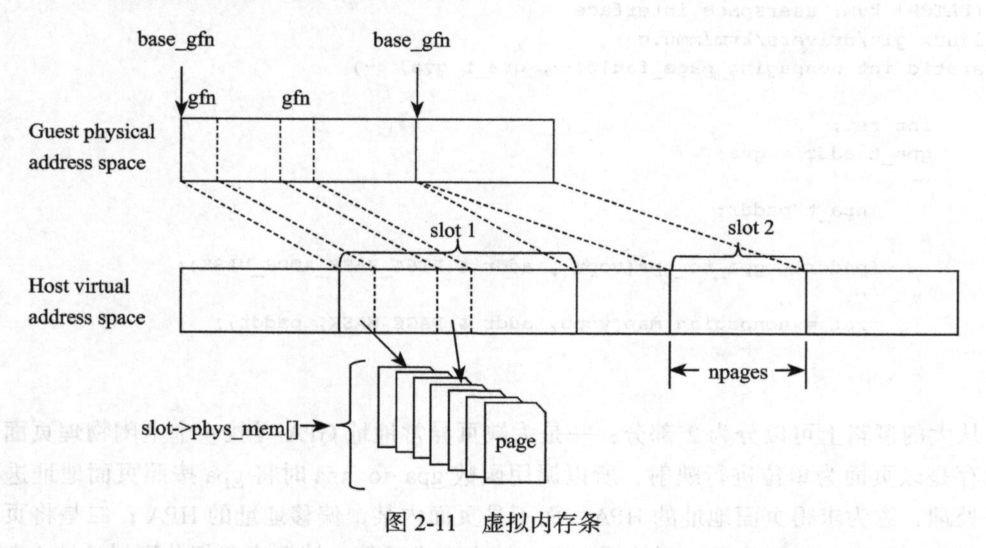

图 2-11 虚拟内存条

对于一个具体的GPA，根据每个内存条承载的Guest物理地址范围，就可以计算出GPA属于哪个内存条，进而为其分配这个内存条内的物理页面，代码如下：

```
commit 6aa8b732ca01c3d7a54e93f4d701b8aabbe60fb7
[PATCH] kvm: userspace interface
linux.git/drivers/kvm/mmu.c
01 hpa_t gpa_to_hpa(struct kvm_vcpu *vcpu, gpa_t gpa)
02 {
03     struct kvm_memory_slot *slot;
04     struct page *page;
05     …
06     slot = gfn_to_memslot(vcpu->kvm, gpa >> PAGE_SHIFT);
07     …
08     page = gfn_to_page(slot, gpa >> PAGE_SHIFT);
09     return ((hpa_t)page_to_pfn(page) << PAGE_SHIFT)
10             | (gpa & (PAGE_SIZE-1));
11 }

linux.git/drivers/kvm/kvm_main.c
12 struct kvm_memory_slot *gfn_to_memslot(struct kvm *kvm,
13     gfn_t gfn)
14 {
15     int i;
16
17     for (i = 0; i < kvm->nmemslots; ++i) {
18         struct kvm_memory_slot *memslot = &kvm->memslots[i];
19
20         if (gfn >= memslot->base_gfn
21             && gfn < memslot->base_gfn + memslot->npages)
22             return memslot;
23     }
24     return 0;
25 }

linux.git/drivers/kvm/kvm.h
26 static inline struct page *gfn_to_page(struct kvm_memory_slot
27     *slot, gfn_t gfn)
28 {
29     return slot->phys_mem[gfn - slot->base_gfn];
30 }
```

函数gpa_to_hpa首先需要确定引起缺页异常的GPA属于的内存条，见第6行代码，这个计算封装在函数gfn_to_memslot中。因为页式内存管理将物理内存划分为固定大小的页帧，以页帧为单位进行地址映射，所以传给函数gfn_to_memslot的第2个参数需要是页帧号，这里右移12位计算出了具体地址gpa所属的页帧号。函数gfn_to_memslot遍历虚拟机的内存条，根据内存条覆盖的物理内存页帧范围，返回页帧属于的内存条，见第17～23行的for循环。

确定了GPA属于的内存条后，就可以从内存条中获取具体的物理页面了。见第8行代码，函数gpa_to_hpa调用gfn_to_page返回GPA所在的页帧对应的物理内存页面。在为虚拟机分配内存条时，已经为内存条分配具体的物理页面并存储在结构体kvm_memory_slot中的页面数组phys_mem中，所以第29行代码就是以gfn - slot->base_gfn为索引从页面数组phys_mem中取出相应的物理页面。

因为建立页表映射时需要使用页面地址填充页表项，所以需要返回空闲页面的地址。第9行代码使用内核中的宏page_to_pfn求出页面的页帧号，然后用页帧号乘以页面尺寸，即左移PAGE_SHIFT位，计算出页面的地址。理论上到这里代码应该结束了，但是我们看到代码中又把GPA低12位（gpa & (PAGE_SIZE-1)）叠加上了，这岂不是“画蛇添足”，导致返回的不是页面4KB对齐处的地址了？实际上，函数gpa_to_hpa并不是专门用来转换页面地址的，而是转换GPA到HVA的，所以需要加上页面内的偏移地址。这里因为函数gpa_to_hpa的调用者传递进来的第2个参数GPA已经是页面对齐的了，所以GPA的低12位为0，叠加也不会带来问题。

2. 建立页表映射

在为Guest的缺页地址获取到物理页面后，接下来就是补全KVM为Guest建立的页表，完成GVA到HPA的映射了。对于实模式Guest，建立页表映射的函数为nonpaging_map，代码如下：

```
commit 6aa8b732ca01c3d7a54e93f4d701b8aabbe60fb7
[PATCH] kvm: userspace interface
linux.git/drivers/kvm/mmu.c
01 static int nonpaging_map(struct kvm_vcpu *vcpu,gva_t v,hpa_t p)
02 {
03      int level = PT32E_ROOT_LEVEL;
04      hpa_t table_addr = vcpu->mmu.root_hpa;
05 
06      for (; ; level--) {
07          u32 index = PT64_INDEX(v, level);
08          u64 *table;
09          …
10          table = __va(table_addr);
11 
12          if (level == 1) {
13              …
14              table[index] = p | PT_PRESENT_MASK | …;
15              return 0;
16          }
17 
18          if (table[index] == 0) {
19              hpa_t new_table = kvm_mmu_alloc_page(vcpu,…);
20              …
21                  table[index] = new_table | PT_PRESENT_MASK | …;
22          }
```

```
23          table_addr = table[index] & PT64_BASE_ADDR_MASK;
24      }
25 }
```

函数 nonpaging_map 的第 2 个参数 v 是缺页异常地址，这个地址是经过段式单元转换的线性地址，第 3 个参数是前面分配的物理页面的基址。

nonpaging_map 从 root_hpa 指向的页表的根页面开始，见第 4 行代码，逐级遍历页表，直到建立 GPA 到 HPA 的映射。

第 7 行代码是从线性地址 v 中取出用于页表项的索引。比如，对于 32 位线性地址的 2 级页表，其高 10 位用于 2 级页表的索引。事实上，实模式下通常使用逻辑地址和物理地址，没有虚拟地址、线性地址，这里只是将 GPA 当作线性地址使用了。

记录页表的根页面地址的 root_hpa，以及每个页表项中记录的下一级页表的地址，都是页表的物理地址，而访存时 CPU 需要使用虚拟地址，所以需要将其转换为对应的虚拟地址，这就是第 10 行代码的目的。

如果遍历到最后一级页表了，那么则更新相应页表项的内容，使其指向为 GPA 分配的物理页面的基址，见代码第 12 ～ 16 行。物理页面的基址见函数 nonpaging_map 的第 3 个参数。

如果当前遍历的页表不是最后一级，并且索引到的页表项中也映射了下一级的页表，则取出下一级页表的基址，见第 23 行代码，进入下一级页表的循环。

如果当前遍历的页表不是最后一级，而索引到的页表项又是空，即还没有映射下一级页表，则首先申请一个空闲页面，作为下一级页表，见代码第 18 ～ 22 行。为了更好地管理用于页表的物理页面，KVM 设计了一个结构体 kvm_mmu_page 代表每个页表页，第 19 行代码中的函数 kvm_mmu_alloc_page 就是创建页表页的，该函数返回申请到的物理页面的物理地址。第 21 行代码使用新申请的物理页的基址更新页表项的内容，建立页表项到下一级页表的映射。然后在第 23 行代码处，取出页表项中的下一级页表的基址，进入下一级页表的循环。

2.4 保护模式 Guest 的寻址

在现在的架构下，如果没有硬件虚拟化的支持，在切换到 Guest 时，cr3 寄存器将指向 Guest 的页表。当 Guest 发出访存请求时，MMU 将查询的是 Guest 的页表，最终发到总线上的将是 GPA，不是真正的物理内存的地址。造成这一问题的根源是 Guest 和 Host 完全来自两个独立的“世界”，而物理上只有一个 MMU 单元，这个 MMU 被 Guest 的页表占用，Guest 的页表中只是记录着 GVA 到 GPA 的映射，无法完成从 GPA 到 HPA 的映射。

一种可行的解决方案就是为每个 Guest 进程分别制作一张表，这张表中记录着 GVA 到 HPA 的映射关系。Guest 模式下的 cr3 寄存器不再指向 Guest 的内部那张只能完成 GVA 到

GPA 映射的表，而是指向这张新的表。当 MMU 收到 GVA 时，通过遍历这张新的表，最终会将 GVA 翻译为 HPA，从而将正确的物理地址送上地址总线。其中，有两个关键点：

1）KVM 需要构建从 GVA 映射到 HPA 的页表，而且这个页表需要根据 Guest 内部页表的信息更新，看起来这个表就像是 Guest 中页表的影子一样，如影随形。在实际进行地址映射时，因为 cr3 指向的是 KVM 构建的页表，所以生效的是这张表，其会将 Guest 内部的页表给遮挡（shadow）起来。所以，工程师们将 KVM 构建的这个页表称为影子页表。

2）保护模式的 Guest 有自己的页表，而且不只有一个页表，Guest 中每个任务都会有自己的页表，这个页表随着任务的切换而进行切换。所以这就要求 KVM 也准备多个影子页表，每个 Guest 任务对应一个。而且，在 Guest 内部任务切换时，KVM 需要洞悉这一切换时刻，切换对应的影子页表。

影子页表构建好后，在映射建立完成后，GVA 到 HPA 经过一次映射即可，但是在建立映射时，是需要经过 3 次转换的：第 1 次是 Guest 使用自身的页表完成 GVA 到 HPA 的转换；第 2 次是由 KVM 根据内存条信息完成 GPA 到 HVA 的转换；第 3 次是 Host 利用内核的内存管理机制完成 HVA 到 HPA 的转换。如图 2-12 所示。

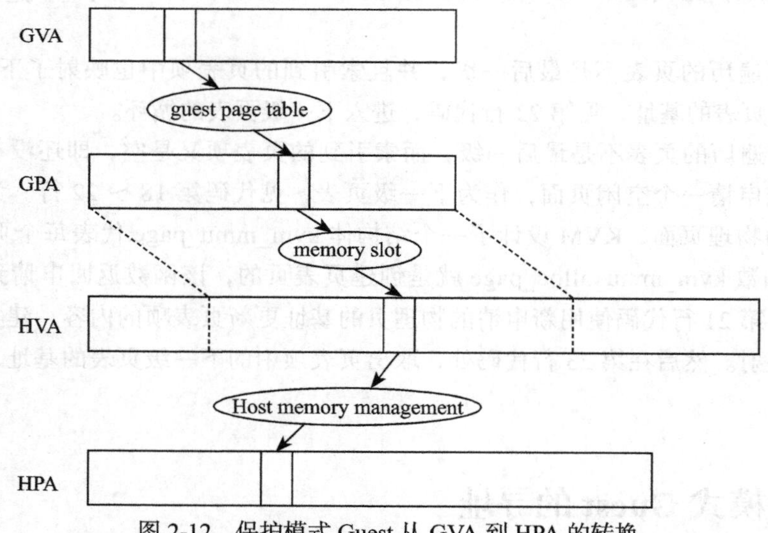

图 2-12 保护模式 Guest 从 GVA 到 HPA 的转换

GVA 到 GPA 的映射由 Guest 自己负责，利用 Guest 自身的页表完成从 GVA 到 GPA 的转换。在影子页表的缺页异常处理函数中，首先需要遍历 Guest 的页表获取引起缺页异常的 GVA 对应的 GPA，如果 Guest 中尚未建立 GVA 到 GPA 的映射，则 KVM 首先向 Guest 注入缺页异常，由 Guest 的缺页异常处理函数建立 GVA 到 GPA 的映射。

Host 是不识别 GPA 的，所以在取得 GVA 对应的 GPA 后，KVM 模块需要识别出 GPA 属于哪个虚拟内存条，然后根据虚拟内存条在 HVA 空间的基址计算出 GPA 对应的 HVA。

然后利用 Host 的内存管理机制，求得 HVA 对应的物理页面的地址，填充影子页表中

GVA 到 HPA 的映射。

2.4.1　偷梁换柱 cr3

因为 Guest 自身的页表不能完成 GVA 到 HPA 的多层地址映射，因此，每当 Guest 设置 cr3 寄存器时，KVM 都要截获这个操作，将 cr3 "偷梁换柱" 为影子页表。这就需要处于 Guest 模式的 CPU 能够在 Guest 设置 cr3 寄存器时触发虚拟机退出，从而陷入 KVM 模块。后来，Intel 在硬件层面支持了 EPT，所以无须再截获 Guest 设置 cr3 寄存器的操作，因此，为了在启用 EPT 的情况下避免无谓的虚拟机退出，Intel 在硬件层面提供了一个开关，虚拟化软件可以通过这个开关决定当 Guest 设置 cr3 寄存器时是否触发虚拟机退出。这个开关就是 VMCS 中的 Processor-Based VM-Execution Controls 的第 15 位 CR3-load exiting，下面的代码打开了这个开关，告知 CPU，当 Guest 试图向 cr3 进行写操作，则切换到 Host 模式：

```
commit d56f546db97795dca5aa575b00b0e9886895ac87
KVM: VMX: EPT Feature Detection
linux.git/arch/x86/kvm/vmx.c
static __init int setup_vmcs_config(struct vmcs_config *vmcs_conf)
{
    …
          CPU_BASED_CR3_LOAD_EXITING |
          CPU_BASED_CR3_STORE_EXITING |
    …
}
```

在缺页异常处理中建立 GVA 到 HPA 的映射时，KVM 是通过遍历 Guest 的页表获取 GVA 对应的 GPA 的。因此，在 Guest 写入 cr3 寄存器触发虚拟机退出时，KVM 需要记录下 Guest 准备向 cr3 寄存器中写入的 Guest 的根页表。在发生虚拟机退出前，CPU 将这些信息写入了 VMCS 的字段 exit qualification 中的第 8 ～ 11 位，如表 2-4 所示。

表 2-4　访问控制寄存器导致虚拟机退出时的 exit qualification（部分）

位	描　述
3:0	指示 Guest 访问的是哪一个控制寄存器。
5:4	访问类型： 0 = 写控制寄存器 1 = 读控制寄存器 …
11:8	写入时的源操作数，读取时的目的操作数： 0 = rax, 1 = rcx, 2 = rdx 3 = rbx, …

KVM 中处理因 Guest 访问控制寄存器而引发虚拟机退出的函数为 hand_cr：

```
commit d56f546db97795dca5aa575b00b0e9886895ac87
KVM: VMX: EPT Feature Detection
linux.git/arch/x86/kvm/vmx.c
01 static int handle_cr(struct kvm_vcpu *vcpu, …)
```

```
02 {
03     unsigned long exit_qualification;
04     int cr;
05     int reg;
06
07     exit_qualification = vmcs_readl(EXIT_QUALIFICATION);
08     cr = exit_qualification & 15;
09     reg = (exit_qualification >> 8) & 15;
10     switch ((exit_qualification >> 4) & 3) {
11     case 0: /* mov to cr */
12         …
13         switch (cr) {
14         …
15         case 3:
16             …
17             kvm_set_cr3(vcpu, vcpu->arch.regs[reg]);
18             …
19 }

linux.git/arch/x86/kvm/x86.c
20 void kvm_set_cr3(struct kvm_vcpu *vcpu, unsigned long cr3)
21 {
22     …
23         vcpu->arch.cr3 = cr3;
24         vcpu->arch.mmu.new_cr3(vcpu);
25     …
26 }
```

第7行代码从VMCS中读出字段exit qualification的值。第8行代码提取字段exit qualification的0～3位，根据这4位判断Guest试图访问的是哪个控制寄存器，其中3对应cr3寄存器。第9行代码提取字段exit qualification的8～11位，根据这4位判断Guest试图加载到cr3的页表地址存储在哪个寄存器。第10行代码根据字段exit qualification的第4、5位，判断是写还是读控制寄存器，0表示写寄存器。

在处理写cr3的函数kvm_set_cr3中，KVM记录了Guest的根页表地址，见第23行代码。然后调用了new_cr3函数，对于运行在保护模式的Guest，其对应的虚拟MMU的上下文当然是“paging context”了，这个上下文中new_cr3指向函数paging_new_cr3：

```
commit d56f546db97795dca5aa575b00b0e9886895ac87
KVM: VMX: EPT Feature Detection
linux.git/arch/x86/kvm/mmu.c
static void paging_new_cr3(struct kvm_vcpu *vcpu)
{
    …
    mmu_free_roots(vcpu);
}

static void mmu_free_roots(struct kvm_vcpu *vcpu)
```

```
{
    …
    vcpu->arch.mmu.root_hpa = INVALID_PAGE;
}
```

看到函数 paging_new_cr3 的代码是不是很失望？ paging_new_cr3 只是“释放”了影子页表，并将 root_hpa 设置为一个无效的地址。这里我们将释放加了引号，因为它并不是真实的释放，否则切换不同进程时代价太大了。最初影子页表的实现是没有 Cache 的，每次都需要全部重建，现在这个提交的实现已经有 Cache 了，这里只是减少了引用计数，将影子页表归还到 Cache 中。那么，设置 cr3 为影子页表的地址的操作在哪里？加载影子页表的地址是在切换进入 Guest 前：

```
commit d56f546db97795dca5aa575b00b0e9886895ac87
KVM: VMX: EPT Feature Detection
linux.git/arch/x86/kvm/x86.c
static int __vcpu_run(struct kvm_vcpu *vcpu, …)
{
    …
    r = kvm_mmu_reload(vcpu);
    …
    kvm_x86_ops->run(vcpu, kvm_run);
    …
}
linux.git/arch/x86/kvm/mmu.h
static inline int kvm_mmu_reload(struct kvm_vcpu *vcpu)
{
    …
    return kvm_mmu_load(vcpu);
}
linux.git/arch/x86/kvm/mmu.c
int kvm_mmu_load(struct kvm_vcpu *vcpu)
{
    …
    mmu_alloc_roots(vcpu);
    …
    kvm_x86_ops->set_cr3(vcpu, vcpu->arch.mmu.root_hpa);
    …
}
linux.git/arch/x86/kvm/vmx.c
static void vmx_set_cr3(struct kvm_vcpu *vcpu, unsigned long cr3)
{
    vmx_flush_tlb(vcpu);
    vmcs_writel(GUEST_CR3, cr3);
    …
}
```

函数 kvm_mmu_load 首先调用 mmu_alloc_roots 准备影子页表的地址，然后调用 set_cr3 设置 VMCS 中的 Guest 的 cr3 字段指向影子页表的根页表 root_hpa。对于多任务的

Guest 而言，多个任务间不断分时轮转运行，某个暂时被换出的页表会再次载入，如果每次都释放然后重建影子页表，其性能开销是巨大的，因此，如我们刚刚讨论的，KVM 设计了 Cache 机制，除了首次创建的影子页表需要从 0 开始构建，其他都是从 Cache 中获取的。KVM 使用 hash 表的方式存储影子页表，Guest 页表的根页面的页帧号作为 hash 表的 key。因此，在创建影子页表时，首先使用 Guest 页表的根页面的页帧号作为 key 在 Cache 中查找，见下面代码，其中 kvm_mmu_get_page 就是影子页表的 Cache 机制的接口。如果 kvm_mmu_get_page 在 Cache 中找不到，才会为影子页表申请新的物理页面创建页表：

```
commit d56f546db97795dca5aa575b00b0e9886895ac87
KVM: VMX: EPT Feature Detection
linux.git/arch/x86/kvm/mmu.c
static void mmu_alloc_roots(struct kvm_vcpu *vcpu)
{
    int i;
    gfn_t root_gfn;
    struct kvm_mmu_page *sp;
    …
    root_gfn = vcpu->arch.cr3 >> PAGE_SHIFT;
    …
        sp = kvm_mmu_get_page(vcpu, root_gfn, 0, …);
        root = __pa(sp->spt);
        ++sp->root_count;
        vcpu->arch.mmu.root_hpa = root;
    …
}
```

2.4.2 影子页表缺页异常处理

与实模式 Guest 的缺页异常不同，保护模式的 Guest 发生缺页异常时，控制 cr2 寄存器中存储的是 GVA，而只有 Guest 知道 GVA 到 GPA 的映射，所以，缺页异常处理函数首先需要遍历 Guest 的页表，取出 GVA 对应的 GPA。如果 Guest 尚未建立 GVA 到 GPA 的映射，则 KVM 向 Guest 注入缺页异常，Guest 进行正常的缺页异常处理，完成 GVA 到 GPA 的映射。因为影子页表尚未完成映射关系的建立，当 GVA 再次到达 MMU 时，将再次触发影子页表的缺页异常。当然，这次影子页表的缺页异常处理函数可以从 Guest 的页表中获取 GPA，然后 KVM 利用 Host 内核的内存管理机制，完成 GPA 到 HPA 的映射，最后完成影子页表的构建，如图 2-13 所示。

当 Guest 访存时，MMU 首先在影子页表中查找 GVA 映射的 HPA。如果找到了，则将 HPA 通过总线发给内存控制器，如果没有找到，那么 CPU 将从 Guest 模式退出到 Host 模式，进入影子页表异常处理函数。影子页表缺页异常处理函数首先遍历 Guest 页表，如果 GVA 到 GPA 的映射已经建立了，则取出 GPA，然后结合 KVM 为 Guest 分配的内存条，利用 Host 的内存管理机制完成 GPA 到 HPA 的映射。

影子页表缺页异常处理函数如果发现 Guest 页表中 GVA 到 GPA 的映射尚未建立，那么则将向 Guest 注入缺页异常，由 Guest 自己的缺页异常处理函数完成 GVA 到 GPA 的映射。此时，影子页表中 GPA 到 HPA 的映射尚未建立起来。当 GVA 再次到达 MMU 时，将再次触发影子页表的缺页异常，当然，这次影子页表的缺页异常处理函数可以从 Guest 的页表中获取 GPA，然后借助 Host 的内存管理机制为其分配空闲物理页面，填充影子页表，完成 GVA 到 HPA 的映射。

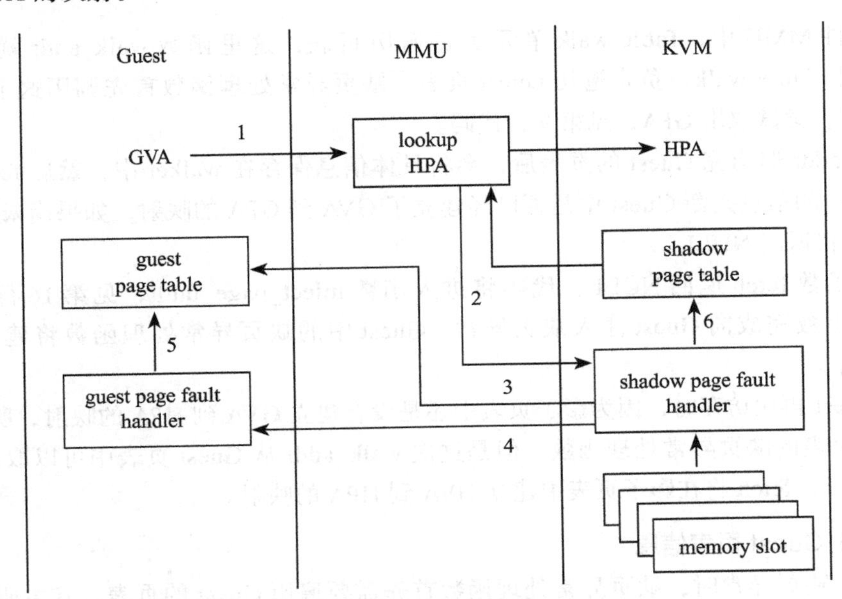

图 2-13 影子页表的缺页异常处理

影子页表的缺页异常处理函数如下：

```
commit 25c0de2cc6c26cb99553c2444936a7951c120c09
[PATCH] KVM: MMU: Make kvm_mmu_alloc_page() return a kvm_mmu_page
pointer
linux.git/drivers/kvm/paging_tmpl.h
01 static int FNAME(page_fault)(struct kvm_vcpu *vcpu,
02      gva_t addr,…)
03 {
04      …
05      struct guest_walker walker;
06      u64 *shadow_pte;
07      …
08      for (;;) {
09          FNAME(walk_addr)(&walker, vcpu, addr);
10          shadow_pte = FNAME(fetch)(vcpu, addr, &walker);
11          …
12          break;
13      }
14      …
```

```
15    if (!shadow_pte) {
16          inject_page_fault(vcpu, addr, error_code);
17          FNAME(release_walker)(&walker);
18          return 0;
19    }
20    …
21 }
```

在硬件MMU中，Table walk单元负责遍历页表，这里函数walk_addr就相当于硬件MMU中Table walk，负责遍历Guest页表。缺页异常处理函数首先调用这个函数遍历Guest页表，尝试取出GPA，见第9行代码。

walk_addr遍历完Guest的页表后，会将具体信息保存在walker中，然后fetch函数根据walker中的信息判断Guest中是否已经建立了GVA到GPA的映射，如果尚未建立映射，函数fetch将返回NULL。

如果函数fetch返回NULL，代码将进入函数inject_page_fault，见第16行代码。显然，这个函数完成向Guest注入缺页异常，Guest中的缺页异常处理函数将建立GVA到GPA的映射。

当Guest再次访存时，因为影子页表中还是没有建立GVA到HPA的映射，所以会再次进入影子页表的缺页异常处理函数，但是这次walk_addr从Guest页表中可以取出GVA对应的GPA了，fetch将在影子页表中建立GVA到HPA的映射。

1. 获取Guest页表信息

当发生缺页异常时，缺页异常处理函数首先需要遍历Guest的页表，其主要目的是获取引发缺页异常的GVA对应的GPA，这个遍历Guest页表的函数是walk_addr。walk_addr从Guest页表的根页面开始遍历，直到最后一级页表或者下一级页表尚未创建。KVM定义了一个结构体guest_walker，walk_addr会将guest_walker的字段ptep指向最后遍历到的页表项：

```
commit 25c0de2cc6c26cb99553c2444936a7951c120c09
[PATCH] KVM: MMU: Make kvm_mmu_alloc_page() return a kvm_mmu_page
pointer
linux.git/drivers/kvm/paging_tmpl.h
01 static void FNAME(walk_addr)(struct guest_walker *walker,
02                  struct kvm_vcpu *vcpu, gva_t addr)
03 {
04      hpa_t hpa;
05      struct kvm_memory_slot *slot;
06      pt_element_t *ptep;
07      pt_element_t root;
08 
09      walker->level = vcpu->mmu.root_level;
10      walker->table = NULL;
11      root = vcpu->cr3;
```

```
12      …
13      hpa = safe_gpa_to_hpa(vcpu, root & PT64_BASE_ADDR_MASK);
14      walker->table = kmap_atomic(pfn_to_page(hpa >> PAGE_SHIFT),
15                                  KM_USER0);
16      …
17      for (;;) {
18          int index = PT_INDEX(addr, walker->level);
19          hpa_t paddr;
20
21          ptep = &walker->table[index];
22          …
23          if (!is_present_pte(*ptep) ||
24              walker->level == PT_PAGE_TABLE_LEVEL ||
25              (walker->level == PT_DIRECTORY_LEVEL &&
26               (*ptep & PT_PAGE_SIZE_MASK) &&
27               (PTTYPE == 64 || is_pse(vcpu))))
28              break;
29          …
30          paddr = safe_gpa_to_hpa(vcpu, *ptep &
31                          PT_BASE_ADDR_MASK);
32          …
33          walker->table = kmap_atomic(pfn_to_page(paddr >>
34                              PAGE_SHIFT), KM_USER0);
35          --walker->level;
36      }
37      walker->ptep = ptep;
38  }
```

为了遍历Guest的页表，首先需要知道Guest页表的地址。在前面讨论截取cr3的操作时，函数handle_cr会读取cr3寄存器，记录在结构体kvm_vcpu的cr3字段中。所以函数walk_addr从结构体kvm_vcpu的cr3字段中读出Guest页表的地址，见第11行代码。

Guest中cr3记录的根页表的地址是GPA，需要将转换为Host能识别的地址。第13行代码将GPA转换为HPA，然后求出HPA所在的物理页面。因为CPU使用虚拟地址访问内存，所以第14、15行代码使用kmap将HPA所在的物理页面映射到内核虚拟地址空间。然后，设置指针walker->table指向这个映射后的虚拟地址。

对于页表的级别，在初始化MMU上下文时就已经设定了，比如普通32位的就是2级页表，64位的就是4或5级别表等，第9行代码是从MMU的上下文中读出Guest页表的级别。

确定了根页面之后，从引发缺页异常的线性地址中取出这个级别对应的页表项的索引，见第18行代码，然后使用这个索引，从页表中读出对应的页表项，见第21行代码。

代码第23～27行检查页表项，如果页表项不存在，说明页表还没有建立，则跳出循环；如果已经遍历到最后一级页表了，即level为PT_PAGE_TABLE_LEVEL，则也跳出循环。第25～27行是处理4MB页面的，因为只有一级页表，所以也跳出循环。无论是哪种情况，在跳出循环后，都将当前检查的页表项纪录在walker->ptep中，见第37行代码，后面的函数 fetch 将根据这个 ptep 决定一下步是向 Guest 注入中断还是构建影子页表。

如果页表项存在，并且还没有到最后一级页表，则取出页表项纪录的下级页表的地址，这个地址依然是 GPA，所以需要将其转换为 Host 可以识别的地址，这里还是将 GPA 转换为了物理页面地址，见第 30、31 行代码。然后使用内核中的函数 kmap 将物理页面映射到内核虚拟地址空间，更新 walker->table 指向映射后的虚拟地址，然后进入下一个循环，开始遍历这个新的页表。

2. 建立影子页表中的映射关系

在遍历 Guest 页表的函数 walk_addr 返回后，fetch 将检查 walk_addr 返回的页表项。如果页表项的 p 位没有设置，则说明 Guest 中尚未建立 GVA 到 GPA 的映射关系，fetch 返回给缺页异常处理函数 NULL，告知需要向 Guest 注入缺页异常。否则，将为 walk_addr 返回的 Guest 页表项中的 GPA，寻找空闲的物理页面，建立影子页表中的映射关系：

```
commit 25c0de2cc6c26cb99553c2444936a7951c120c09
[PATCH] KVM: MMU: Make kvm_mmu_alloc_page() return a kvm_mmu_page
pointer
linux.git/drivers/kvm/paging_tmpl.h
01 static u64 *FNAME(fetch)(struct kvm_vcpu *vcpu, gva_t addr,
02                   struct guest_walker *walker)
03 {
04      hpa_t shadow_addr;
05      int level;
06      u64 *prev_shadow_ent = NULL;
07      pt_element_t *guest_ent = walker->ptep;
08
09      if (!is_present_pte(*guest_ent))
10          return NULL;
11
12      shadow_addr = vcpu->mmu.root_hpa;
13      level = vcpu->mmu.shadow_root_level;
14      …
15      for (; ; level--) {
16          u32 index = SHADOW_PT_INDEX(addr, level);
17          u64 *shadow_ent = ((u64 *)__va(shadow_addr)) + index;
18          struct kvm_mmu_page *shadow_page;
19          u64 shadow_pte;
20
21          if (is_present_pte(*shadow_ent) ||
22                  is_io_pte(*shadow_ent)) {
23              if (level == PT_PAGE_TABLE_LEVEL)
24                  return shadow_ent;
25              shadow_addr = *shadow_ent & PT64_BASE_ADDR_MASK;
26              …
27              continue;
28          }
29
```

```
30          if (level == PT_PAGE_TABLE_LEVEL) {
31              if (walker->level == PT_DIRECTORY_LEVEL) {
32                  …
33                  FNAME(set_pde)(vcpu, *guest_ent, shadow_ent,
34                          walker->inherited_ar,
35                          PT_INDEX(addr, PT_PAGE_TABLE_LEVEL));
36              } else {
37                  …
38                  FNAME(set_pte)(vcpu, *guest_ent, shadow_ent,…);
39              }
40              return shadow_ent;
41          }
42
43          shadow_page = kvm_mmu_alloc_page(vcpu, shadow_ent);
44          …
45          shadow_addr = shadow_page->page_hpa;
46          shadow_pte = shadow_addr | PT_PRESENT_MASK | …;
47          *shadow_ent = shadow_pte;
48          …
49      }
50 }
```

walker存储的是Guest自身的页表遍历的结果，所以函数fetch首先检查walker中的页表项，如果页表项不存在，则说明Guest尚未建立GVA到GPA的映射，返回NULL，通知调用者Guest页表中的映射尚未建立，见代码第9、10行。然后调用者会向Guest注入中断，由Guest自己的缺页异常处理函数完成GVA到GPA的映射。

如果Guest中GVA到GPA的映射已经建立，函数fetch则从影子页表的根页面开始遍历，建立映射。影子页表的根页面以及页表的级数存储在虚拟MMU的上下文中，见代码第12、13行。

确定了根页面地址后，函数fetch从缺页异常地址中取出页表项的索引，进而取出页表项。第16行代码是从地址中截取相应的位作为索引，第17行代码使用这个索引从页表中取出页表项内容。

如果当前页表的相应页表项存在，并且当前页表是最后一级页表，则说明物理页面已经映射了，异常不是由缺页引起的，而是由其他情况比如写只读页表项引起的异常，则返回调用者，调用者后面去处理这个异常，见代码第23、24行。其中宏PT_PAGE_TABLE_LEVEL的值定义为1，表示是最后一级页表。

如果当前页表的页表项虽然存在，但是当前页表不是最后一级，则从页表项中取出下一级页表的地址，进入下一层循环，遍历下一级页表，见代码第25～27行。

如果中间级页表中相应的页表项不存在，则说明用于页表的页面缺失，函数fetch调用kvm_mmu_alloc_page申请物理页面作为下一级页表，更新当前页表项，指向下一级页表，然后继续遍历下一级页表，见代码第43～47行。

如果遍历到了最后一级页表，并且相应的页表项不存在，则可以为GPA申请物理页面、填充页表项了，见代码第 36 ～ 39 行。其中传给函数 set_pte 的第 2 个参数是 Guest 页表最后一级页表中相应的页表项，set_pte 可以从中获取 GPA。第 3 个参数 shadow_ent 指向影子页表中需要更新的页表项。其中第 31 ～ 35 行针对使用 4MB 大页的 Guest，4MB 大页的 Guest 只有一级页表，所以这里使用 walker->level == PT_DIRECTORY_LEVEL 来判断是否是使用了 4MB 大页的 Guest，我们不深入讨论这种情况了。

函数 set_pte 将寻找空闲的物理页面，填充页表项。在“虚拟内存条”一节我们已经讨论了如何为 GPA 获取物理页面，这里不再详细讨论：

```
commit 25c0de2cc6c26cb99553c2444936a7951c120c09
[PATCH] KVM: MMU: Make kvm_mmu_alloc_page() return a kvm_mmu_page
pointer
linux.git/drivers/kvm/paging_tmpl.h
static void FNAME(set_pte)(struct kvm_vcpu *vcpu, …)
{
    …
    set_pte_common(vcpu, shadow_pte, guest_pte & …);
}
linux.git/drivers/kvm/mmu.c
static inline void set_pte_common(struct kvm_vcpu *vcpu,…)
{
    hpa_t paddr;
    …
    paddr = gpa_to_hpa(vcpu, gaddr & PT64_BASE_ADDR_MASK);
    …
        *shadow_pte |= paddr;
    …
}
hpa_t gpa_to_hpa(struct kvm_vcpu *vcpu, gpa_t gpa)
{
    struct kvm_memory_slot *slot;
    struct page *page;

    slot = gfn_to_memslot(vcpu->kvm, gpa >> PAGE_SHIFT);
    …
    page = gfn_to_page(slot, gpa >> PAGE_SHIFT);
    return ((hpa_t)page_to_pfn(page) << PAGE_SHIFT)
        | (gpa & (PAGE_SIZE-1));
}
```

2.5 EPT

在讨论影子页表的方案时我们看到，遍历页表这些原本应由 MMU 做的事，现在要由 CPU 来负责了。而且，每次影子页表发生缺页异常后，CPU 都会从 Guest 模式切换到 Host 模式，然后还要切回去，甚至还不止一次切换。更为严重的是，为了保持 Guest 页表和影子页表的一致，任何 Guest 对页表的修改，都需要触发 VM exit，KVM 截获后同步影子页表的修改，让影子页表的实现异常复杂且低效。

为了提高内存虚拟化的效率，芯片厂商们一直努力从体系结构的角度支持内存虚拟化。为了支持2阶段的地址翻译，Intel在硬件层面增加了一个EPT机制，这让从GVA到HPA的翻译变得非常自然了。MMU完成GVA到GPA的映射，EPT完成GPA到HPA的映射。MMU和EPT在硬件层面互相配合，不需要从软件层面干涉。经过MMU翻译后的GPA，将在硬件层面直接给到EPT。为了处理EPT的缺页，Intel引入了EPT violation异常，处理EPT异常的基本原理与MMU基本完全相同。

增加了EPT后，Guest就可以透明地使用MMU处理GVA到GPA的映射了，所以当Guest发生缺页异常时，无须从Guest模式切换到Host模式了，减少了CPU切换上下文的开销。而且，Guest的页表和EPT页表分别维护，影子页表中需要同步的开销也消失了。再者，对于一个虚拟机而言，虽然从Guest的角度来看其中会有多个任务，因此需要维护多个页表，但是从宿主机的角度，一个虚拟机只是一个进程，因此维护一个EPT表即可，相对于影子页表，减少了内存占用。因为Guest内部切换进程时，不需要切换EPT，所以也减少了CPU在Guest模式和Host模式之间的切换。

2.5.1 设置EPT页表

如果CPU支持EPT，并且确认启用EPT，那么需要为每个虚拟机创建一个EPT页表，当然，最初创建一个根页面就可以了。VMX在VMCS中定义了一个字段Extended-Page-Table Pointer，KVM可以将EPT页表的位置写入这个字段，这样当CPU进入Guest模式时，就可以从这个字段读出EPT页表的位置：

```
commit 1439442c7b257b47a83aea4daed8fbf4a32cdff9
KVM: VMX: Enable EPT feature for KVM
linux.git/arch/x86/kvm/mmu.c
01 int kvm_mmu_load(struct kvm_vcpu *vcpu)
02 {
03     …
04     mmu_alloc_roots(vcpu);
05     …
06     kvm_x86_ops->set_cr3(vcpu, vcpu->arch.mmu.root_hpa);
07     …
08 }

linux.git/arch/x86/kvm/vmx.c
09 static void vmx_set_cr3(struct kvm_vcpu *vcpu, unsigned long cr3)
10 {
11     unsigned long guest_cr3;
12     u64 eptp;
13
14     guest_cr3 = cr3;
15     if (vm_need_ept()) {
16         eptp = construct_eptp(cr3);
```

```
17          vmcs_write64(EPT_POINTER, eptp);
18          …
19          guest_cr3 = is_paging(vcpu) ? vcpu->arch.cr3 :
20              VMX_EPT_IDENTITY_PAGETABLE_ADDR;
21      }
22      …
23      vmcs_writel(GUEST_CR3, guest_cr3);
24      …
25 }

26 static u64 construct_eptp(unsigned long root_hpa)
27 {
28      …
29      eptp |= (root_hpa & PAGE_MASK);
30      …
31 }
```

如果是启用了EPT，以前在函数kvm_mmu_load中分配的根页表root_hpa，这次不再是加载进cr3寄存器了。结合函数construct_eptp和第17行代码，显然，是将root_hpa作为EPT的根页面，加载进寄存器EPT pointer了。

在启用EPT时，GVA到GPA的映射由Guest自己完成，因此，Guest模式的下cr3寄存器需要指向Guest内部的页表。第19、20行代码，就是设置变量guest_cr3指向Guest自己的页表，然后第23行代码将Guest自己的页表写入VMCS的字段guest cr3，如此在切入Guest后，Guest模式下的CPU的cr3寄存器就可以指向Guest自己真正的页表了。

结构体vcpu中的arch中记录的变量cr3记录的就是Guest自身的页表，当Guest设置寄存器cr0开启保护模式时，将触发VM exit，这时KVM会从VMCS中读出Guest的cr3的值记录下来。实际上，每次VM exit时，KVM都会将Guest的cr3记录下来：

```
commit 1439442c7b257b47a83aea4daed8fbf4a32cdff9
KVM: VMX: Enable EPT feature for KVM
linux.git/arch/x86/kvm/vmx.c
static int kvm_handle_exit(struct kvm_run *kvm_run, …)
{
    …
    if (vm_need_ept() && is_paging(vcpu)) {
        vcpu->arch.cr3 = vmcs_readl(GUEST_CR3);
        …
    }
    …
}
```

在影子页表模式下，Guest中的每个任务在KVM中都需要有一个影子页表，当Guest切换任务时，都需要为其切换对应的影子页表。为此，每当Guest修改cr3寄存器时，都需要陷入KVM，由KVM完成影子页表的切换。当得到EPT支持后，整个虚拟机只需要一个EPT表，因此KVM不再需要捕捉Guest任务切换了。换句话说，KVM不需要捕捉Guest

修改 cr3 寄存器的操作了，因此当 Guest 访问 cr3 时，无须触发 VM exit 了：

```
commit 1439442c7b257b47a83aea4daed8fbf4a32cdff9
KVM: VMX: Enable EPT feature for KVM
linux.git/arch/x86/kvm/vmx.c
static __init int setup_vmcs_config(struct vmcs_config *vmcs_conf)
{
    …
    if (_cpu_based_2nd_exec_control & SECONDARY_EXEC_ENABLE_EPT) {
        min &= ~(CPU_BASED_CR3_LOAD_EXITING |
                CPU_BASED_CR3_STORE_EXITING);
    }
    …
}
```

2.5.2 EPT 异常处理

在开启了 EPT 的情况下，缺页异常的处理过程如图 2-14 所示。

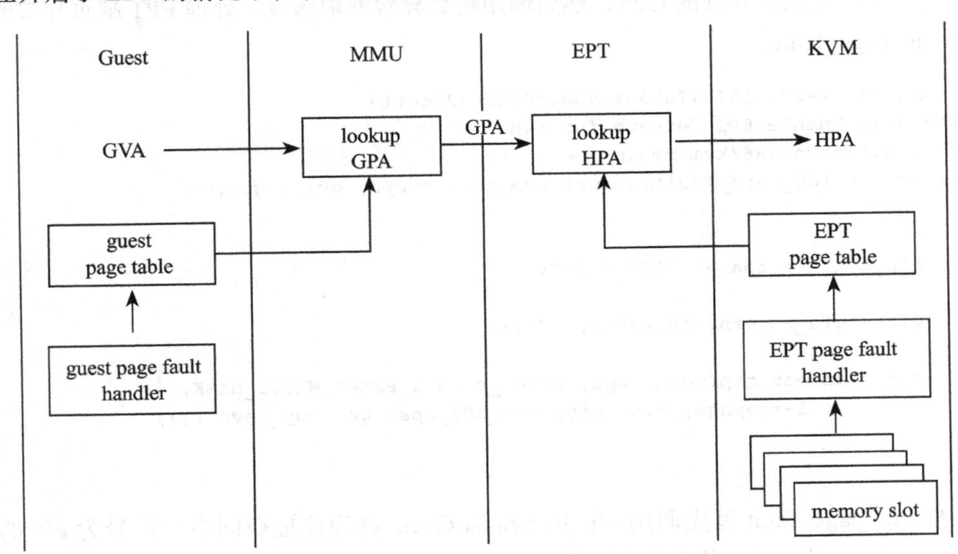

图 2-14　开启 EPT 后的缺页异常处理过程

当 Guest 内部发生缺页异常时，CPU 不再切换到 Host 模式了，而是由 Guest 自身的缺页异常处理函数处理。当地址从 GVA 翻译到 GPA 后，GPA 在硬件内部从 MMU 流转到了 EPT。

如果 EPT 页表中存在 GPA 到 HPA 的映射，则 EPA 最终获取了 GPA 对应的 HPA，将 HPA 送上地址总线。如果 EPT 中尚未建立 GPA 到 HPA 的映射，则 CPU 抛出 EPT 异常，CPU 从 Guest 模式切换到 Host 模式，KVM 中的 EPT 异常处理函数负责寻找空闲物理页面，建立 EPT 表中 GPA 到 HPA 的映射。

KVM模块中处理EPT异常的函数为handle_ept_violation：

```
commit 1439442c7b257b47a83aea4daed8fbf4a32cdff9
KVM: VMX: Enable EPT feature for KVM
linux.git/arch/x86/kvm/vmx.c
static int handle_ept_violation(struct kvm_vcpu *vcpu, …)
{
    …
    gpa = vmcs_read64(GUEST_PHYSICAL_ADDRESS);
    hva = gfn_to_hva(vcpu->kvm, gpa >> PAGE_SHIFT);
    …
        r = kvm_mmu_page_fault(vcpu, gpa & PAGE_MASK, 0);
    …
}
```

CPU从Guest模式退出到Host模式前，会将引发异常的GPA保存到VMCS的guest physical address字段，所以函数handle_ept_violation首先从VMCS的guest physical address字段中读出了引发缺页异常的GPA，然后调用缺页异常处理函数，处理EPT缺页异常的处理函数是tdp_page_fault：

```
commit 1439442c7b257b47a83aea4daed8fbf4a32cdff9
KVM: VMX: Enable EPT feature for KVM
linux.git/arch/x86/kvm/mmu.c
static int tdp_page_fault(struct kvm_vcpu *vcpu, gva_t gpa,…)
{
    …
    gfn_t gfn = gpa >> PAGE_SHIFT;
    …
    pfn = gfn_to_pfn(vcpu->kvm, gfn);
    …
    r = __direct_map(vcpu, gpa, error_code & PFERR_WRITE_MASK,
               largepage, gfn, pfn, kvm_x86_ops->get_tdp_level());
    …
}
```

函数tdp_page_fault首先调用gfn_to_pfn为Guest物理地址空间中页帧号为gfn的页面分配一个空闲物理页面。然后调用函数__direct_map，建立页表中的映射，我们看看与函数__direct_map相关的提交：

```
commit 4d9976bbdc09e08b69fc12fee2042c3528187b32
KVM: MMU: make the __nonpaging_map function generic

--- a/arch/x86/kvm/mmu.c
+++ b/arch/x86/kvm/mmu.c
-static int __nonpaging_map(struct kvm_vcpu *vcpu, gva_t v, …
+static int __direct_map(struct kvm_vcpu *vcpu, gpa_t v, …
@@ -1042,7 +1041,7 @@ static int nonpaging_map(struct kvm_vcpu *vcpu, gva_t v,
int write, gfn_t gfn)
```

```
        spin_lock(&vcpu->kvm->mmu_lock);
        kvm_mmu_free_some_pages(vcpu);
-       r = __nonpaging_map(vcpu, v, write, gfn, page);
+       r = __direct_map(vcpu, v, write, gfn, page,
```

可以看到，函数 __direct_map 就是函数 __nonpaging_map 的重命名，而 __nonpaging_map 正是我们前面讨论的实模式 Guest 的页表建立从 GPA 到 HPA 映射过程的函数。

2.5.3　EPT 支持下的地址翻译过程

最后，为了更清楚地理解这个过程，我们以 EPT 支持下的两阶段地址翻译过程为例结束本章。因为 EPT 内部的查表过程与普通的页表查表过程基本完全相同，为了不干扰对整个流程的理解，我们简化讨论 EPT 内部的流程。我们使用 2 级页表映射，整个过程如图 2-15 所示。

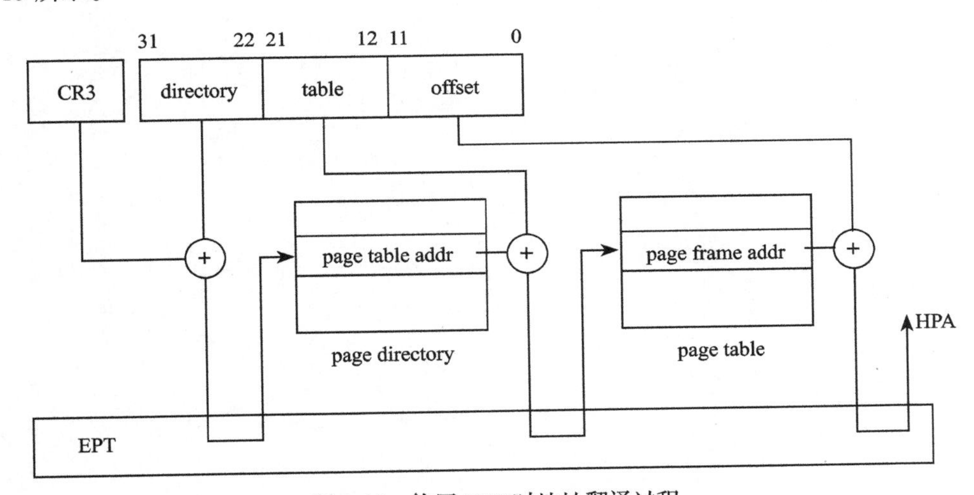

图 2-15　使用 EPT 时地址翻译过程

Guest 首先从物理寄存器 cr3 中取出 Guest 的根页面，即页目录的地址，这个地址从 Guest 角度看是物理地址，即 GPA。因为 Guest 只是取出页目录的地址这样一个数字，并不进行实际的内存访问，所以这里页目录的地址无须通过 EPT 进行 GPA 到 HPA 的翻译。

然后，Guest 从 GVA 中取出第 22 ～ 31 位作为 PDE 的索引，将索引乘以 PDE 占据的尺寸，得出 PDE 相对于页目录基址的偏移，在页目录基址上加上偏移后计算出 PDE 的物理地址。因为 Guest 需要从 PDE 取出页表的地址，所以 Guest 实际上要进行访存，而此时 PDE 的地址是 GPA，所以这一次需要经过 EPT 将 PDE 的 GPA 翻译到 HPA。

Guest 读取到 PDE 的内容后，从 PDE 中取出页表的地址，这个地址也是个 GPA。因为 Guest 只是取出页表的地址这样一个数字，并不进行实际的内存访问，所以页表的地址也无须通过 EPT 进行 GPA 到 HPA 的翻译。

Guest 然后从 GVA 中取出第 12 ～ 21 位作为 PTE 的索引，将索引乘以 PTE 占据的尺寸，得出 PTE 相对于页表基址的偏移，在页表基址上加上偏移后计算出 PTE 的物理地址。因为 Guest 需要从 PTE 取出页帧的地址，所以这里 Guest 要进行实际的访存，而此时 PTE 的地址是 GPA，所以这一次需要经过 EPT 将 PTE 的 GPA 翻译到 HPA。

Guest 读取到 PTE 的内容后，从 PTE 中取出页帧的地址，这个地址也是个 GPA。因为 Guest 只是取出页帧的地址，并不进行实际的内存访问，所以页帧的地址也无须通过 EPT 进行 GPA 到 HPA 的翻译。

Guest 最后从 GVA 中取出第 0 ～ 11 位作为页帧内偏移，在页帧基址上加上偏移后计算访问内存的地址，这个内存是 Guest 最终需要访问的，而此时的地址只是 GPA，所以这一次需要经过 EPT 将 GPA 翻译为 HPA。至此，我们完成了 GVA 到 HPA 的整个翻译过程。

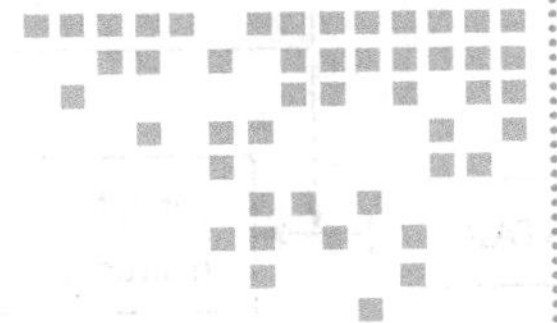

第3章 Chapter 3

中断虚拟化

在本章中，我们首先概述了对于单核虚拟机和多核虚拟机，KVM在VMX扩展下是如何虚拟中断的，以及针对软件虚拟中断的缺陷，Intel是如何从硬件层面支持中断虚拟化的。我们还探讨了KVM如何利用硬件虚拟化的特性提高虚拟中断的性能。

然后，我们从单核系统开始，结合PIC（8259A）的硬件原理，详细探讨了KVM是如何虚拟8259A的，以及虚拟8259A是如何利用VMX扩展，向Guest注入中断的。随后，我们阐述了支持多核系统的APIC的虚拟化，我们讨论了外设如何发送中断给Guest，以及Guest内多核之间如何发送核间中断（IPI）。我们还探讨了绕开I/O APIC，从设备直接向LAPIC发送基于消息的MSI（X）机制的虚拟化。

最后，我们讨论了Intel为了提高中断虚拟化的性能，在硬件层面增加的特性，包括virtual-APIC page、虚拟中断逻辑以及posted-interrupt processing。

中断芯片可以在用户空间中模拟，也可以在内核空间模拟，但是因为中断芯片需要密集地与Guest以及内核中的KVM模块交互，显然在内核空间模拟更合理，所以KVM在内核中实现中断芯片的模拟。

3.1 虚拟中断

在探讨Guest模式的CPU处理中断前，我们首先回顾一下物理CPU是如何响应中断的。当操作系统允许CPU响应中断后，每当执行完一条指令，CPU都将检查中断引脚是否有效。一旦有效，CPU将处理中断，然后再执行下一条指令，如图3-1所示。

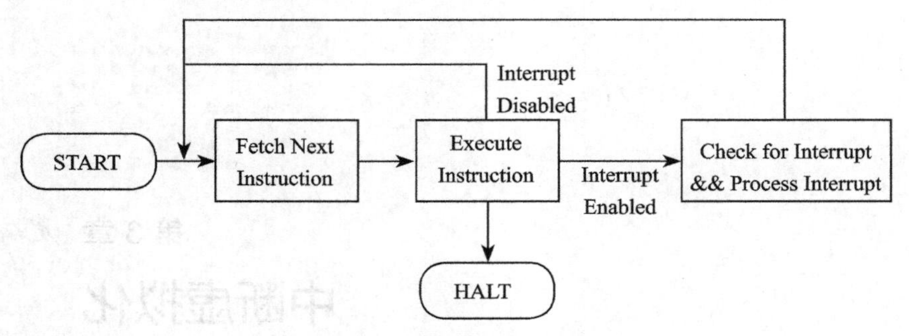

图 3-1　CPU 处理中断

当有中断需要 CPU 处理时，中断芯片将有效连接 CPU 的 INTR 引脚，也就是说如果 INTR 是高电平有效，那么中断芯片拉高 INTR 引脚的电平。CPU 在执行完一条指令后，将检查 INTR 引脚。类似的，虚拟中断也效仿这种机制，使与 CPU 的 INTR 引脚相连的“引脚”有效，当然，对于软件虚拟的中断芯片而言，“引脚”只是一个变量，从软件模拟的角度就是设置变量的值了。如果 KVM 发现虚拟中断芯片有中断请求，则向 VMCS 中 VM-entry control 部分的 VM-entry interruption-information field 字段写入中断信息，在切入 Guest 模式的一刻，CPU 将检查这个字段，就如同检查 CPU 管脚，如果有中断，则进入中断执行过程。图 3-2 为单核系统使用 PIC 中断芯片下的虚拟中断过程。

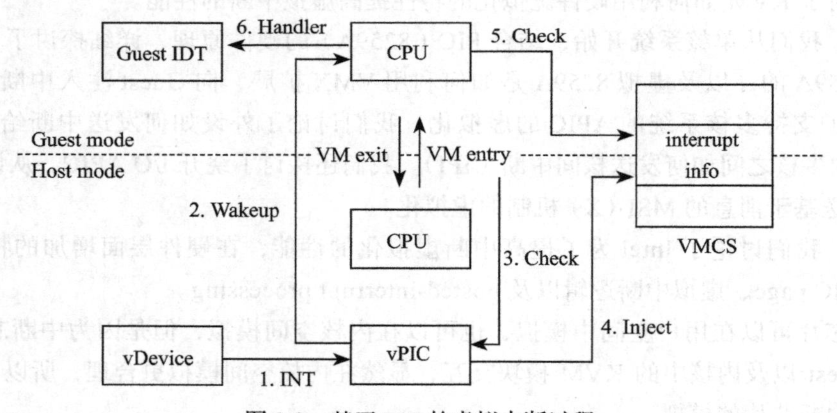

图 3-2　基于 PIC 的虚拟中断过程

具体步骤如下：

1）虚拟设备向虚拟中断芯片 PIC 发送中断请求，虚拟 PIC 记录虚拟设备的中断信息。与物理的中断过程不同，此时并不会触发虚拟 PIC 芯片的中断评估逻辑，而是在 VM entry 时进行。

2）如果虚拟 CPU 处于睡眠状态，则唤醒虚拟 CPU，即使虚拟 CPU 对应的线程进入了物理 CPU 的就绪任务队列。

3）当虚拟 CPU 开始运行时，在其切入 Guest 前一刻，KVM 模块将检查虚拟 PIC 芯片，查看是否有中断需要处理。此时，KVM将触发虚拟PIC芯片的中断评估逻辑。

4）一旦经过虚拟中断芯片计算得出有需要Guest处理的中断，则将中断信息注入VMCS中的字段VM-entry interruption-information。

5）进入Guest模式后，CPU检查VMCS中的中断信息。

6）如果有中断需要处理CPU将调用Guest IDT中相应的中断服务处理中断。

PIC只能支持单处理器系统，对于多处理器系统，需要APIC支持。对于虚拟化而言，显然也需要虚拟相应的APIC，但是其本质上与PIC基本相同，如图3-3所示。

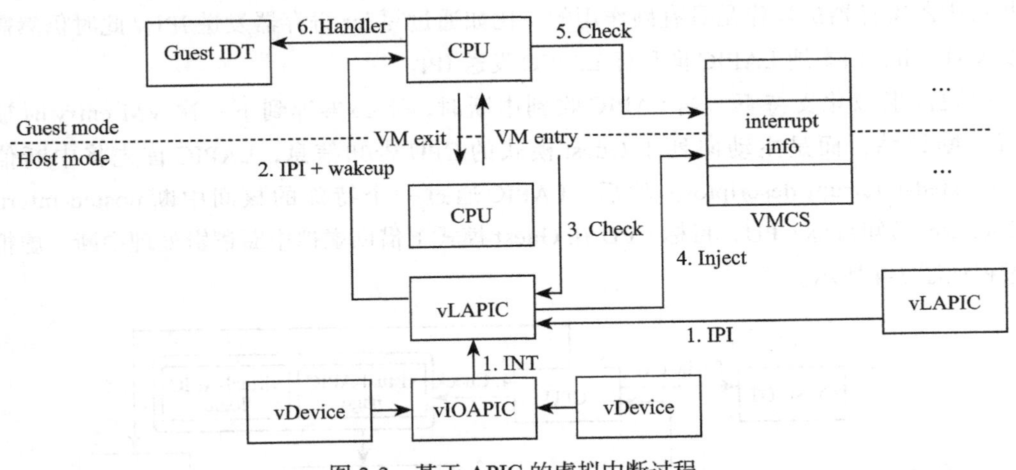

图3-3　基于APIC的虚拟中断过程

与单处理器情况相比，多处理器的虚拟中断主要有两点不同：

1）在多处理器系统下，不同CPU之间需要收发中断，因此，每个CPU需要分别关联一个独立的中断芯片，这个中断芯片称为LAPIC。LAPIC不仅需要接收CPU之间的核间中断（Inter-Processor Interrupt，IPI），还需要接收来自外设的中断。外设的中断引脚不可能连接到每个LAPIC上，因此，有一个统一的I/O APIC芯片负责连接外设，如果一个I/O APIC引脚不够用，系统中可以使用多个I/O APIC。LAPIC和I/O APIC都接到总线上，通过总线进行通信。所以在虚拟化场景下，需要虚拟LAPIC和I/O APIC两个组件。

2）在多处理器情况下，仅仅是唤醒可能在睡眠的虚拟CPU线程还不够，如果虚拟CPU是在另外一个物理CPU上运行于Guest模式，此时还需要向其发送IPI，使目的CPU从Guest模式退出到Host模式，然后在下一次VM entry时，进行中断注入。

Guest模式的CPU和虚拟中断芯片处于两个“世界”，所以处于Guest模式的CPU不能检查虚拟中断芯片的引脚，只能在VM entry时由KVM模块代为检查，然后写入VMCS。所以，一旦有中断需要注入，那么处于Guest模式的CPU一定需要通过VM exit退出到Host模式，这是一个很大的开销。

为了去除VM exit的开销，Intel在硬件层面对中断虚拟化进行了支持。典型的情况比如当 Guest 访问 LAPIC 的寄存器时，将导致 VM exit。但是事实上，某些访问过程并不需要 VMM 介入，也就无须 VM exit。我们知道，物理 LAPIC 设备上有一个页面大小的内存用于存储寄存器，这个页面称为 APIC page，于是 Intel 实现了一个处于 Guest 模式的页面，称为 virtual-APIC page。除此之外，Intel 还在 Guest 模式下实现了部分中断芯片的逻辑，比如中断评估，我们将其称为虚拟中断逻辑。如此，在 Guest 模式下就有了状态和逻辑，就可以模拟很多中断的行为，比如访问中断寄存器、跟踪中断的状态以及向 CPU 递交中断等。因此，很多中断行为就无须 VMM 介入了，从而大大地减少了 VM exit 的次数。当然，有些写中断寄存器的操作是具有副作用的，比如通过写 icr 寄存器发送 IPI，此时仍然需要触发 VM exit，由本地 LAPIC 向目标 LAPIC 发送 IPI。

在硬件虚拟化支持下，当 LAPIC 收到中断时，不必再等到下一次 VM entry 时被动执行中断评估，而是主动向处于 Guest 模式的 CPU 告知信息，LAPIC 首先将中断信息写入 posted-interrupt descriptor。然后，LAPIC 通过一个特殊的核间中断 posted-interrupt notification 通知目标 CPU，目标 CPU 在 Guest 模式下借助虚拟中断逻辑处理中断。虚拟中断过程如图 3-4 所示。

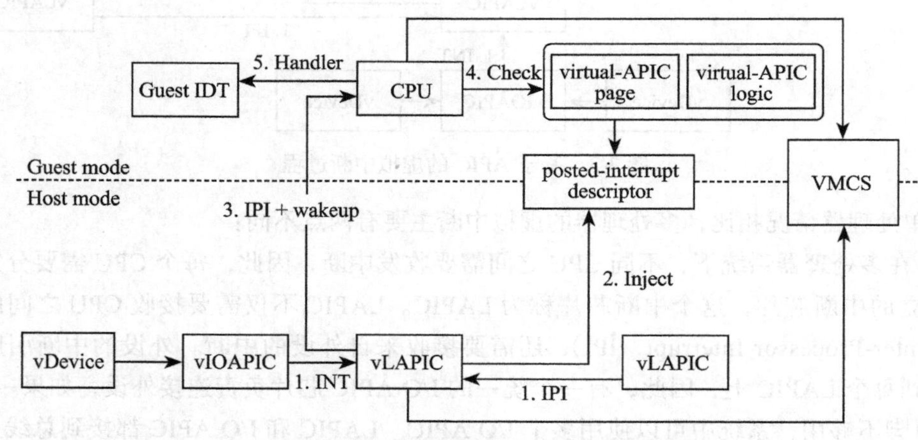

图 3-4 硬件虚拟化支持下的中断虚拟化过程

3.2 PIC 虚拟化

计算机系统有很多外设需要服务，显然，轮询的方式是非常浪费 CPU 的计算资源的，尤其是对于那些并不是频繁需要服务的设备。因此，工程师们设计了外设主动向 CPU 发起服务请求的方式，这种方式就是中断。采用中断方式后，在没有外设请求时，CPU 可以继续其他计算任务，而不是进行很多不必要的轮询，极大地提高了系统的吞吐。在每个指令周期结束后，如果 CPU 的状态标志寄存器中的 IF（interrupt flag）位为 1，那么 CPU 会去检查是否有中断请求，如果有中断请求，则运行对应的中断服务程序，然后返回被中断的计算任务继续执行。

3.2.1 可编程中断控制器 8259A

CPU 不可能为每个硬件都设计专门的管脚接收中断，管脚数量的限制、电路的复杂度、灵活度等方方面面都不允许，因此，计算机工程师们设计了一个专门管理中断的芯片，接收来自外围设备的请求，确定请求的优先级，并向 CPU 发出中断。1981 年 IBM 推出的第一代个人电脑 PC/XT 使用了一个独立的 8259A 作为中断控制器，自此，8259A 就成了单核时代中断芯片事实上的标准。因为中断控制器可以通过软件编程进行控制，比如当管脚收到设备信号时，可以编程控制其发出的中断向量号，所以中断控制器又称为可编程中断控制器（programmable interrupt controller），简称 PIC。单片 8259A 可以连接 8 个外设的中断信号线，可以多片级联支持更多外设。

8259A 的内部逻辑结构如图 3-5 所示。

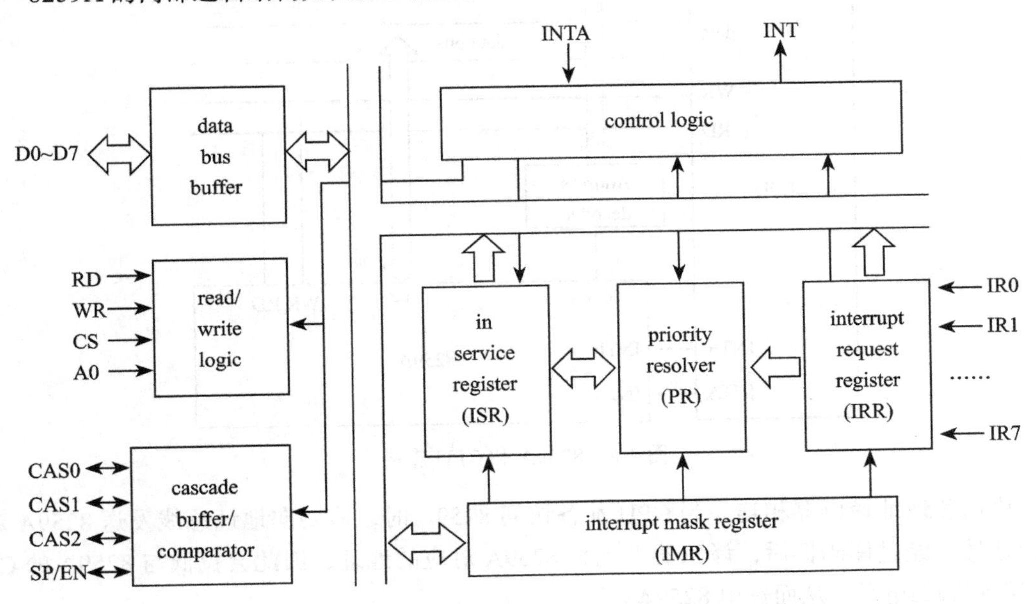

图 3-5 8259A 的内部逻辑结构图

当中断源请求服务时，需要记录中断请求，8259A 的中断请求寄存器 IRR 负责接收并锁存来自 IR0 ～ IR7 的中断请求信号。

系统软件可以通过编程设置 8259A 的寄存器 IMR 来屏蔽中断，比如将 IMR 的第 0 位设置为 1，那么 8259A 将不再响应 IR0 连接的外设的中断请求。与 CPU 通过 cli 命令关中断相比，这个屏蔽是彻底的屏蔽。当 CPU 通过 cli 命令关中断后，8259A 还会将中断发送给 CPU，只是 CPU 不处理中断而已，而如果设置了 8259A 屏蔽中断，那么 8259A 将忽略外设中断请求，更不会向CPU发送中断信号。

当CPU开始响应中断时，其将向8259A发送INTA信号，通知8259A中断处理开始了，8259A会在中断服务寄存器ISR中将CPU正在处理的中断记录下来。当CPU的中断服务程序处理完中断后，将向8259A发送EOI信号，告知8259A中断处理完毕，8259A会复位ISR中对应的位。8259A记录CPU正在服务的中断的目的之一是当后续收到新的中断时，8259A将比较新的中断和正在处理的中断的优先级，决定是否打断CPU正在服务的中断。如果8259A工作在AEOI模式，那么8259A会自动复位ISR。

在向CPU发送中断信号前，8259A需要从IRR中挑选出优先级最高的中断。如果CPU正在处理中断，那么还要与CPU正在处理的中断进行优先级比较。8259A中的中断优先级判别单元（priority resolver）负责完成以上任务。

8259A和CPU的连接如图3-6所示。

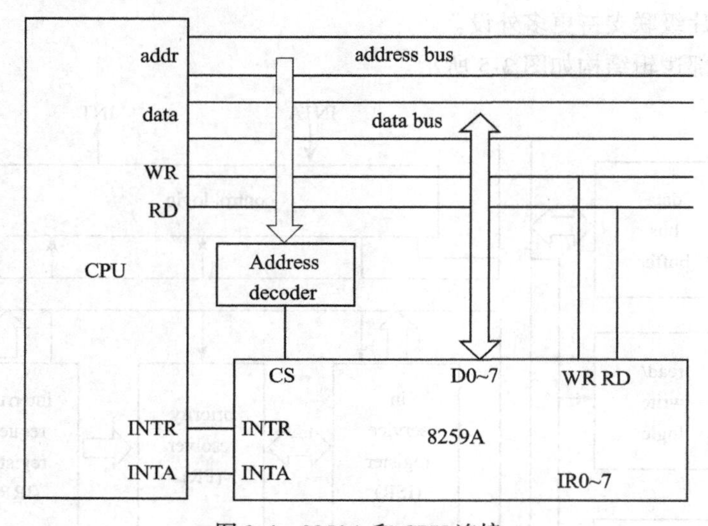

图3-6　8259A和CPU连接

片选和地址译码器相连，当CPU准备访问8259A时，需要向地址总线发送8259A对应的地址，经过译码器后，译码器发现是8259A对应的地址，因此会拉低与8259A的CS连接的管脚的电平，从而选中8259A。

8259A的D0～7管脚与CPU的数据总线相连。从CPU向8259A发送ICW和OCW，以及从8259A向CPU传送8259A的状态以及中断向量号，都是通过数据总线传递的。

当CPU向8259A发送ICW、OCW时，在将数据送上数据总线后，需要通知8259A读数据，CPU通过拉低WR管脚的电平的方式通知8259A。当8259A的WR管脚收到低电平后，读取数据总线的数据。类似的，CPU准备好读取8259A的状态时，拉低RD管脚，通知8259A向处理器发送数据。

8259A的管脚INTR（interrupt request）和INTA（interrupt acknowledge）分别与处理器

的 INTR 和 INTA 管脚相连。8259A 通过管脚 INTR 向 CPU 发送中断请求，CPU 通过管脚 INTA 向 PIC 发送中断确认，告诉 PIC 其收到中断并且开始处理了。

操作系统会将中断对应的服务程序地址等信息存储在一个数组中，数组中的每一个元素对应一个中断。在实模式下，这个数组称为 IVT(interrupt vector table)。在保护模式下，这个数组称为 IDT（Interrupt descriptor table）。在响应中断时，CPU 使用中断向量从 IVT/IDT 中索引中断服务程序。但是，x86 体系约定，前 32 个中断号（0 ～ 31）是留给处理器自己使用的，比如第 0 个中断号是处理器出现除 0 异常的，因此，外设的中断向量只能从 32 号中断开始。所以，在初始化 8259A 时，操作系统通常会设置 8259A 的中断向量从 32 号中断开始，因此当 8259A 收到管脚 IR0 的中断请求时，其将向 CPU 发出的中断向量是 32，当收到管脚 IR1 的中断请求时，其将向 CPU 发出的中断向量是 33，以此类推。在 CPU 初始化 8259A 时，通过第 2 个初始化命令字（ICW2）设置 8259A 起始中断向量号，下面代码中的变量 irq_base 记录的就是起始中断向量号：

```
commit 85f455f7ddbed403b34b4d54b1eaf0e14126a126
KVM: Add support for in-kernel PIC emulation
linux.git/drivers/kvm/i8259.c
static void pic_ioport_write(void *opaque, u32 addr, u32 val)
{
  …
    switch (s->init_state) {
    …
    case 1:
      s->irq_base = val & 0xf8;
    …
    }
}
```

后来，随着 APIC 和 MSI 的出现，中断向量设置得更为灵活，可以为每个 PCI 设备设置其中断向量，这个中断向量存储在 PCI 设备的配置空间中。

内核中抽象了一个结构体 kvm_kpic_state 来记录每个 8259A 的状态：

```
commit 85f455f7ddbed403b34b4d54b1eaf0e14126a126
KVM: Add support for in-kernel PIC emulation
struct kvm_kpic_state {
  u8 last_irr;  /* edge detection */
  u8 irr;     /* interrupt request register */
  u8 imr;     /* interrupt mask register */
  u8 isr;     /* interrupt service register */
  …
};

struct kvm_pic {
  struct kvm_kpic_state pics[2]; /* 0 is master pic, 1 is slave pic*/
  irq_request_func *irq_request;
  void *irq_request_opaque;
```

```
  int output;  /* intr from master PIC */
  struct kvm_io_device dev;
};
```

一片 8259A 只能连接最多 8 个外设，如果需要支持更多外设，需要多片 8259A 级联。在结构体 kvm_pic 中，我们看到有两片 8259A：pic[0] 和 pic[1]。KVM 定义了结构体 kvm_kpic_state 记录 8259A 的状态，其中包括我们之前提到的 IRR、IMR、ISR 等。

3.2.2 虚拟设备向 PIC 发送中断请求

如同物理外设请求中断时拉高与 8259A 连接的管脚的电压一样，虚拟设备请求中断的方式是通过虚拟 8259A 芯片对外提供的一个 API，以 kvmtool 中的 virtio blk 虚拟设备为例：

```
commit 4155ba8cda055b7831489e4c4a412b073493115b
kvm: Fix virtio block device support some more
kvmtool.git/blk-virtio.c
static bool blk_virtio_out(…)
{
  …
  case VIRTIO_PCI_QUEUE_NOTIFY: {
    …
    while (queue->vring.avail->idx != queue->last_avail_idx) {
      if (!blk_virtio_read(self, queue))
        return false;
    }
    kvm__irq_line(self, VIRTIO_BLK_IRQ, 1);

    break;
  }
  …
}
```

当 Guest 内核的块设备驱动需要从块设备读取数据时，其通过写 I/O 端口 VIRTIO_PCI_QUEUE_NOTIFY 触发 CPU 从 Guest 模式切换到 Host 模式，KVM 中的块模拟设备开始 I/O 操作，上述代码中的 while 循环就是处理 I/O 的，函数 blk_virtio_read 从保存 Guest 文件系统的镜像文件中读取 I/O 数据。在这个提交中，块设备的 I/O 处理是同步的，也就是说，一直要等到虚拟设备 I/O 操作完成后，才会向 Guest 发送中断，返回 Guest。显然，阻塞在这里是不合理的，更合理的方式是马上返回 Guest，这样 Guest 可以执行其他任务，待虚拟设备完成 I/O 操作后，再通过中断通知 Guest，kvmtool 后来已经改进为异步的方式。

virtio blk 在处理完 I/O 后，调用函数 kvm__irq_line 向虚拟 8259A 发送中断请求，其中 VIRTIO BLK IRQ 对应管脚号，第 3 个参数“1”代表高电平，其代码如下：

```
commit 4155ba8cda055b7831489e4c4a412b073493115b
kvm: Fix virtio block device support some more
kvmtool.git/kvm.c
```

```
void kvm__irq_line(struct kvm *self, int irq, int level)
{
  struct kvm_irq_level irq_level;

  irq_level = (struct kvm_irq_level) {
    {
      .irq     = irq,
    },
    .level     = level,
  };

  if (ioctl(self->vm_fd, KVM_IRQ_LINE, &irq_level) < 0)
    die_perror("KVM_IRQ_LINE failed");
}
```

函数 kvm__irq_line 将管脚号和管脚电平信息封装到结构体 kvm_irq_level 中，传递给内核中的 KVM 模块：

```
commit 85f455f7ddbed403b34b4d54b1eaf0e14126a126
KVM: Add support for in-kernel PIC emulation
linux.git/drivers/kvm/kvm_main.c
static long kvm_vm_ioctl(…)
{
  …
  case KVM_IRQ_LINE: {
    …
        kvm_pic_set_irq(pic_irqchip(kvm),
          irq_event.irq,
          irq_event.level);
    …
    break;
  }
  …
}
```

KVM 模块将 kvmtool 中组织的中断信息从用户空间复制到内核空间中，然后调用虚拟 8259A 的模块中提供的 API kvm_pic_set_irq，向 8259A 发出中断请求。

3.2.3 记录中断到 IRR

当中断到来时，CPU 可能正在处理其他中断，或者多个中断同时到来，需要排队依次请求 CPU 处理，因此，当外设中断请求到来时，8259A 首先需要将它们记录下来，这个寄存器就是 IRR(Interrupt Request Register)，8259A 用它来记录有哪些中断需要处理。

当 KVM 模块收到外设的请求，调用虚拟 8259A 的 API kvm_pic_set_irq 时，其第一件事情就是将中断记录到 IRR 中：

```
commit 85f455f7ddbed403b34b4d54b1eaf0e14126a126
KVM: Add support for in-kernel PIC emulation
```

```
linux.git/drivers/kvm/i8259.c
01 void kvm_pic_set_irq(void *opaque, int irq, int level)
02 {
03   struct kvm_pic *s = opaque;
04 
05   pic_set_irq1(&s->pics[irq >> 3], irq & 7, level);
06   ……
07 }
08 
09 static inline void pic_set_irq1(struct kvm_kpic_state *s,
10 int irq, int level)
11 {
12   int mask;
13   mask = 1 << irq;
14   if (s->elcr & mask) /* level triggered */
15   …
16   else  /* edge triggered */
17     if (level) {
18       if ((s->last_irr & mask) == 0)
19         s->irr |= mask;
20       s->last_irr |= mask;
21     } else
22       s->last_irr &= ~mask;
23 }
```

信号有边缘触发和水平触发，在物理上可以理解为，8329A 在前一个周期检测到管脚信号是 0，当前周期检测到管脚信号是 1，如果是上升沿触发模式，那么 8259A 就认为外设有请求了，这种触发模式就是边缘触发。对于水平触发，以高电平触发为例，当 8259A 检测到管脚处于高电平，则认为外设来请求了。

在虚拟 8259A 的结构体 kvm_kpic_state 中，寄存器 elcr 是用来记录 8259A 被设置的触发模式的，我们以边缘触发为例进行讨论，即代码第 16 ～ 22 行。参数 level 即相当于硬件层面的电信号，0 表示低电平，1 表示高电平。当管脚收到一个低电平时，即 level 的值为 0，代码进入 else 分支，即代码第 21、22 行，结构体 kvm_kpic_state 中的字段 last_irr 会清除该 IRQ 对应 IRR 的位，即相当于设置该中断管脚为低电平状态。当管脚收到高电平时，即 level 的值为 1，代码进入 if 分支，即代码第 17 ～ 20 行，此时 8259A 将判断之前该管脚的状态，即代码第 18 行，也就是判断结构体 kvm_kpic_state 中的字段 last_irr 中该 IRQ 对应 IRR 的位，如果之前管脚为低电平，而现在管脚是高电平，那么显然管脚电平有一个跳变，说明中断源发出了中断请求，8259A 在字段 irr 中记录下中断请求。当然，同时需要在字段 last_irr 记录下当前该管脚的状态。

3.2.4 设置待处理中断标识

当 8259A 将中断请求记录到 IRR 中后，下一步就是开启一个中断评估（evaluate）过程，包括评估中断是否被屏蔽、多个中断请求的优先级等，最后将通过管脚 INTA 通知

CPU 处理外部中断。与物理 8259A 主动发起中断不同，虚拟中断的发起方式不再是由虚拟中断芯片主动发起，而是在每次准备切入 Guest 时，KVM 查询中断芯片，如果有待处理的中断，则执行中断注入。模拟 8259A 在将收到的中断请求记录到 IRR 后，将设置一个变量“output”，后面在切入 Guest 前 KVM 会查询这个变量：

```
commit 85f455f7ddbed403b34b4d54b1eaf0e14126a126
KVM: Add support for in-kernel PIC emulation
linux.git/drivers/kvm/i8259.c
void kvm_pic_set_irq(void *opaque, int irq, int level)
{
  struct kvm_pic *s = opaque;

  pic_set_irq1(&s->pics[irq >> 3], irq & 7, level);
  pic_update_irq(s);
}

static void pic_update_irq(struct kvm_pic *s)
{
  …
  irq = pic_get_irq(&s->pics[0]);
  if (irq >= 0)
    s->irq_request(s->irq_request_opaque, 1);
  else
    s->irq_request(s->irq_request_opaque, 0);
}

static void pic_irq_request(void *opaque, int level)
{
  struct kvm *kvm = opaque;

  pic_irqchip(kvm)->output = level;
}
```

在函数 vmx_vcpu_run 中，在准备切入 Guest 之前将调用函数 vmx_intr_assist 去检查虚拟中断芯片是否有等待处理的中断，相关代码如下：

```
commit 85f455f7ddbed403b34b4d54b1eaf0e14126a126
KVM: Add support for in-kernel PIC emulation
linux.git/drivers/kvm/vmx.c
static int vmx_vcpu_run(…)
{
  …
    vmx_intr_assist(vcpu);
  …
}

static void vmx_intr_assist(struct kvm_vcpu *vcpu)
{
  …
```

```
has_ext_irq = kvm_cpu_has_interrupt(vcpu);
…
if (!has_ext_irq)
  return;
interrupt_window_open =
  ((vmcs_readl(GUEST_RFLAGS) & X86_EFLAGS_IF) &&
   (vmcs_read32(GUEST_INTERRUPTIBILITY_INFO) & 3) == 0);
if (interrupt_window_open)
  vmx_inject_irq(vcpu, kvm_cpu_get_interrupt(vcpu));
…
}
```

其中函数 kvm_cpu_has_interrupt 查询 8259A 设置的变量 output:

```
commit 85f455f7ddbed403b34b4d54b1eaf0e14126a126
KVM: Add support for in-kernel PIC emulation
linux.git/drivers/kvm/irq.c
int kvm_cpu_has_interrupt(struct kvm_vcpu *v)
{
  struct kvm_pic *s = pic_irqchip(v->kvm);

  if (s->output)  /* PIC */
    return 1;
  return 0;
}
```

如果变量 output 非 0，就说明有外部中断等待处理。然后接下来还需要判断 Guest 是否可以被中断，比如 Guest 是否正在执行一些不能被中断的指令，如果 Guest 可以被中断，则调用 vmx_inject_irq 完成中断的注入。其中，传递给函数 vmx_inject_irq 的第 2 个参数是函数 kvm_cpu_get_interrupt 返回的结果，该函数获取需要注入的中断。这个过程就是中断评估过程，我们下一节讨论。

3.2.5 中断评估

在上一节我们看到在执行注入前，vmx_inject_irq 调用函数 kvm_cpu_get_interrupt 获取需要注入的中断。函数 kvm_cpu_get_interrupt 的核心逻辑就是中断评估，包括待处理的中断有没有被屏蔽？待处理的中断的优先级是否比 CPU 正在处理的中断优先级高？等等。代码如下：

```
commit 85f455f7ddbed403b34b4d54b1eaf0e14126a126
KVM: Add support for in-kernel PIC emulation
linux.git/drivers/kvm/irq.c
int kvm_cpu_get_interrupt(struct kvm_vcpu *v)
{
  ……
  vector = kvm_pic_read_irq(s);
  if (vector != -1)
```

```
    return vector;
  …
}

linux.git/drivers/kvm/i8259.c
int kvm_pic_read_irq(struct kvm_pic *s)
{
  int irq, irq2, intno;

  irq = pic_get_irq(&s->pics[0]);
  if (irq >= 0) {
    …
      intno = s->pics[0].irq_base + irq;
  } else {
  …
  return intno;
}
```

kvm_pic_read_irq 调用函数 pic_get_irq 获取评估后的中断。根据由上面代码中黑体标识的部分，我们可以清楚地看到中断向量是在中断管脚的基础上叠加了一个 irq_base。这个 irq_base 就是初始化 8259A 时通过 ICW 设置的，完成从 IRn 到中断向量的转换。

一个中断芯片通常连接多个外设，所以在某一个时刻，可能会有多个设备请求到来，这时就有一个优先处理哪个请求的问题，因此，中断就有了优先级的概念。8259A 支持多种优先级模式，典型的有两种中断优先级模式：

1）固定优先级（fixed priority），即优先级是固定的，从 IR0 到 IR7 依次降低，IR0 的优先级永远最高，IR7 的优先级永远最低。

2）循环优先级（rotating priority），即当前处理完的 IRn 优先级调整为最低，当前处理的下一个，即 IRn+1，调整为优先级最高。比如，当前处理的中断是 irq 2，那么紧接着 irq3 的优先级设置为最高，然后依次是 irq4、irq5、irq6、irq7、irq1、irq2、irq3。假设此时 irq5 和 irq2 同时来了中断，那么 irq5 会被优先处理。然后 irq6 被设置为优先级最高，接下来依次是 irq7、irq1、irq2、irq3、irq4、irq5。

理解了循环优先级算法后，从 8259A 中获取最高优先级请求的代码就很容易理解了：

```
commit 85f455f7ddbed403b34b4d54b1eaf0e14126a126
KVM: Add support for in-kernel PIC emulation
linux.git/drivers/kvm/i8259.c
01 static int pic_get_irq(struct kvm_kpic_state *s)
02 {
03   int mask, cur_priority, priority;
04
05   mask = s->irr & ~s->imr;
06   priority = get_priority(s, mask);
07   if (priority == 8)
08     return -1;
09   …
```

```
10   mask = s->isr;
11   …
12   cur_priority = get_priority(s, mask);
13   if (priority < cur_priority)
14     /*
15      * higher priority found: an irq should be generated
16      */
17     return (priority + s->priority_add) & 7;
18   else
19     return -1;
20 }
21
22 static inline int get_priority(struct kvm_kpic_state *s, int mask)
23 {
24   int priority;
25   if (mask == 0)
26     return 8;
27   priority = 0;
28   while ((mask & (1 << ((priority + s->priority_add) & 7))) == 0)
29     priority++;
30   return priority;
31 }
```

函数 pic_get_irq 分成两部分，第一部分是从当前待处理的中断中取得最高优先级的中断，需要过滤掉被屏蔽的中断，即第 5、6 行代码，mask 中的值是去除掉 IMR 的 IRR。第二部分是获取正在被 CPU 处理的中断的优先级，即第 10 ～ 12 行代码，mask 中的值就是 ISR 中记录的、CPU 正在处理的中断。然后比较两个中断的优先级，见第 13 ～ 17 行代码，如果待处理的优先级高，那么就向上层调用者返回待处理的中断的管脚号。

我们再来看一下计算优先级的函数 get_priority，这是一个典型的循环优先级算法。其中变量 priority_add 记录的是当前最高优先级中断对应的管脚号，所以逻辑上就是从当前的管脚开始，依次检查后面的管脚是否有 pending 的中断。比如当前处理的是 IR4 管脚的中断请求，priority_add 的值就是 4，那么接下来就从紧接在 IR4 后面的管脚开始，按照顺序处理 IR5、IR6，一直到 IR3。在这个过程中，只要遇到管脚有中断请求，则跳出循环。如果 IR5 没有中断请求，但是 IR6 有中断请求，则 priority 累加后的值为 2，函数 get_priority 返回 2。那么下一个需要处理的中断管脚就是 4+2，即管脚 IR6 对应的中断。

3.2.6 中断 ACK

物理 CPU 在准备处理一个中断请求后，将通过管脚 INTA 向 8259A 发出确认脉冲。同样，软件模拟上也需要类似的处理。在完成中断评估后，准备向 Guest 注入中断前，KVM 向虚拟 8259A 执行确认状态的操作。代码如下：

```
commit 85f455f7ddbed403b34b4d54b1eaf0e14126a126
KVM: Add support for in-kernel PIC emulation
```

```
linux.git/drivers/kvm/i8259.c
int kvm_pic_read_irq(struct kvm_pic *s)
{
  int irq, irq2, intno;

  irq = pic_get_irq(&s->pics[0]);
  if (irq >= 0) {
    pic_intack(&s->pics[0], irq);
  …
}
static inline void pic_intack(struct kvm_kpic_state *s, int irq)
{
  if (s->auto_eoi) {
    …
  } else
    s->isr |= (1 << irq);
  /*
   * We don't clear a level sensitive interrupt here
   */
  if (!(s->elcr & (1 << irq)))
    s->irr &= ~(1 << irq);
}
```

函数kvm_pic_read_irq获取评估的中断结果后，调用函数pic_intack完成了中断确认的动作。在收到中断确认后，8259A需要更新自己的状态。因为中断已经开始得到服务了，所以要从IRR中清除等待服务请求。另外，如果8259A工作在非AEOI模式，那么还需要在ISR中记录CPU正在处理的中断。如果8259A工作在AEOI模式，那么就无须设置ISR了。

3.2.7　关于EOI的处理

如果8259A工作在非AEOI模式，在中断服务程序执行的最后，需要向8259A发送EOI，告知8259A中断处理完成。8259A在收到这个EOI时，复位ISR，如果采用的是循环优先级，还需要设置变量priority_add，使其指向当前处理IRn的下一个：

```
commit 85f455f7ddbed403b34b4d54b1eaf0e14126a126
KVM: Add support for in-kernel PIC emulation
linux.git/drivers/kvm/i8259.c
static void pic_ioport_write(void *opaque, u32 addr, u32 val)
{
  …
      case 1: /* end of interrupt */
      case 5:
        priority = get_priority(s, s->isr);
        if (priority != 8) {
          irq = (priority + s->priority_add) & 7;
```

```
        s->isr &= ~(1 << irq);
        if (cmd == 5)
          s->priority_add = (irq + 1) & 7;
        pic_update_irq(s->pics_state);
      }
      break;
  …
}
```

如果8259A被设置为AEOI模式，不会再收到后续中断服务程序的EOI，那么8259A在收到ACK后，就必须立刻处理收到EOI命令时执行的逻辑，调整变量priority_add，记录最高优先级位置：

```
commit 85f455f7ddbed403b34b4d54b1eaf0e14126a126
KVM: Add support for in-kernel PIC emulation
static inline void pic_intack(struct kvm_kpic_state *s, int irq)
{
  if (s->auto_eoi) {
    if (s->rotate_on_auto_eoi)
      s->priority_add = (irq + 1) & 7;
  } else
  …
}
```

3.2.8 中断注入

对于外部中断，CPU在每个指令周期结束后，将会去检查INTR是否有中断请求。那么对于处于Guest模式的CPU，如何知道有中断请求呢？Intel在VMCS中设置了一个字段：VM-entry interruption-information，在VM entry时CPU将会检查这个字段，其格式表3-1所示。

表3-1 VM-entry interruption-information格式（部分）

位	内 容
7:0	中断或异常向量
10:8	中断类型： 0: 外部中断（External interrupt） 1: 保留（Reserved） 2: 不可屏蔽中断（Non-maskable interrupt, NMI） 3: 硬件异常（Hardware exception） 4: 软件中断（Software interrupt） 5: 特权异常（Privileged software exception） 6: 软件异常（Software exception） 7: 其他（Other event）
31	是否有效

在VM entry前，KVM模块检查虚拟8259A，如果有待处理的中断需要处理，则将需

要处理的中断信息写入 VMCS 中的字段 VM-entry interruption-information:

```
commit 85f455f7ddbed403b34b4d54b1eaf0e14126a126
KVM: Add support for in-kernel PIC emulation
linux.git/drivers/kvm/vmx.c
static void vmx_inject_irq(struct kvm_vcpu *vcpu, int irq)
{
  …
  vmcs_write32(VM_ENTRY_INTR_INFO_FIELD,
      irq | INTR_TYPE_EXT_INTR | INTR_INFO_VALID_MASK);
}
```

前面我们看到，中断注入是在每次 VM entry 时，KVM 模块检查 8259A 是否有待处理的中断等待处理。这样就有可能给中断带来一定的延迟，典型如下面两类情况：

1）CPU 可能正处在 Guest 模式，那么就需要等待下一次 VM exit 和 VM entry。

2）VCPU 这个线程也许正在睡眠，比如 Guest VCPU 运行 hlt 指令时，就会切换回 Host 模式，线程挂起。

对于第 1 种情况，是多处理器系统下的一个典型情况。目标 CPU 正在运行 Guest，KVM 需要想办法触发 Guest 发生一次 VM exit，切换到 Host。我们知道，当处于 Guest 模式的 CPU 收到外部中断时，会触发 VM exit，由 Host 来处理这次中断。所以，KVM 可以向目标 CPU 发送一个 IPI 中断，触发目标 CPU 发生一次 VM exit。

对于第 2 种情况，首先需要唤醒睡眠的 VCPU 线程，使其进入 CPU 就绪队列，准备接受调度。如果宿主系统是多处理器系统，那么还需要再向目标 CPU 发送一个“重新调度”的 IPI 中断，促使其尽快发生调度，加快被唤醒的 VCPU 线程被调度，执行切入 Guest 的过程，从而完成中断注入。

所以当有中断请求时，虚拟中断芯片将主动“ kick”一下目标 CPU，这个“踢”的函数就是 kvm_vcpu_kick：

```
commit b6958ce44a11a9e9425d2b67a653b1ca2a27796f
KVM: Emulate hlt in the kernel
linux.git/drivers/kvm/i8259.c
static void pic_irq_request(void *opaque, int level)
{
  …
  pic_irqchip(kvm)->output = level;
  if (vcpu)
    kvm_vcpu_kick(vcpu);
}
```

如果虚拟 CPU 线程在睡眠，则“踢醒”它；如果目标 CPU 运行在 Guest 模式，则将其从 Guest 模式“踢”到 Host 模式，在 VM entry 时完成中断注入。kick 的手段就是我们刚刚提到的 IPI，代码如下：

```
commit b6958ce44a11a9e9425d2b67a653b1ca2a27796f
```

```
KVM: Emulate hlt in the kernel
linux.git/drivers/kvm/irq.c
void kvm_vcpu_kick(struct kvm_vcpu *vcpu)
{
  int ipi_pcpu = vcpu->cpu;

  if (waitqueue_active(&vcpu->wq)) {
    wake_up_interruptible(&vcpu->wq);
    ++vcpu->stat.halt_wakeup;
  }
  if (vcpu->guest_mode)
    smp_call_function_single(ipi_pcpu, vcpu_kick_intr,
vcpu, 0, 0);
}
```

如果VCPU线程睡眠在等待队列上，则唤醒使其进入CPU的就绪任务队列。如果宿主系统是多处理器系统且目标CPU处于Guest模式，则需要发送核间中断，触发目标CPU发生VM exit，从而在下一次进入Guest时，完成中断注入。

事实上，由于目标CPU无须执行任何callback，也无须等待IPI返回，所以也无须使用smp_call_function_single，而是直接发送一个请求目标CPU重新调度的IPI即可，因此后来KVM模块直接使用了函数smp_send_reschedule。函数smp_send_reschedule简单直接地发送了一个RESCHEDULE的IPI：

```
commit 32f8840064d88cc3f6e85203aec7b6b57bebcb97
KVM: use smp_send_reschedule in kvm_vcpu_kick
linux.git/arch/x86/kvm/x86.c
void kvm_vcpu_kick(struct kvm_vcpu *vcpu)
{
  …
        smp_send_reschedule(cpu);
  …
}

linux.git/arch/x86/kernel/smp.c
static void native_smp_send_reschedule(int cpu)
{
  …
  apic->send_IPI_mask(cpumask_of(cpu), RESCHEDULE_VECTOR);
}
```

3.3 APIC虚拟化

随着多核系统的出现，8259A不再能满足需求了。8259A只有一个INTR和INTA管脚，如果将其用在多处理器系统上，那么当中断发生时，中断将始终只能发送给一个处理器，并不能利用多处理器并发的优势。而且，CPU之间也需要发送中断。于是，随着多处理器系统的出现，为了充分利用多处理器的并行能力，Intel 为 SMP 系统设计了 APIC(Advanced Programmable Interrupt Controller)，其可以将接收到的中断按需分发给不同的处理器进行处理。比如对于一个支持多队列的网卡而言，其可以将网卡的每个多列的中断发送给不同的CPU，从而提高中断处理能力，提高网络吞吐。APIC 的架构如图 3-7 所示。

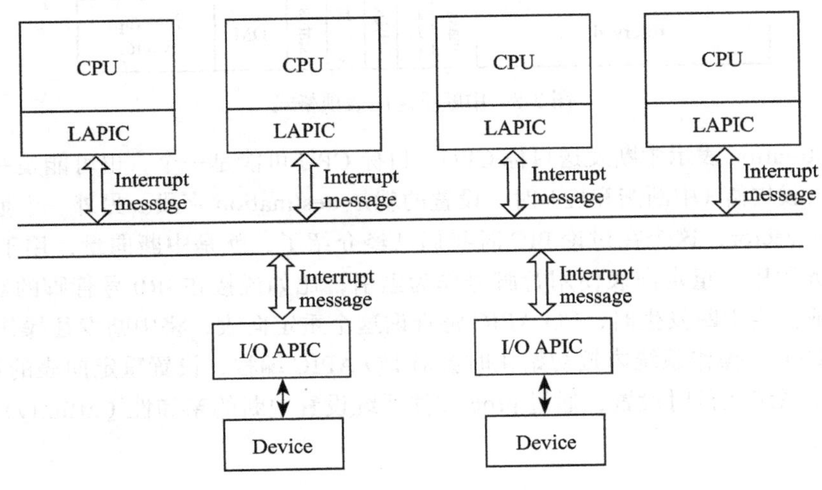

图 3-7　APIC 硬件架构

APIC 包含两个部分：LAPIC 和 I/O APIC。LAPIC 即 local APIC，位于处理器一侧，除接收来自 I/O APIC 的中断外，还用于处理器之间发送核间中断 IPI（Inter Processor Interrupt）；I/O APIC 一般位于南桥芯片上，响应来自外部设备的中断，并将中断发送给LAPIC，然后由 LAPIC 发送给对应的 CPU。I/O APIC 和 LAPIC 之间通过总线的方式通信，最初通过专用的总线连接，后来直接使用了系统总线，每增加一颗核，只是在总线上多挂一个 LAPIC 而已，不再受管脚数量的约束。

当 I/O APIC 收到设备的中断请求时，通过寄存器决定将中断发送给哪个 LAPIC(CPU)。I/O APIC 的寄存器如表 3-2 所示。

表 3-2　I/O APIC 寄存器

偏　移	助 记 符	寄存器名字
00h	IOAPICID	I/O APIC ID
01h	IOAPICVER	I/O APIC Version
02h	IOAPICARB	I/O APIC Arbitration ID
10−3Fh	IOREDTBL[0:23]	Redirection Table (Entries 0-23) (64 bits each)

其中，地址 0x10 到 0x3F 处，有 24 个 64 位的寄存器，对应着 I/O APIC 的 24 个 I/O APIC 的中断管脚，其中记录着管脚相关的中断信息。这 24 个 64 位寄存器组成了中断重定向表（Redirection Table），每个表项的格式如图 3-8 所示。

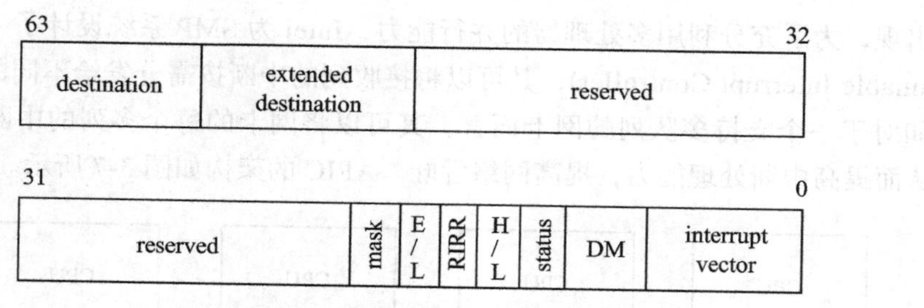

图 3-8 中断重定向表项格式

其中 destination 表示中断发送目标 CPU，目标 CPU 可能是一个，也可能是一组，我们在设置中断负载均衡（中断亲和性）时，设置的就是 destination 字段。另外一个重要的字段就是 interrupt vector，这个在讨论 PIC 时我们已经介绍了，就是中断向量，用于在 IDT 中索引中断服务程序。重定向表使用管脚号作为索引，比如说接在 IR0 号管脚的对应于第 1 个重定向表项。当中断发生时，I/O APIC 将查询这个重定向表，将中断发往操作系统预先设置的目的 CPU。操作系统内核初始化时会对 I/O APIC 编程，设置重定向表的各个表项。当然也可以在系统运行时设置，通过 proc 文件系统设置中断的亲和性（affinity）时，也会更新重定向表。

3.3.1 外设中断过程

外设通过调用虚拟 I/O APIC 对外提供的接口向其发送中断请求。在收到外设的中断请求后，虚拟 I/O APIC 将以中断请求号为索引，查询中断重定向表，根据中断重定向表决定将中断分发给哪个或哪些 CPU。确定了目标 CPU 后，向目标 CPU 对应的虚拟 LAPIC 转发中断请求。虚拟 LAPIC 也对外提供了接口，供虚拟 I/O APIC 向其发送中断。虚拟 LAPIC 与虚拟 PIC 非常相似，当收到来自虚拟 I/O APIC 转发过来的中断请求后，其首先设置 IRR 寄存器，然后或者唤醒正在睡眠的 VCPU，或者触发正在运行的 Guest 退出到 Host 模式，然后在下一次 VM entry 时评估虚拟 LAPIC 中的中断，执行注入过程，整个过程如图 3-9 所示。

1. 中断重定向表

当 I/O APIC 的某一个管脚收到来自设备的中断信号时，I/O APIC 需要查询中断重定向表，确定管脚的中断请求对应的中断向量，以及需要发送给哪个或哪些 CPU。那么谁来负责填充这个表格呢？显然是 I/O APIC 的驱动。在系统初始化时，内核将调用 I/O APIC 的 API 设置中断重定向表。除了初始化时设置 I/O APIC 的中断重定向表外，用户也会在系统启动后动态地设置中断重定向表，比如典型的一个应用，在服务器启动后，用户会通过内核 proc 提供的接口将多队列网卡的每个队列的中断分别绑定一颗 CPU，即设置网卡的中断亲和性。proc 中的接口通过调用 I/O APIC 模块的接口更新中断重定向表。下面就是 Guest 内核填充重定向表的相关代码：

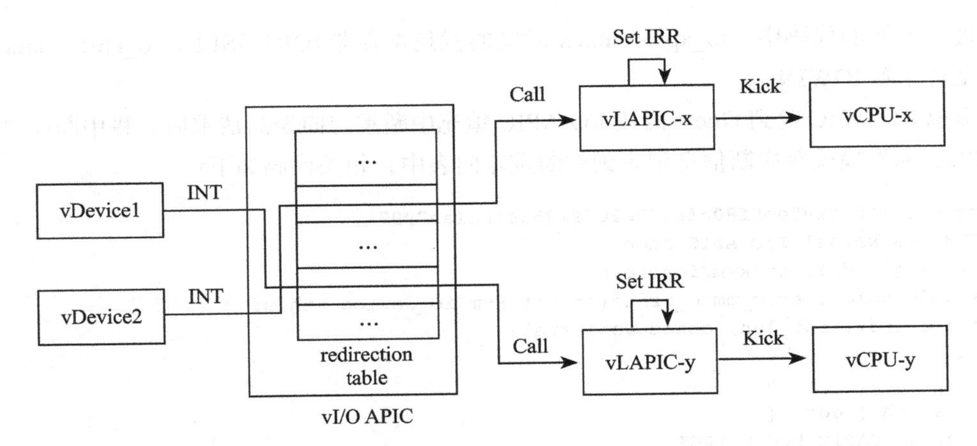

图 3-9 外设中断过程

```
commit 1fd4f2a5ed8f80cf6e23d2bdf78554f6a1ac7997
KVM: In-kernel I/O APIC model
linux.git/arch/x86/kernel/io_apic_64.c
static void __I/O APIC_write_entry(int apic, int pin,
struct IO_APIC_route_entry e)
{
  union entry_union eu;
  eu.entry = e;
  io_apic_write(apic, 0x11 + 2*pin, eu.w2);
  io_apic_write(apic, 0x10 + 2*pin, eu.w1);
}

static inline void io_apic_write(unsigned int apic,
unsigned int reg, unsigned int value)
{
  struct io_apic __iomem *io_apic = io_apic_base(apic);
  writel(reg, &io_apic->index);
  writel(value, &io_apic->data);
}
```

函数 io_apic_write 的第 2 个参数是寄存器地址（相对于基址的偏移），第 3 个参数相当于写入的内容，eu.w1 为 entry 的低 32 位，eu.w2 为 entry 的高 32 位。0x10 正是 I/O APIC 重定向表开始的地方，对于第 1 个管脚，pin 值为 0，0x10、0x11 恰好是第 1 个 entry；对于第 2 个管脚，pin 值为 1，0x12、0x13 对应第 2 个 entry，以此类推。

I/O APIC 的中断重定向表中的这些 entry，或者说寄存器，都是间接访问的。这些寄存器并不允许外部直接访问，而是需要通过其他寄存器来间接访问。这 2 个寄存器是 IOREGSEL（I/O Register Select）和 IOWIN（I/O Window），它们通过内存映射的方式映射到 CPU 的地址空间，处理器可以直接访问。其中 IOREGSEL 用来指定访问的目标寄存器，比如说，在向 IOREGSEL 写入 0x10 后，接下来向寄存器 IOWIN 写入的值将被写到中断重定向表的第 1 个 entry 的低 32 位，因为地址 0x10 是中断重定向表的第 1 个 entry 的低 32 位的地址。上面的代码中，io_apic->index 对应的就是寄存器 IOREGSEL，io_apic->data 对应的就是寄存器 IOWIN。

虚拟 I/O APIC 收到 Guest 内核 I/O APIC 填充中断重定向表的请求后，将中断向量、目标 CPU、触发模式等中断信息记录到中断重定向表中，相关代码如下：

```
commit 1fd4f2a5ed8f80cf6e23d2bdf78554f6a1ac7997
KVM: In-kernel I/O APIC model
linux.git/drivers/kvm/ioapic.c
static void ioapic_mmio_write(struct kvm_io_device *this,
gpa_t addr, int len, const void *val)
{
  …
  switch (addr) {
  case IOAPIC_REG_SELECT:
    ioapic->ioregsel = data;
    break;

  case IOAPIC_REG_WINDOW:
    ioapic_write_indirect(ioapic, data);
    break;
  …
  }
}

static void ioapic_write_indirect(struct kvm_ioapic *ioapic,
u32 val)
{
  unsigned index;

  switch (ioapic->ioregsel) {
  case IOAPIC_REG_VERSION:
    /* Writes are ignored. */
    break;
  …
  default:
    index = (ioapic->ioregsel - 0x10) >> 1;
    …
      ioapic->redirtbl[index].bits |= (u64) val << 32;
    …
  }
}
```

2. 中断过程

虚拟 I/O APIC 将对外提供向其发送中断申请的接口，虚拟设备通过虚拟 I/O APIC 提供的对外接口向 I/O APIC 发送中断请求。虚拟 I/O APIC 收到虚拟设备的中断请求后，以管脚号为索引，从中断重定表中索引具体的表项，从表项中提取中断向量、目的 CPU、触发模式等，然后将这些信息分发给目的 CPU，当然了，本质上是分发给目的 CPU 对应的虚拟

LAPIC。类似的，虚拟 LAPIC 也对外提供了接口，供虚拟 I/O APIC 或者其他虚拟 LAPIC 调用。虚拟 LAPIC 与虚拟 PIC 的逻辑基本完全相同，通过寄存器记录中断的状态、实现向 Guest 的中断注入等。

对于在用户空间虚拟的设备，将通过 ioctl 接口向内核中的 KVM 模块发送 KVM_IRQ_LINE 请求：

```
commit 8b1ff07e1f5e4f685492de9b34bec25662ae57cb
kvm: Virtio block device emulation
kvmtool.git/blk-virtio.c
static bool blk_virtio_out(…)
{
  …
    kvm__irq_line(self, VIRTIO_BLK_IRQ, 1);
  …
}
kvmtool.git/kvm.c
void kvm__irq_line(struct kvm *self, int irq, int level)
{
  …
  if (ioctl(self->vm_fd, KVM_IRQ_LINE, &irq_level) < 0)
  …
}
```

虚拟 APIC 处理中断的代码如下：

```
commit 1fd4f2a5ed8f80cf6e23d2bdf78554f6a1ac7997
KVM: In-kernel I/O APIC model
linux.git/drivers/kvm/kvm_main.c
01 static long kvm_vm_ioctl(…)
02 {
03   …
04   case KVM_IRQ_LINE: {
05   …
06     if (irqchip_in_kernel(kvm)) {
07       …
08       kvm_ioapic_set_irq(kvm->vioapic,
09           irq_event.irq, irq_event.level);
10       …
11   }
12   …
13 }

linux.git/drivers/kvm/ioapic.c
14 static void ioapic_deliver(struct kvm_ioapic *ioapic, int irq)
15 {
16   u8 dest = ioapic->redirtbl[irq].fields.dest_id;
17   u8 dest_mode = ioapic->redirtbl[irq].fields.dest_mode;
18   u8 delivery_mode =
19       ioapic->redirtbl[irq].fields.delivery_mode;
```

```
20   u8 vector = ioapic->redirtbl[irq].fields.vector;
21   …
22   switch (delivery_mode) {
23   case dest_LowestPrio:
24     target = kvm_apic_round_robin(ioapic->kvm, vector,
25             deliver_bitmask);
26     if (target != NULL)
27       ioapic_inj_irq(ioapic, target, vector,
28               trig_mode, delivery_mode);
29     …
30     case dest_Fixed:
31     …
32   }
33   …
34 }

35 static void ioapic_inj_irq(…)
36 {
37   …
38   kvm_apic_set_irq(target, vector, trig_mode);
39 }
```

KVM 模块收到来自用户空间的模拟设备的请求后，将调用虚拟 I/O APIC 的接口 kvm_ioapic_set_irq 向虚拟 I/O APIC 发送中断请求，见代码第 04 ～ 09 行。对于在内核空间虚拟的设备，直接调用拟 I/O APIC 的这个接口 kvm_ioapic_set_irq 即可。这个过程相当于物理设备通过管脚向 I/O APIC 设备发送中断请求。

虚拟 I/O APIC 收到中断请求后，以管脚号为索引，从中断重定向表中索引具体的表项，从表项中查询具体的信息，包括这个外设对应的中断号 vector、目的 CPU、发送模式等，见代码第 16 ～ 21 行。

I/O APIC 支持多种发送模式（Delivery Mode），包括 LowestPrio 模式，见第 23 行代码，以及 Fixed 模式，见第 30 行代码。根据不同的模式，I/O APIC 将会从目的 CPU 列表中选择最终的目的 CPU，代码第 24、25 行就是确定 LowestPrio 模式下的最终目的 CPU。

确定了目的 CPU 后，虚拟 I/O APIC 调用虚拟 LAPIC 的接口 kvm_apic_set_irq 向 Guest 注入中断，见代码第 27、28 行和第 35 ～ 39 行。虚拟 LAPIC 向 Guest 注入中断的过程和前面讨论的虚拟 PIC 的机制本质上完全相同，我们简单回顾一下，当 8259A 收到外设发起中断，其首先在 IRR 寄存器中记录下来，然后再设置一个变量 output 表示有 pending 的中断，在下一次 VM entry 时，KVM 发起中断评估等一系列过程，最终将中断信息写入 VMCS 中的字段 VM-entry interruption-information。另外，因为目的 CPU 可能正处于 Guest 模式，或者承载 VCPU 的线程正处于睡眠状态，为减少中断延迟，需要虚拟 LAPIC“踢”一下目标 VCPU，要么将其从 Guest 模式踢出到 Host 模式，要么唤醒挂起的 VCPU 线程，代码如下：

```
commit 1fd4f2a5ed8f80cf6e23d2bdf78554f6a1ac7997
KVM: In-kernel I/O APIC model
```

```
linux.git/drivers/kvm/lapic.c
int kvm_apic_set_irq(struct kvm_lapic *apic, u8 vec, u8 trig)
{
  if (!apic_test_and_set_irr(vec, apic)) {
    …
    kvm_vcpu_kick(apic->vcpu);
  …
}
```

3.3.2　核间中断过程

LAPIC有1个4KB大小的页面，Intel称之为APIC page，LAPIC的所有寄存器都存储在这个页面上。Linux内核将APIC page映射到内核空间，通过MMIO的方式访问这些寄存器，当内核访问这些寄存器时，将触发Guest退出到Host的KVM模块中的虚拟LAPIC。当Guest发送核间中断时，虚拟LAPIC确定目的CPU，向目的CPU发送核间中断，当然，这个过程实际上是向目的CPU对应的虚拟LAPIC发送核间中断，最后由目标虚拟LAPIC完成向Guest的中断注入过程，如图3-10所示。

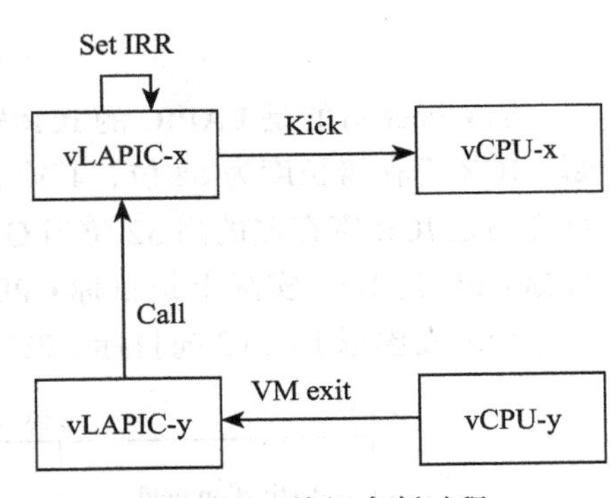

图3-10　核间中断过程

当Guest通过MMIO方式写LAPIC的寄存器时，将导致VM exit，从而进入KVM中的虚拟LAPIC。虚拟LAPIC的处理函数为apic_mmio_write：

```
commit 97222cc8316328965851ed28d23f6b64b4c912d2
KVM: Emulate local APIC in kernel
linux.git/drivers/kvm/lapic.c
static void apic_mmio_write(…)
{
  …
  case APIC_ICR:
    /* No delay here, so we always clear the pending bit */
    apic_set_reg(apic, APIC_ICR, val & ~(1 << 12));
    apic_send_ipi(apic);
    break;

  case APIC_ICR2:
    apic_set_reg(apic, APIC_ICR2, val & 0xff000000);
    break;
  …
}

static void apic_send_ipi(struct kvm_lapic *apic)
{
  u32 icr_low = apic_get_reg(apic, APIC_ICR);
```

```
    u32 icr_high = apic_get_reg(apic, APIC_ICR2);
    unsigned int dest = GET_APIC_DEST_FIELD(icr_high);
    …
    for (i = 0; i < KVM_MAX_VCPUS; i++) {
      vcpu = apic->vcpu->kvm->vcpus[i];
      …
      if (vcpu->apic &&
         apic_match_dest(vcpu, apic, short_hand, dest, dest_mode)) {
        …
          __apic_accept_irq(vcpu->apic, delivery_mode,
                vector, level, trig_mode);
      }
    }
    …
}
```

当Guest写的是LAPIC的ICR寄存器时，表明这个CPU向另外一个CPU发送核间中断。ICR寄存器长度为64位，其第56～63位存储目标CPU，上面的代码中，APIC_ICR2对应的是ICR寄存器的高32位当Guest写ICR寄存器的高32位时，虚拟LAPIC只是记下目标CPU的ID，实际上是目标CPU关联的LAPIC的ID。当Guest写ICR寄存器的低32位才会触发虚拟LAPIC向目标CPU发送核间中断。ICR寄存器的格式如图3-11所示。

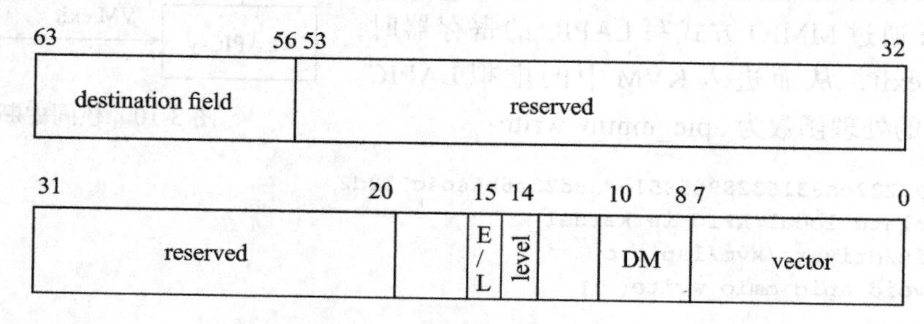

图3-11　ICR寄存器格式

当Guest写寄存器ICR的低32位时，将触发LAPIC向目标CPU发送核间中断，代码中对应的函数是apic_send_ipi。函数apic_send_ipi首先从寄存器ICR中读取目标CPU，然后遍历虚拟机的所有VCPU，如果有VCPU匹配成功，则向其发送IPI中断，目标LAPIC调用函数__apic_accept_irq接收中断：

```
commit 97222cc8316328965851ed28d23f6b64b4c912d2
KVM: Emulate local APIC in kernel
linux.git/drivers/kvm/lapic.c
static int __apic_accept_irq(struct kvm_lapic *apic, int
delivery_mode, int vector, int level, int trig_mode)
{
  …
  switch (delivery_mode) {
```

```
case APIC_DM_FIXED:
case APIC_DM_LOWEST:
  …
  if (apic_test_and_set_irr(vector, apic) && trig_mode) {
  …
  kvm_vcpu_kick(apic->vcpu);
  …
}
```

函数 __apic_accept_irq 的实现与虚拟 LAPIC 对外提供的接口 kvm_apic_set_irq 的实现几乎完全相同，其首先在 IRR 寄存器中记录下中断信息，因为目标 CPU 可能正处于 Guest 模式，或者承载 VCPU 的线程正处于睡眠状态，为减少中断延迟，需要虚拟 LAPIC “踢”一下目标 VCPU，要么将其从 Guest 模式踢出到 Host 模式，要么唤醒挂起的 VCPU 线程。在下一次 VM entry 时，KVM 发起中断评估等一系列过程，最终将中断信息写入 VMCS 中的字段 VM-entry interruption-information。

3.3.3 IRQ routing

在加入 APIC 的虚拟后，当外设发送中断请求后，那么 KVM 模块究竟是通过 8259A，还是通过 APIC 向 Guest 注入中断呢？我们看看 KVM 模块最初是如何处理的：

```
commit 1fd4f2a5ed8f80cf6e23d2bdf78554f6a1ac7997
KVM: In-kernel I/O APIC model
linux.git/drivers/kvm/kvm_main.c
static long kvm_vm_ioctl(…)
{
  …
  case KVM_IRQ_LINE: {
    …
      if (irq_event.irq < 16)
        kvm_pic_set_irq(pic_irqchip(kvm), …);
        kvm_ioapic_set_irq(kvm->vioapic, …);
    …
}
```

我们看到，当管脚号小于 16 时，同时调用 8259A 的接口 kvm_pic_set_irq 和 I/O APIC 的接口 kvm_ioapic_set_irq。这是因为 8259A 和 APIC 都支持小于 16 号的中断，但是 KVM 并不清楚 Guest 系统支持的是 8259A 还是 APIC，所以索性两个虚拟芯片都进行调用。后面 Guest 支持哪个芯片，Guest 就与哪个芯片继续交互。

显然这不是一个合理的实现，尤其是后面还要加入其他的中断方式，比如接下来的 MSI 方式。因此，KVM 的开发者将代码重构了一下，设计了 IRQ routing 方案，因代码变化较大，为了避免读者读起来感到困惑，我们简要介绍一下这种方案。IRQ routing 包含一个表，表格中的每一项的结构如下：

```
commit 399ec807ddc38ecccf8c06dbde04531cbdc63e11
```

```
KVM: Userspace controlled irq routing
linux.git/include/linux/kvm_host.h
struct kvm_kernel_irq_routing_entry {
  u32 gsi;
  void (*set)(struct kvm_kernel_irq_routing_entry *e,
         struct kvm *kvm, int level);
  union {
    struct {
      unsigned irqchip;
      unsigned pin;
    } irqchip;
  };
  struct list_head link;
};
```

其中有2个关键变量，1个是gsi，可以理解为管脚号，比如IR0、IR1等等，第2个就是函数指针set。当一个外设请求到来时，KVM遍历这个表格，匹配gsi，如果成功匹配，则调用函数指针set指向的函数，负责注入中断。对于使用PCI的外设，set指向虚拟PIC对外提供的发送中断的接口；对于使用APIC的外设，set指向虚拟I/O APIC对外提供的发送中断的接口；对于支持并启用了MSI的外设，set则指向为MSI实现的发送中断的接口。当KVM收到设备发来的中断时，不再区分PIC、APIC还是MSI，而是调用一个统一的接口kvm_set_irq，该函数遍历IRQ routing表中的每一个表项，调用匹配的每个entry的set指向的函数发起中断，如此就实现了代码统一：

```
commit 399ec807ddc38ecccf8c06dbde04531cbdc63e11
KVM: Userspace controlled irq routing
linux.git/arch/x86/kvm/x86.c
long kvm_arch_vm_ioctl(...)
{
  …
  case KVM_IRQ_LINE: {
    …
      kvm_set_irq(kvm, KVM_USERSPACE_IRQ_SOURCE_ID,
            irq_event.irq, irq_event.level);
  …
}

linux.git/virt/kvm/irq_comm.c
void kvm_set_irq(struct kvm *kvm, int irq_source_id, …)
{
  …
  list_for_each_entry(e, &kvm->irq_routing, link)
    if (e->gsi == irq)
      e->set(e, kvm, !!(*irq_state));
}
```

当创建内核中的虚拟中断芯片时，虚拟中断芯片会创建一个默认的表格。KVM为用户空间提供API以设置这个表格，用户空间的虚拟设备可以按需增加这个表格的表项。之前我们看到，因为不清楚Guest支持PIC还是APIC，所以对于管脚号小于16的，既调用了8259A注入接口，又调用了APIC的注入接口。根据新的数据结构，在这个表格中，每个小于16的管脚会创建两个entry，其中1个entry的函数指针set指向8259A提供的中断注入接口，另外一个entry的函数指针set指向APIC提供的中断注入接口，见下面default_routing的定义：

```
commit 399ec807ddc38ecccf8c06dbde04531cbdc63e11
KVM: Userspace controlled irq routing
linux.git/virt/kvm/irq_comm.c
static const struct kvm_irq_routing_entry default_routing[] = {
  ROUTING_ENTRY2(0), ROUTING_ENTRY2(1),
  …
  ROUTING_ENTRY1(16), ROUTING_ENTRY1(17),
  …
};

linux.git/virt/kvm/irq_comm.c
#define ROUTING_ENTRY1(irq) I/O APIC_ROUTING_ENTRY(irq)
#define ROUTING_ENTRY2(irq) \
  I/O APIC_ROUTING_ENTRY(irq), PIC_ROUTING_ENTRY(irq)
```

宏定义IOAPIC_ROUTING_ENTRY和PIC_ROUTING_ENTRY创建结构体kvm_irq_routing_entry中的entry，分别对应APIC和PIC。可以看到，当管脚号小于16时，在表格中为每个管脚创建了2个表项，一个是APIC的表项，另外一个是PIC的表项。当管脚号大于16时，只创建一个APIC的表项。根据创建具体表项的函数setup_routing_entry可见，如果中断芯片是PIC，则函数指针set指向8259A的接口kvm_pic_set_irq，如果中断芯片是I/O APIC，则函数指针set指向I/O APIC的接口kvm_ioapic_set_irq：

```
commit 399ec807ddc38ecccf8c06dbde04531cbdc63e11
KVM: Userspace controlled irq routing
linux.git/virt/kvm/irq_comm.c
int setup_routing_entry(…)
{
…
    switch (ue->u.irqchip.irqchip) {
    case KVM_IRQCHIP_PIC_MASTER:
      e->set = kvm_set_pic_irq;
    …
    case KVM_IRQCHIP_IOAPIC:
        e->set = kvm_set_ioapic_irq;
    …
    }
  …
}
```

3.4 MSI（X）虚拟化

虽然 APIC 相比 PIC 更进了一步，但是我们看到，外设发出中断请求后，需要经过 I/O APIC 才能到达 LAPIC(CPU)。如果中断请求可以从设备直接发送给 LAPIC，而不是绕道 I/O APIC，可以大大减少中断处理的延迟。事实上，在 1999 年 PCI 2.2 就引入了 MSI。MSI 全称是 Message Signaled Interrupts，从名字就可以看出，第 3 代中断技术不再基于管脚，而是基于消息。在 PCI 2.2 时，MSI 是设备的一个可选特性，到了 2004 年，PCIE 规范发布，MSI 就成为了 PCIE 设备强制要求的特性。在 PCI 3.3 时，又对 MSI 进行了一定的增强，称为 MSI-X。相比 MSI，MSI-X 的每个设备可以支持更多的中断，并且每个中断可以独立配置。

除了减少中断延迟外，因为不再存在管脚的概念了，所以之前因为管脚有限而共享管脚的问题自然就消失了。之前当某个管脚有信号时，操作系统需要逐个调用共享这个管脚的中断服务程序去试探是否可以处理这个中断，直到某个中断服务程序可以正确处理。同样的道理，不再受管脚的数量约束，MSI 能够支持的中断数也大大增加了。支持 MSI 的设备绕过 I/O APIC，直接与 LAPIC 通过系统总线相连，如图 3-12 所示。

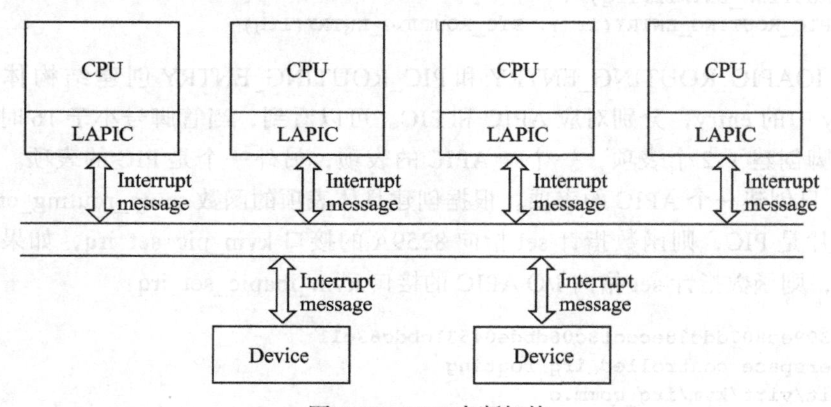

图 3-12　MSI 中断架构

从 PCI 2.1 开始，如果设备需要扩展某种特性，可以向配置空间中的 Capabilities List 中增加一个 Capability，MSI 利用的就是这个特性，将 I/O APIC 中的功能扩展到设备自身。MSI 的 Capability Structure 如图 3-13 所示。

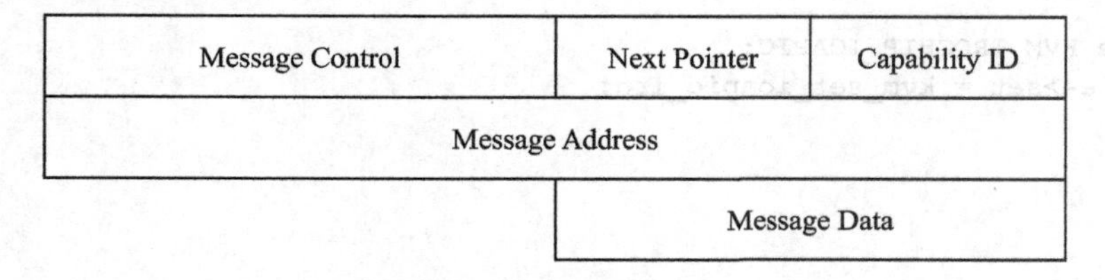

图 3-13　32 位 MSI Capability Structure

为了支持多个中断，MSI-X 的 Capability Structure 在 MSI 的基础上增加了 table，其中字段 Table Offset 和 BIR 定义了 table 所在的位置，其中 BIR 为 BAR Indicator Register，即指定使用哪个 BAR 寄存器，然后从指定的这个 BAR 寄存器中取出映射在 CPU 地址空间中的基址，加上 Table Offset 就定位了 table 的位置，如图 3-14 所示。

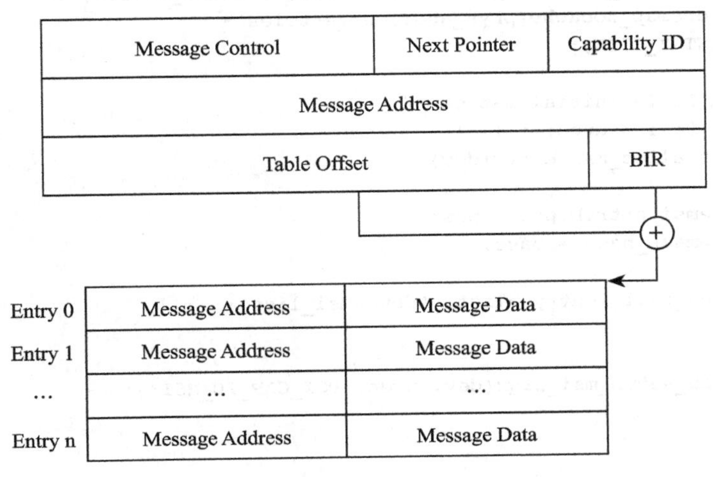

图 3-14　MSI-X Capability Structure

当外设准备发送中断消息时，其将从 Capability Structure 中提取相关信息。消息地址取自字段 message address，其中 bits 31-20 是一个固定的值 0FEEH。PCI 总线根据消息地址，得知这是一个中断消息，会将其发送给 Host-to-PCI 桥，Host-to-PCI 桥将其发送到目的 CPU（LAPIC）。消息体取自 message data，主要部分是中断向量。

3.4.1　MSI（X）Capability 数据结构

在初始化设备时，如果设备支持 MSI，并且设备配置为启用 MSI 支持，则内核中将组织 MSI Capability 数据结构，然后通过 MMIO 的方式写到 PCI 设备的配置空间中。内核中的 PCI 公共层为驱动提供了接口 pci_enable_msix 配置 MSI Capability 数据结构：

```
commit 3395f880e871c3fdd31f774f93415b1ed38a768b
kvm tools: Add MSI-X support to virtio-net
linux.git/drivers/pci/msi.c
int pci_enable_msix(struct pci_dev* dev, …)
{
  …
  status = msix_capability_init(dev, entries, nvec);
  …
}

static int msix_capability_init(…)
{
```

```
    …
    pci_read_config_dword(dev, msix_table_offset_reg(pos),
  &table_offset);
    bir = (u8)(table_offset & PCI_MSIX_FLAGS_BIRMASK);
    table_offset &= ~PCI_MSIX_FLAGS_BIRMASK;
    phys_addr = pci_resource_start (dev, bir) + table_offset;
    base = ioremap_nocache(phys_addr, nr_entries *
  PCI_MSIX_ENTRY_SIZE);
    …
    /* MSI-X Table Initialization */
    for (i = 0; i < nvec; i++) {
      entry = alloc_msi_entry(dev);
      …
      entry->msi_attrib.pos = pos;
      entry->mask_base = base;
      …
      list_add_tail(&entry->list, &dev->msi_list);
    }

    ret = arch_setup_msi_irqs(dev, nvec, PCI_CAP_ID_MSIX);
    …
}
```

代码中的变量 bir 和 table_offset 是不是特别熟悉，没错，就是 PCI 配置空间 header 中的这两个字段：Table Offset 和 BIR。根据这两个变量，内核计算出 table 的位置，然后将配置空间中 table 所在位置，通过 iomap 的方式，映射到 CPU 的地址空间，后面就可以像访问内存一样直接访问这个 table 了。然后，在内存中组织 MSI Capability 数据结构，最后将组织好的 MSI Capability 数据结构，包括这个结构映射到地址空间中的位置，传给体系结构相关的函数 arch_setup_msi_irqs 中构建消息，包括中断向量、目标 CPU、触发模式等，写入设备的 PCI 配置空间。

当 Guest 内核侧设置设备的 MSI 的 Capability 数据结构，即写 PCI 设备的配置空间时，将导致 VM exit，进入虚拟设备一侧。虚拟设备将 Guest 内核设置的 MSI 的 Capability 信息记录到设备的 MSI 的 Capability 结构体中。以虚拟设备 virtio net 为例，函数 callback_mmio 接收 Guest 内核侧发来的配置信息，记录到设备的 MSI 的 Capability 数据结构中：

```
commit 3395f880e871c3fdd31f774f93415b1ed38a768b
kvm tools: Add MSI-X support to virtio-net
kvmtool.git/virtio/net.c
void virtio_net__init(const struct virtio_net_parameters *params)
{
  …
  ndev.msix_io_block = pci_get_io_space_block();
  kvm__register_mmio(params->kvm, ndev.msix_io_block, 0x100,
callback_mmio, NULL);
  …
}
```

```
static void callback_mmio(u64 addr, u8 *data, u32 len, u8 is_write…)
{
  void *table = pci_header.msix.table;
  if (is_write)
    memcpy(table + addr - ndev.msix_io_block, data, len);
  else
    memcpy(data, table + addr - ndev.msix_io_block, len);
}
```

3.4.2 建立IRQ routing表项

之前我们看到KVM模块为了从架构上统一处理虚拟PIC、虚拟APIC以及虚拟MSI，设计了一个IRQ routing表。对于每个中断，在表格irq_routing中都需要建立一个表项，当中断发生后，会根据管脚信息，或者说gsi，索引到具体的表项，提取表项中的中断向量，调用表项中的函数指针set指向的函数发起中断。

所以，建立好虚拟设备中的MSI-X Capability Structure还不够，还需要将中断的信息补充到负责IRQ routing的表中。当然，虚拟设备并不能在建立好MSI-X Capability后，就自作主张地发起配置KVM模块中的IRQ routing表，而是需要由Guest内核的驱动发起这个过程，以Virtio标准为例，其定义了queue_msix_vector用于Guest内核驱动通知虚拟设备配置IRQ routing信息。以virtio驱动为例，其在配置virtioqueue时，如果确认虚拟设备支持MSI并且也启用了MSI，则通知虚拟设备建立IRQ routing表项：

```
commit 82af8ce84ed65d2fb6d8c017d3f2bbbf161061fb
virtio_pci: optional MSI-X support
linux.git/drivers/virtio/virtio_pci.c
static struct virtqueue *vp_find_vq(…)
{
  …
  if (callback && vp_dev->msix_enabled) {
    iowrite16(vector, vp_dev->ioaddr + VIRTIO_MSI_QUEUE_VECTOR);
    …
  }
  …
}
```

虚拟设备收到Guest内核驱动的通知后，则从MSI Capability结构体中提取中断相关信息，向内核发起请求，为这个队列建立相应的IRQ routing表项：

```
commit 3395f880e871c3fdd31f774f93415b1ed38a768b
kvm tools: Add MSI-X support to virtio-net
kvmtool.git/virtio/net.c
static bool virtio_net_pci_io_out(…)
{
  …
  case VIRTIO_MSI_QUEUE_VECTOR: {
    …
```

```
        gsi = irq__add_msix_route(kvm,
                pci_header.msix.table[vec].low,
                pci_header.msix.table[vec].high,
                pci_header.msix.table[vec].data);
        …
    }
    …
}
kvmtool.git/irq.c
int irq__add_msix_route(struct kvm *kvm, u32 low, u32 high,
    u32 data)
{
    int r;

    irq_routing->entries[irq_routing->nr++] =
        (struct kvm_irq_routing_entry) {
            .gsi = gsi,
            .type = KVM_IRQ_ROUTING_MSI,
            .u.msi.address_lo = low,
            .u.msi.address_hi = high,
            .u.msi.data = data,
        };

    r = ioctl(kvm->vm_fd, KVM_SET_GSI_ROUTING, irq_routing);
    …
}
```

3.4.3 MSI 设备中断过程

对于虚拟设备而言，如果启用了 MSI，中断过程就不需要虚拟 I/O APIC 参与了。虚拟设备直接从自身的 MSI(-X) Capability Structure 中提取目的 CPU 等信息，向目的 CPU 关联的虚拟 LAPIC 发送中断请求，后续 LAPIC 的操作与之前讨论的 APIC 虚拟化完全相同，整个过程如图 3-15 所示。

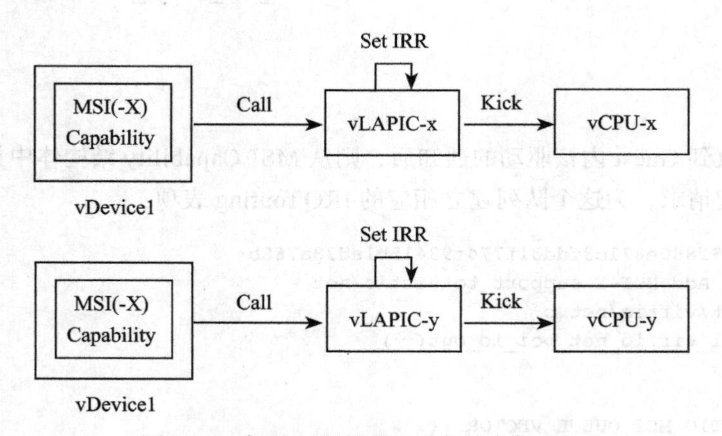

图 3-15　启用 MSI 的虚拟设备的中断过程

在KVM设计了IRQ routing后，当KVM收到虚拟设备发来的中断时，不再区分是PIC、APIC还是MSI，而是调用一个统一的接口kvm_set_irq，该函数遍历IRQ routing表中的每一个表项，调用匹配的每个entry的set指向的函数发起中断，如此就实现了代码统一。set指向的函数，负责注入中断，比如对于使用PCI的外设，set指向kvm_set_pic_irq；对于使用APIC的外设，set指向kvm_set_ioapic_irq；对于支持并启用了MSI的外设，则set指向为MSI实现的发送中断的接口kvm_set_msi。

```
commit 79950e1073150909619b7c0f9a39a2fea83a42d8
KVM: Use irq routing API for MSI
linux.git/virt/kvm/irq_comm.c
int setup_routing_entry(…)
{
  …
  case KVM_IRQ_ROUTING_IRQCHIP:
    …
    switch (ue->u.irqchip.irqchip) {
    case KVM_IRQCHIP_PIC_MASTER:
      e->set = kvm_set_pic_irq;
      …
    case KVM_IRQCHIP_IOAPIC:
      e->set = kvm_set_ioapic_irq;
    …
  case KVM_IRQ_ROUTING_MSI:
    e->set = kvm_set_msi;
  …
}
```

函数kvm_set_msi的实现，与I/O APIC的set函数非常相似。I/O APIC从中断重定向表提取中断信息，而MSI-X是从MSI-X Capability提取信息，找到目标CPU，可见，MSI-X就是将I/O APIC的功能下沉到外设中。最后，都是调用目标CPU关联的虚拟LAPIC的接口kvm_apic_set_irq向Guest注入中断：

```
commit 79950e1073150909619b7c0f9a39a2fea83a42d8
KVM: Use irq routing API for MSI
linux.git/virt/kvm/irq_comm.c
static void kvm_set_msi(…)
{
  …
  int dest_id = (e->msi.address_lo & MSI_ADDR_DEST_ID_MASK)…;
  int vector = (e->msi.data & MSI_DATA_VECTOR_MASK) …;
  …
  switch (delivery_mode) {
  case IOAPIC_LOWEST_PRIORITY:
    vcpu = kvm_get_lowest_prio_vcpu(ioapic->kvm, vector,
        deliver_bitmask);
    if (vcpu != NULL)
      kvm_apic_set_irq(vcpu, vector, trig_mode);
```

```
    …
}
```

3.5 硬件虚拟化支持

最初，虚拟中断芯片是在用户空间实现的，但是中断芯片密集地参与了整个计算机系统的运转过程，因此，为了减少内核空间和用户空间之间的上下文切换带来的开销，后来，中断芯片的虚拟实现在了内核空间。为了进一步提高效率，Intel 从硬件层面对虚拟化的方方面面进行了支持，这一节，我们就来讨论 Intel 在硬件层面对中断虚拟化的支持。

在前面讨论完全基于软件虚拟中断芯片的方案中，我们看到，向 Guest 注入中断的时机都是在 VM entry 那一刻，因此，如果要向 Guest 注入中断，必须要触发一次 VM exit，这是中断虚拟化的主要开销。因此，为了避免这次 Host 模式和 Guest 模式的切换，Intel 在硬件层面从如下 3 个方面进行了支持：

1）virtual-APIC page。我们知道，在物理上，LAPIC 有一个 4KB 大小的页面 APIC page，用来保存寄存器的值。Intel 在 CPU 的 Guest 模式下实现了一个用于存储中断寄存器的 virtual-APIC page。在 Guest 模式下有了状态，后面 Guest 模式下还有了中断逻辑，很多中断行为就无须 VMM 介入了，从而大大地减少了 VM exit 的次数。当然有些写中断寄存器的操作是具有副作用的，比如通过写 ICR 寄存器发送 IPI 中断，这时就需要触发 VM exit。

2）Guest 模式下的中断评估逻辑。Intel 在 Guest 模式中实现了部分中断芯片的逻辑用于中断评估，当有中断发生时，CPU 不必再退出到 Host 模式，而是直接在 Guest 模式下完成中断评估。

3）posted-interrupt processing。在软件虚拟中断的方案中，虚拟中断芯片收到中断请求后，会将信息保存到虚拟中断芯片中，在 VM entry 时，触发虚拟中断芯片的中断评估逻辑，根据记录在虚拟中断芯片中的信息进行中断评估。但是当 CPU 支持在 Guest 模式下的中断评估逻辑后，虚拟中断芯片可以在收到中断请求后，将中断信息直接传递给处于 Guest 模式下的 CPU，由 Guest 模式下的中断芯片的逻辑在 Guest 模式中进行中断评估，向 Guest 模式的 CPU 直接递交中断。

3.5.1 虚拟中断寄存器页面（virtual-APIC page）

在 APIC 中，物理 LAPIC 有一个页面大小的内存用来存放各寄存器的值，Intel 称这个页面为 APIC-access page，CPU 采用 mmap 的方式访问这些寄存器。起初，一旦 Guest 试图访问这个页面，CPU 将从 Guest 模式切换到 Host 模式，KVM 负责完成模拟，将 Guest 写给 LAPIC 的值写入虚拟 LAPIC 的 APIC page，或者从虚拟 LAPIC 的 APIC page 读入值给 Guest。

但是很快开发者就发现，因为频繁地访问某些寄存器，导致 Guest 和 Host 之间频繁的切换，而这些大量的切换带来很大的性能损失。为了减少 VM exit，Intel 设计了一个所谓的virtual-APIC page来替代APIC-access page。CPU在Guest模式下使用这个virtual-APIC page来维护寄存器的状态，当Guest读寄存器时，直接读virtual-APIC page，不必再切换到Host模式。但是因为在写某些寄存器时，可能要伴随着一些副作用，比如需要发送一个IPI，所以在写寄存器时，还需要触发CPU状态的切换。

那么Guest模式下的CPU从哪里找到virtual-APIC page呢？显然，我们再次想到了VMCS。VMX在VMCS中设计了一个字段VIRTUAL_APIC_PAGE_ADDR，在切入Guest模式前，KVM需要将virtual-APIC page的地址记录在VMCS的这个字段中：

```
commit 83d4c286931c9d28c5be21bac3c73a2332cab681
x86, apicv: add APICv register virtualization support
linux.git/arch/x86/kvm/vmx.c
static int vmx_vcpu_reset(struct kvm_vcpu *vcpu)
{
  …
      vmcs_write64(VIRTUAL_APIC_PAGE_ADDR,
              __pa(vmx->vcpu.arch.apic->regs));
  …
}
```

这个特性需要配置VMCS中的相应开关，VMX定义如表3-3所示。

表3-3　Secondary Processor-Based VM-Execution Controls的定义

位	名　字	描　述
8	APIC-register virtualization	如果设置为1，处理器将虚拟化APIC寄存器

打开这个配置的代码如下：

```
commit 83d4c286931c9d28c5be21bac3c73a2332cab681
x86, apicv: add APICv register virtualization support
linux.git/arch/x86/kvm/vmx.c
static __init int setup_vmcs_config(struct vmcs_config *vmcs_conf)
{
  …
    opt2 = SECONDARY_EXEC_VIRTUALIZE_APIC_ACCESSES |
      …
      SECONDARY_EXEC_APIC_REGISTER_VIRT;
  …
}

linux.git/arch/x86/include/asm/vmx.h
#define SECONDARY_EXEC_APIC_REGISTER_VIRT         0x00000100
```

在开启这个特性之前，所有的访问LAPIC寄存器的处理函数，无论读和写都由函数handle_apic_access统一处理。但是，在打开这个特性后，因为读操作不再触发VM exit，只有写寄存器才会触发，因此我们看到又新增了一个专门处理写的函数handle_apic_write：

```
commit 83d4c286931c9d28c5be21bac3c73a2332cab681
```

```
x86, apicv: add APICv register virtualization support

linux.git/arch/x86/kvm/vmx.c
static int (*const kvm_vmx_exit_handlers[])
(struct kvm_vcpu *vcpu) = {
  …
  [EXIT_REASON_APIC_ACCESS]          = handle_apic_access,
  [EXIT_REASON_APIC_WRITE]           = handle_apic_write,
  …
};
```

写寄存器时，除了更新寄存器内容外，可能还会伴随其他一些动作，比如说下面代码中的发送核间中断的操作 apic_send_ipi，所以这就是为什么写寄存器时依然要触发 VM exit：

```
commit 83d4c286931c9d28c5be21bac3c73a2332cab681
x86, apicv: add APICv register virtualization support
linux.git/arch/x86/kvm/lapic.c
static int apic_reg_write(struct kvm_lapic *apic, u32 reg, u32 val)
{
  …
  case APIC_ICR:
    …
    apic_send_ipi(apic);
  …
}
```

3.5.2 Guest 模式下的中断评估逻辑

在没有硬件层面的 Guest 模式中的中断评估等逻辑支持时，我们看到，每次中断注入必须发生在 VM entry 时，换句话说，只有在 VM entry 时，Guest 模式的 CPU 才会评估是否有中断需要处理。

如果当 VM entry 那一刻 Guest 是关闭中断的，或者 Guest 正在执行一些不能被中断指令，如 sti，那么这时 Guest 是无法处理中断的，但是又不能让中断等待太久，导致中断延时过大，所以，一旦 Guest 打开中断，并且 Guest 又没有执行不能被中断的指令，CPU 应该马上从 Guest 模式退出到 Host 模式，这样就能在下一次 VM entry 时，注入中断了。为此，VMX 还提供了一种特性：Interrupt-window exiting，如表 3-4 所示。

表 3-4　Primary Processor-Based VM-Execution Controls 的定义

位	名　字	描　述
2	Interrupt-window exiting	如果设置为 1，那么当 RFLAGS 中的 IF 设置为 1，即 Guest 打开中断时，如果没有其他阻碍中断的指令在执行，则 CPU 触发 VM exit

这个特性表示在任何指令执行前，如果 RFLAGS 寄存器中的 IF 位设置了，即 Guest 能处理中断，并且 Guest 没有运行任何阻止中断的操作，那么如果 Interrupt-window exiting 被设置为 1，则一旦有中断在等待注入，则 Guest 模式下的 CPU 需要触发 VM exit。这个触发

VM exit 的时机，其实与物理 CPU 在指令之间去检查中断类似。

所以，我们看到，在每次 VM entry 时，KVM 在执行中断注入时，会检查 Guest 是否允许中断，并且确认 Guest 是否在运行任何阻止中断的操作，也就是说检查中断窗口是否是打开的。如果中断窗口打开，则注入中断；如果中断窗口是关闭的，这时不能注入中断，则需要设置 Interrupt-window exiting，告知 CPU 有中断正在等待处理，一旦 Guest 能处理中断了，请马上退出到 Guest 模式，代码如下：

```
commit 85f455f7ddbed403b34b4d54b1eaf0e14126a126
KVM: Add support for in-kernel PIC emulation
static void vmx_intr_assist(struct kvm_vcpu *vcpu)
{
  …
  interrupt_window_open =
    ((vmcs_readl(GUEST_RFLAGS) & X86_EFLAGS_IF) &&
     (vmcs_read32(GUEST_INTERRUPTIBILITY_INFO) & 3) == 0);
  if (interrupt_window_open)
    vmx_inject_irq(vcpu, kvm_cpu_get_interrupt(vcpu));
  else
    enable_irq_window(vcpu);
}

static void enable_irq_window(struct kvm_vcpu *vcpu)
{
  u32 cpu_based_vm_exec_control;

  cpu_based_vm_exec_control =
vmcs_read32(CPU_BASED_VM_EXEC_CONTROL);
  cpu_based_vm_exec_control |= CPU_BASED_VIRTUAL_INTR_PENDING;
  vmcs_write32(CPU_BASED_VM_EXEC_CONTROL,
cpu_based_vm_exec_control);
}
```

当 Guest 模式下支持中断评估后，Guest 模式的 CPU 就不仅仅在 VM entry 时才能进行中断评估了，其重大的不同在于运行于 Guest 模式的 CPU 也能评估中断，一旦识别出中断，在 Guest 模式即可自动完成中断注入，无须再触发 VM exit。因为 CPU 具备在 Guest 模式下中断评估的能力，所以也有了后面的 posted-interrupt processing 机制，即虚拟中断芯片可以直接将中断注入正运行于 Guest 模式的 CPU，而无须触发其发生 VM exit。

Guest 模式的 CPU 评估中断借助 VMCS 中的字段 guest interrupt status。当 Guest 打开中断或者执行完不能被中断的指令后，CPU 会检查 VMCS 中的字段 guest interrupt status 是否有中断需要处理，如果有中断 pending 在这，则调用 Guest 的内核中断 handler 处理中断。字段 guest interrupt status 长度为 16 位，存储在 VMCS 中的 Guest Non-Register State 区域。低 8 位称作 Requesting virtual interrupt（RVI），这个字段用来保存中断评估后待处理的中断向量；高 8 位称作 Servicing virtual interrupt（SVI），这个字段表示 Guest 正在处理的中断。

所以，当启用了Guest模式下的CPU的中断评估支持后，KVM在注入中断时，也需要进行适当修改，需要将注入的中断信息更新到字段guest interrupt status。这样，即使Guest在VM entry一刻不能处理中断，那么等到Guest模式可以处理中断时，就可以直接处理记录在字段guest interrupt status中的中断了，代码如下：

```
commit c7c9c56ca26f7b9458711b2d78b60b60e0d38ba7
x86, apicv: add virtual interrupt delivery support
linux.git/arch/x86/kvm/x86.c
static int vcpu_enter_guest(struct kvm_vcpu *vcpu)
{
  …
  if (kvm_check_request(KVM_REQ_EVENT, vcpu) || req_int_win) {
    …
      if (kvm_x86_ops->hwapic_irr_update)
        kvm_x86_ops->hwapic_irr_update(vcpu,
          kvm_lapic_find_highest_irr(vcpu));
      …
    }
  }
  …
}

linux.git/arch/x86/kvm/vmx.c
static void vmx_hwapic_irr_update(struct kvm_vcpu *vcpu, …)
{
  …
  vmx_set_rvi(max_irr);
}

static void vmx_set_rvi(int vector)
{
  …
  if ((u8)vector != old) {
    status &= ~0xff;
    status |= (u8)vector;
    vmcs_write16(GUEST_INTR_STATUS, status);
  }
}
```

Guest模式下的CPU的中断评估支持默认是关闭的，如果使用这个特性，需要手动开启，KVM默认开启了这个特性：

```
commit c7c9c56ca26f7b9458711b2d78b60b60e0d38ba7
x86, apicv: add virtual interrupt delivery support
linux.git/arch/x86/kvm/vmx.c
static __init int setup_vmcs_config(struct vmcs_config *vmcs_conf)
{
…
    opt2 = SECONDARY_EXEC_VIRTUALIZE_APIC_ACCESSES |
```

```
        ...
        SECONDARY_EXEC_VIRTUAL_INTR_DELIVERY;
    ...
}
```

3.5.3 posted-interrupt processing

在 Guest 模式下的 CPU 支持中断评估后，中断注入再也无须经历低效的退出 Guest 模式的过程了，这种机制使得在 Guest 运行时中断注入成为可能。于是，Intel 设计了 posted-interrupt processing 机制，在该机制下，当虚拟中断芯片需要注入中断时，其将中断的信息更新到 posted-interrupt descriptor 中。然后虚拟中断芯片向 CPU 发送一个通知 posted-interrupt notification，处于 Guest 模式的 CPU 收到这个中断后，将在 Guest 模式直接响应中断。这个通知并不特殊，就是一个常规的 IPI，但是核间中断向量是专有的，目的 CPU 在收到这个 IPI 后，将不再触发 VM exit，而是去处理被虚拟中断芯片写在 posted-interrupt descriptor 中的中断。

下面我们概述一下启用了 posted-interrupt processing 后的几种典型情况的中断处理过程。图 3-16 展示的是中断来自虚拟设备的情况，当来自虚拟设备的中断到达虚拟 LAPIC 后，虚拟 LAPIC 将更新目标 Guest 的 posted-interrupt descriptor，然后通知目的 CPU 评估并处理中断，目的 CPU 无须进行一次 VM exit 和 VM entry。

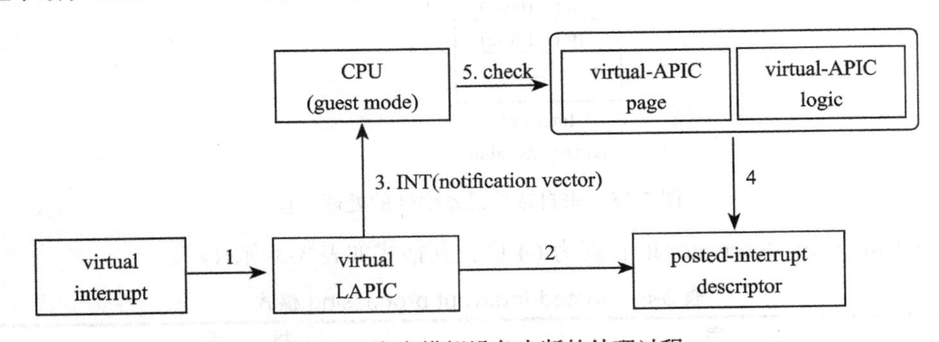

图 3-16　来自模拟设备中断的处理过程

图 3-17 展示的是外部中断在一个处于 Guest 模式的 CPU，但是目标 Guest 是运行于另外一个 CPU 上的情况。来自外设的中断落在 CPU0 上，而此时 CPU0 处于 Guest 模式，将导致 CPU0 发生 VM exit，陷入 KVM。KVM 中的虚拟 LAPIC 将更新目标 Guest 的 posted-interrupt descriptor，然后通知目的 CPU1 评估并处理中断，目的 CPU1 无须进行一次 VM exit 和 VM entry。

设备透传结合 posted-interrupt processing 机制后，中断重映射硬件单元负责更新目标 Guest 的 posted-interrupt descriptor，将不再导致任何 VM exit，外部透传设备的中断可直达目标 CPU。图 3-18 展示了这一情况，我们将在“设备虚拟化”一章详细讨论。

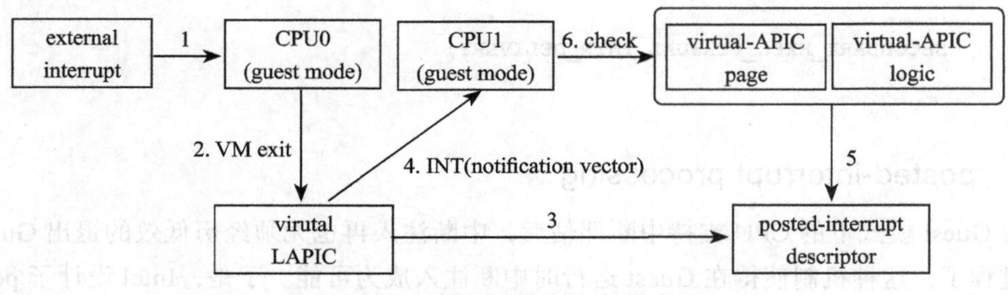

图 3-17　来自外设中断的处理过程

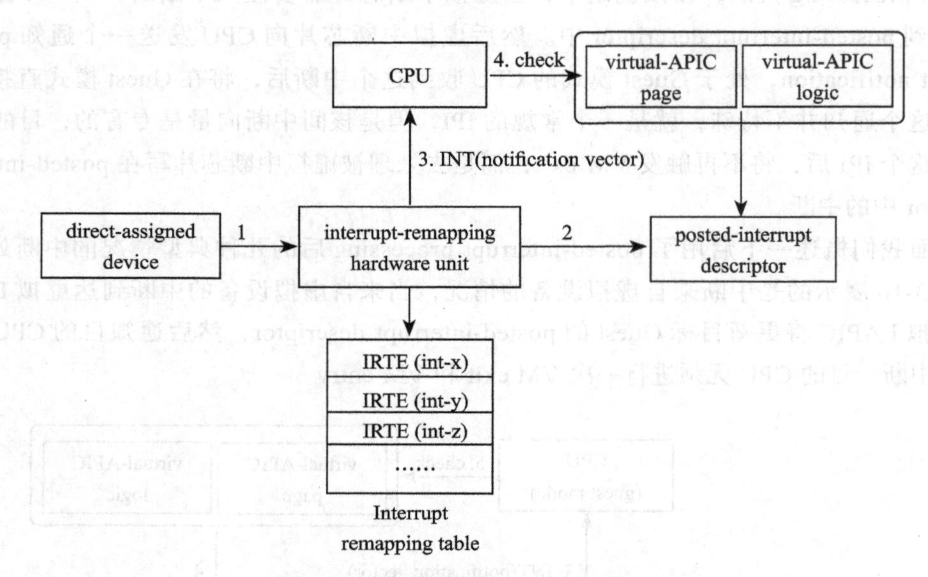

图 3-18　来自透传设备中断的处理过程

posted-interrupt descriptor 的长度为 64 位，其格式如表 3-5 所示。

表 3-5　posted-interrupt processing 格式

位	名　字	描　述
255:0	posted-interrupt requests	每 1 位对应一个中断向量。如果对应位设为 1，表示有中断请求
256	Outstanding notification	是否有中断需要通知
511:257	Reserved for software and other agents	保留位

0 ～ 255 位用来表示中断向量，256 位用来指示是否有中断。其地址记录在 VMCS 中，对应的字段是 posted-interrupt descriptor address。类似的，CPU 如何判断哪个中断是 posted-interrupt notification 呢？我们又想起了 VMCS。没错，这个 posted-interrupt notification 的中断向量也记录在 VMCS 中：

```
commit 5a71785dde307f6ac80e83c0ad3fd694912010a1
KVM: VMX: Use posted interrupt to deliver virtual interrupt
```

```
linux.git/arch/x86/kvm/vmx.c
static int vmx_vcpu_setup(struct vcpu_vmx *vmx)
{
  …
  if (vmx_vm_has_apicv(vmx->vcpu.kvm)) {
    …
    vmcs_write64(POSTED_INTR_NV, POSTED_INTR_VECTOR);
    vmcs_write64(POSTED_INTR_DESC_ADDR, __pa((&vmx->pi_desc)));
  }
  …
}
```

根据前面的讨论，posted-interrupt processing 机制核心就是完成两件事。一是向 posted-interrupt descriptor 中写入中断信息，二是通知 CPU 去处理 posted-interrupt descriptor 中的中断。下面代码中，函数 pi_test_and_set_pir 和 pi_test_and_set_on 分别设置 posted-interrupt descriptor 中的 pir 和 notification，设置完 posted-interrupt descriptor 后，如果此时 CPU 处于 Guest 模式，那么发送专为 posted-interrupt processing 定义的核间中断 POSTED_INTR_VECTOR；如果 CPU 不是处于 Guest 模式，那么就发送一个重新调度的核间中断，促使目标 CPU 尽快得到调度，在 VM entry 后马上处理 posted-interrupt descriptor 中的中断。代码如下：

```
commit 5a71785dde307f6ac80e83c0ad3fd694912010a1
KVM: VMX: Use posted interrupt to deliver virtual interrupt
linux.git/arch/x86/kvm/lapic.c
static int __apic_accept_irq(…)
{
  …
    kvm_x86_ops->deliver_posted_interrupt(vcpu, vector);
  …
}

linux.git/arch/x86/kvm/vmx.c
static void vmx_deliver_posted_interrupt(…)
{
  …
  if (pi_test_and_set_pir(vector, &vmx->pi_desc))
  …
  r = pi_test_and_set_on(&vmx->pi_desc);
  …
  if (!r && (vcpu->mode == IN_GUEST_MODE))
    apic->send_IPI_mask(get_cpu_mask(vcpu->cpu),
        POSTED_INTR_VECTOR);
  else
    kvm_vcpu_kick(vcpu);
}
```

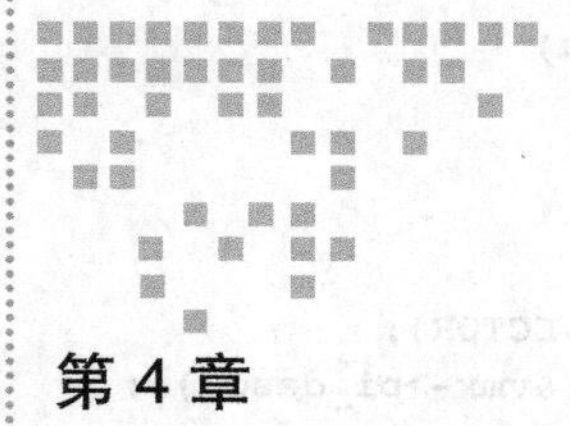

Chapter 4 第4章

设备虚拟化

顾名思义，设备虚拟化就是系统虚拟化软件使用软件的方式呈现给 Guest 操作系统硬件设备的逻辑。设备虚拟化先后经历了完全虚拟化、半虚拟化，以及后来出现的硬件辅助虚拟化，包括将硬件直接透传（passthrough）给虚拟机，以及将一个硬件从硬件层面虚拟成多个子硬件，每个子硬件分别透传给虚拟机等。

所谓的完全虚拟化，就是按照硬件的规范，完完整整地模拟硬件的逻辑。这种方式对 Guest 是完全透明的，Guest 操作系统无须做任何修改，这些虚拟的设备对于 Guest 内核中的驱动来讲与真实驱动别无二致。在本章中，我们将通过一个简单的串口设备的虚拟化，来展示设备完全虚拟化的原理。

由于完全虚拟化完完整整地模拟了硬件的逻辑，因此它也是 I/O 虚拟化中性能最差的一种方案，于是在软件层面，人们提出了一种简化的标准 Virtio。在软件虚拟方案中，Virtio 是性能非常好的一种方式，因此也占据着主流，我们将在“ Virtio 虚拟化”一章中完整地讨论 Virtio 虚拟化方案。

除了软件开发人员在软件层面的努力，芯片厂商们在硬件层面也在进行不懈的努力，其中典型的是 Intel 的 VT-d 技术。最初，VT-d 支持将整个设备透传给一台虚拟机，但是这种方案无法在多虚拟机之间共享设备，不具备可扩展性，于是又演生出了 SR-IOV 方案。在本章中，我们将探讨 SR-IOV 虚拟化的原理。

4.1 设备虚拟化模型演进

最先出现的设备虚拟化方案是，VMM 按照硬件设备的规范，完完整整地模拟硬件设备的逻辑。完全虚拟化的优势是VMM对于Guest是完全透明的，Guest可以不加任何修改地运行在任何VMM上。起初，完全虚拟化的逻辑完全在用户空间实现，因为Guest的I/O操作触发CPU从Guest陷入Host内核中的KVM模块后，CPU还需要从内核空间切换到用户空间进行I/O模拟操作，其过程基本如图4-1所示。

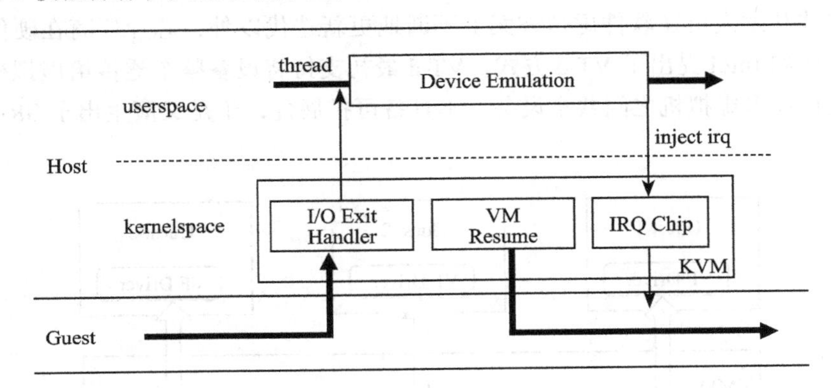

图4-1　完全虚拟化

既然Guest因为I/O触发CPU切换到Host模式后首先进入的是内核中的KVM模块，为什么不在内核中完成设备的模拟动作，而是要切换到用户空间中模拟呢？因此，在有些场景下，设备虚拟更适合在内核空间进行，比如典型的中断虚拟化芯片的模拟。但是，有的设备模拟过程非常复杂，如果完全在内核中实现，除了会给内核中增加复杂度，也容易带来安全问题。于是，开发人员提出了一个折中的Vhost方案，将模拟设备的数据处理相关部分（dataplane）搬到了内核空间，控制部分还保留在用户空间中，如图4-2所示。

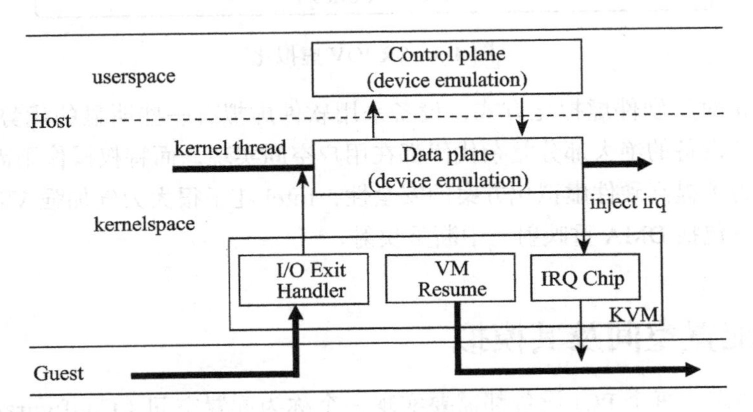

图4-2　Vhost虚拟化

事实上，对于软件方式模拟的设备虚拟化来讲，完全没有必要生搬硬套硬件的逻辑，而是可以制定一个更高效、简洁地适用于驱动和模拟设备交互的方式，于是半虚拟化诞生了，Virtio协议是半虚拟化的典型方案之一。与完全虚拟化相比，使用Virtio标准的驱动和模拟设备交互不再使用寄存器等传统的 I/O 方式，而是采用了 Virtqueue 的方式来传输数据。这种设计降低了设备模拟实现的复杂度，去掉了很多 CPU 和 I/O 设备之间不必要的通信，减少了 CPU 在 Guest 模式和 Host 模式之间的切换，I/O 也不再受数据总线宽度、寄存器宽度等因素的影响，提高了虚拟化的性能。

除了软件开发人员在软件虚拟方案上不断地更新迭代以外，芯片厂商在硬件层面也在提供支持，比如 Intel 提出了 VT-d 方式。VT-d 最初支持将设备整个透传给虚拟机，但是这种方案不支持在多虚拟机之间共享设备，不具备可扩展性，于是又演生出了 SR-IOV 方案，如图 4-3 所示。

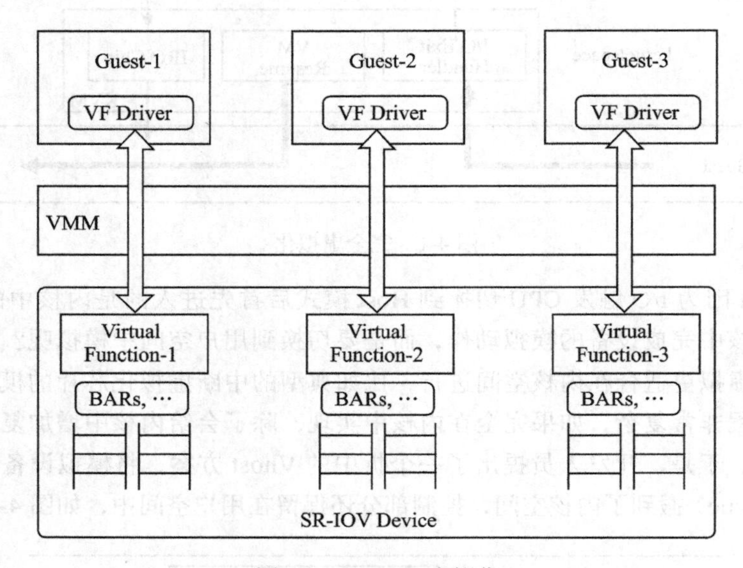

图 4-3　SR-IOV 虚拟化

事实上，相对于硬件虚拟化方式，设备采用软件虚拟有一些明显的优势，比如在可信计算方面，虚拟设备的绝大部分复杂代码都在用户空间实现，而特权操作则需要通过 VMM 完成。因此，为了提高硬件虚拟化方案的安全性，Intel 花了很大力气加强 VT-d 方案的安全性，典型的方案包括 DMA 重映射、中断重映射。

4.2　PCI 配置空间及其模拟

PCI 标准约定，每个 PCI 设备都需要实现一个称为配置空间（Configuration Space）的结构，该结构就是若干寄存器的集合，其大小为 256 字节，包括预定义头部（predefined header region）和设备相关部分（device dependent region），预定义头部占据 64 字节，其余 192 字节为设备相关部分。预定义头部定义了 PCI 设备的基本信息以及通用控制相关部分，包括 Vendor ID、Device ID 等，其中 Vendor ID 是唯一的，由 PCI 特别兴趣小组（PCI SIG）

统一负责分配。在 Linux 内核中，PCI 设备驱动就是通过 Device ID 和 Vendor ID 来匹配设备的。所有 PCI 设备的预定义头部的前 16 字节完全相同，16 ～ 63 字节的内容则依具体的 PCI 设备类型而定。位于配置空间中的偏移 0x0E 处的寄存器 Header Type 定义了 PCI 设备的类型，00h 为普通 PCI 设备，01h 为 PCI 桥，02h 为 CardBus 桥。图 4-4 为普通 PCI 设备的预定义头部。

Device ID		Vendor ID		00h
Status		Command		04h
Class Code			Revision ID	08h
BIST	Type	Latency Timer	Cacheline size	0Ch
Base Address Registers (BARs)				10h ~ 24h
Cardbus CIS Pointer				28h
Subsystem ID		Subsystem Vendor ID		2Ch
Expansion ROM Base Address				30h
Reserved			Capabilities Pointer	34h
Reserved				38h
Max_Lat	Min_Gnt	Interrupt Pin	Interrupt Line	3Ch

图 4-4 PCI 设备配置空间头

除了预定义头部外，从偏移 64 字节开始到 255 字节，共 192 字节为设备相关部分，比如存储设备的能力（Capabilities）。比如 PCI 设备支持的 MSI（X）中断机制，就是利用 PCI 设备配置空间中设备相关部分来存储中断信息的，包括中断目的地址（即目的 CPU），以及中断向量。操作系统初始化中断时将为 PCI 设备分配的中断信息写入 PCI 配置空间中的设备相关部分。系统初始化时，BIOS（或者 UEFI）将把 PCI 设备的配置空间映射到处理器的 I/O 地址空间，操作系统通过 I/O 端口访问配置空间中的寄存器。后来的 PCI Exepress 标准约定配置空间从 256 字节扩展到了 4096 字节，处理器需要通过 MMIO 方式访问配置空间，当然前 256 字节仍然可以通过 I/O 端口方式访问。篇幅所限，我们不过多讨论 PCI Exepress 相关内容了。

除了配置空间中的这些寄存器外，PCI 设备还有板上存储空间。比如 PCI 显卡中的 frame buffer，用来存储显示的图像，板上内存可以划分为多个区域，这个 frame buffer 就属于其中一个区域；再比如网卡可能使用板上内存作为发送和接收队列。处理器需要将这些板上内存区域映射到地址空间进行访问，但是与同标准中预先约定好的配置空间相比，不同设备的板上内存大小不同，不同机器上的 PCI 设备也不同，这些都是变化的，处理器不可能预先为所有 PCI 设备制定一个地址空间映射方案。因此，PCI 标准提出了一个聪明的办法，即各 PCI 设备自己提出需要占据的地址空间的大小，以及板上内存是映射到内存地址空间，还是 I/O 地址空间，然后将这些诉求记录在配置空间的寄存器 BAR 中，每个 PCI 最多可以请求映射 6 个区域。至于映射到地址空间的什么位置，由 BIOS（或者 UEFI）在系统初始化时，访问寄存器 BAR，查询各 PCI 设备的诉求，统一为 PCI 设备划分地址空间。

PCI 设备配置空间和板上存储空间到处理器地址空间的映射关系如图 4-5 所示。

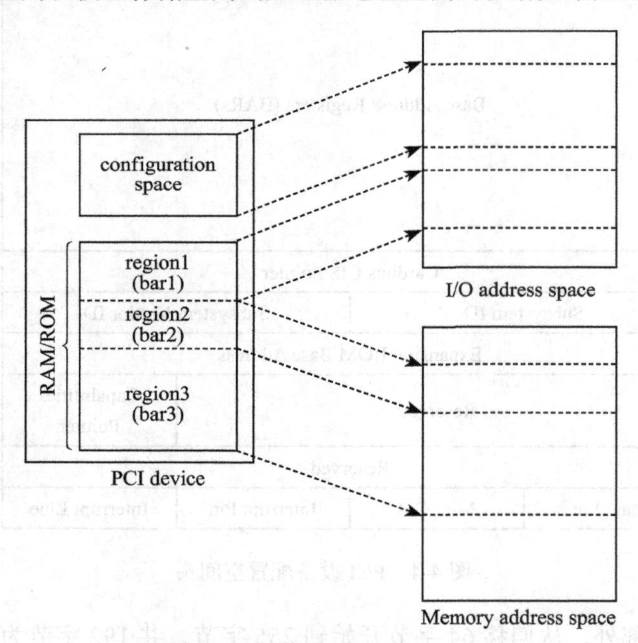

图 4-5　PCI 设备地址空间映射

了解了 PCI 设备的配置空间的基本结构后，在探讨 VMM 如何虚拟 PCI 设备的配置空间前，我们还需要知晓处理器是如何访问 PCI 设备的配置空间的。PCI 总线通过 PCI Host Bridge 和 CPU 总线相连，PCI Host Bridge 和 PCI 设备之间通过 PCI 总线通信。PCI Host Bridge 内部有两个寄存器用于系统软件访问 PCI 设备的配置空间，一个是位于 CF8h 的 CONFIG_ADDRESS，另外一个是位于 CFCh 的 CONFIG_DATA。

当系统软件访问 PCI 设备配置空间中的寄存器时，首先将目标地址写入寄存器 CONFIG_ADDRESS 中，然后向寄存器 CONFIG_DATA 发起访问操作，比如向寄存器

CONFIG_DATA 写入一个值。当 PCI Host Bridge 感知到 CPU 访问 CONFIG_DATA 时，其根据地址寄存器 CONFIG_ADDRESS 中的值，片选目标 PCI 设备，即有效连接目标 PCI 设备的管脚 IDSEL（Initialization Device Select），然后将寄存器 CONFIG_ADDRESS 中的功能号和寄存器号发送到 PCI 总线上。目标 PCI 设备在收到地址信息后，在接下来的时钟周期内与 PCI Host Bridge 完成数据传输操作。这个过程如图 4-6 所示。对于 PCIe 总线，图 4-6 中的 PCI Host Bridge 对应为 Root Complex。

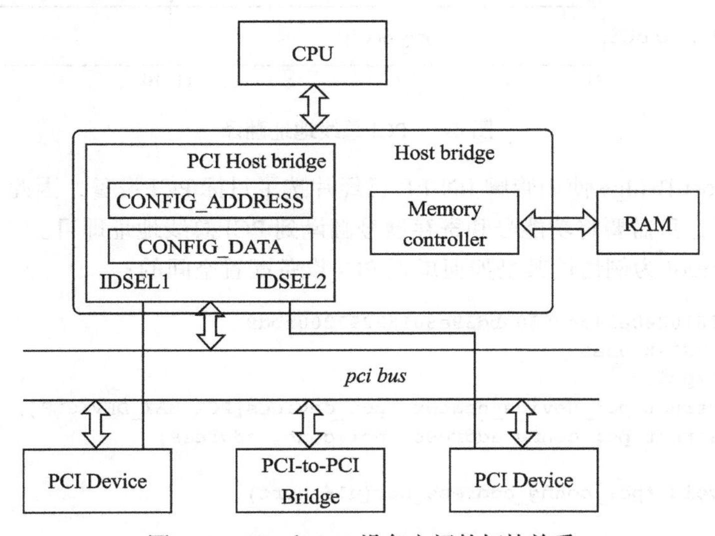

图 4-6　CPU 和 PCI 设备之间的拓扑关系

图 4-6 中特别画出了内存控制器，目的是协助读者理解系统是如何区分映射到内存地址空间的设备内存和真实物理内存，对于设备内存映射的内存地址，内存控制器会将其忽略，而 PCI Host Bridge 则会认领。在 BIOS（或者 UEFI）为 PCI 设备分配内存地址空间后，会将其告知 PCI Host Bridge，所以 PCI Host Bridge 知晓哪些地址应该发往 PCI 设备。

根据 PCI 的体系结构可见，寻址一个 PCI 配置空间的寄存器，显然需要总线号（Bus Number）、设备号（Device Number）、功能号（Function Number）以及最后的寄存器地址，也就是我们通常简称的 BDF 加上偏移地址。如果是 PCIe 设备，还需要在总线号前面加上一个 RC（Root Complex）号。因此，PCI Host Bridge 中的寄存器 CONFIG_ADDRESS 的格式如图 4-7 所示。

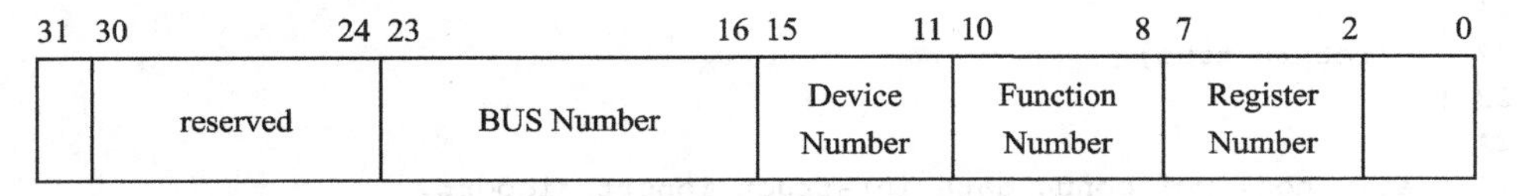

图 4-7　CONFIG_ADDRESS 中的地址格式

访问具体的 PCI 设备时，作为 CPU 与 PCI 设备之间的中间人 PCI Host Bridge，还需要将系统软件发送过来的地址格式转换为 PCI 总线地址格式，转换方式如图 4-8 所示。

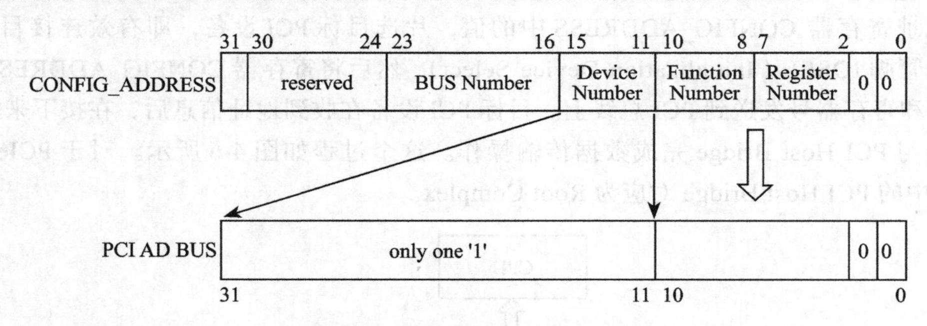

图 4-8 PCI 总线地址翻译

由于 PCI Host Bridge 使用管脚 IDSEL 已经片选了目标 PCI 设备，因此 PCI 总线地址不再需要设备号了，只需要将功能号和寄存器号翻译到 PCI 总线地址即可。

下面以 kvmtool 为例讨论其是如何虚拟 PCI 设备配置空间的：

```
commit 06f4810348a34acd550ebd39e80162397200fbd9
kvm tools: MSI-X fixes
kvmtool.git/pci.c
01 static struct pci_device_header *pci_devices[PCI_MAX_DEVICES];
02 static struct pci_config_address  pci_config_address;
03
04 static void *pci_config_address_ptr(u16 port)
05 {
06         unsigned long offset;
07         void *base;
08
09         offset       = port - PCI_CONFIG_ADDRESS;
10         base         = &pci_config_address;
11
12         return base + offset;
13 }
14
15 static bool pci_config_address_in(struct ioport *ioport,
16         struct kvm *kvm, u16 port, void *data, int size)
17 {
18     void *p = pci_config_address_ptr(port);
19
20     memcpy(data, p, size);
21
22     return true;
23 }
24
25 static bool pci_config_data_in(struct ioport *ioport,
26         struct kvm *kvm, u16 port, void *data, int size)
27 {
28     unsigned long start;
```

```
29      u8 dev_num;
30      ...
31      start = port - PCI_CONFIG_DATA;
32
33      dev_num   = pci_config_address.device_number;
34
35      if (pci_device_exists(0, dev_num, 0)) {
36          unsigned long offset;
37
38          offset = start + (pci_config_address.register_number << 2);
39          if (offset < sizeof(struct pci_device_header)) {
40              void *p = pci_devices[dev_num];
41
42              memcpy(data, p + offset, size);
43          } else
44              memset(data, 0x00, size);
45      } else
46          memset(data, 0xff, size);
47
48      return true;
49  }
```

kvmtool定义了一个数组pci_devices，所有的PCI设备都会在这个数组中注册，这个数组的每个元素都是一个PCI设备配置空间头，见第1行代码。

kvmtool定义了变量pci_config_address，对应于PCI标准中约定的用于记录PCI设备寻址的寄存器CONFIG_ADDRESS，见第2行代码。

当系统软件访问PCI设备的配置空间头信息时，其首先将向CONFIG_ADDRESS写入目标PCI设备的地址信息，包括目标PCI的总线号、设备号以及访问的是配置空间中的哪一个寄存器。代码第15～23行就是当Guest向寄存器CONFIG_ADDRESS写入将要访问的目标PCI设备的地址时，触发VM exit陷入VMM后，VMM进行模拟处理的过程。结合函数pci_config_address_ptr的实现可见，kvmtool将Guest准备访问的目标PCI设备地址记录在变量pci_config_address中。

待Guest设置完将要访问的目标地址后，接下来将开启读写PCI配置空间数据的过程。Guest将通过访问寄存器CONFIG_DATA读写PCI配置空间头的信息，Guest访问寄存器CONFIG_DATA的这个I/O操作将触发VM exit，处理过程进入KVM，代码第25～49行是KVM中对这个写寄存器CONFIG_DATA过程的模拟。

kvmtool首先从寄存器CONFIG_ADDRESS中取出目标PCI设备的设备号，见第33行代码，然后以设备号为索引，在数组pci_devices中确认是否存在这个PCI设备。PCI标准规定，对于不存在的设备，寄存器CONFIG_DATA的所有位都置为“1”，表示无效设备，见第36行代码。

第38行代码从寄存器CONFIG_ADDRESS取出寄存器号，寄存器号这个字段的单位是双字（DWORD），即4字节，所以代码中将register_number左移2位，将双字转换为字节，即计算出目标寄存器在配置空间中的偏移。第40行代码以设备号为索引，从数组pci_devices中取出目标PCI设备的配置空间的基址，然后加上寄存器的偏移，就计算出了最终的目标地址。最后调用memcpy将Guest写到配置空间的值存储到设备的配置空间中，见第42行代码。

第38行代码中有个变量start，用来处理Guest以非4字节对齐的方式访问PCI设备配置空间，类似的，函数pci_config_address_ptr也考虑了这种情况。我们来看一下kvmtool早期只处理了4字节对齐的情况，可以看到寄存器的偏移仅仅是寄存器号乘以4字节：

```
commit 18ae021a549062a3a8bdac89a2040af26ac5ad2c
kvm, pci: Don't calculate offset twice
static bool pci_config_data_in(struct kvm *self, uint16_t port,
 void *data, int size, uint32_t count)
{
    if (pci_device_matches(0, 1, 0)) {
        unsigned long offset;

        offset      = pci_config_address.register_number << 2;
        if (offset < sizeof(struct pci_device_header)) {
            void *p = &virtio_device;

            memcpy(data, p + offset, size);
        } else
            memset(data, 0x00, size);
    } else
        memset(data, 0xff, size);

    return true;
}
```

探讨了通用的PCI设备配置空间的虚拟后，我们再通过一个具体的例子体会一下VMM是如何虚拟配置空间中的寄存器BAR的。下面是kvmtool中Virtio设备初始化相关的代码：

```
commit 06f4810348a34acd550ebd39e80162397200fbd9
kvm tools: MSI-X fixes
kvmtool.git/virtio/pci.c
int virtio_pci__init(…)
{
    u8 pin, line, ndev;

    vpci->dev = dev;
    vpci->msix_io_block = pci_get_io_space_block();
    vpci->msix_pba_block = pci_get_io_space_block();
    vpci->base_addr = ioport__register(IOPORT_EMPTY,
              &virtio_pci__io_ops, IOPORT_SIZE, vpci);
    …
    vpci->pci_hdr = (struct pci_device_header) {
```

```
        .vendor_id     = PCI_VENDOR_ID_REDHAT_QUMRANET,
        …
        .bar[0]       = vpci->base_addr | PCI_BASE_ADDRESS_SPACE_IO,
        .bar[1]       = vpci->msix_io_block |
                        PCI_BASE_ADDRESS_SPACE_MEMORY |
                        PCI_BASE_ADDRESS_MEM_TYPE_64,
        .bar[3]       = vpci->msix_pba_block |
                        PCI_BASE_ADDRESS_SPACE_MEMORY |
                        PCI_BASE_ADDRESS_MEM_TYPE_64,
        …
    };
    …
    pci__register(&vpci->pci_hdr, ndev);

    return 0;
}
```

函数 virtio_pci__init 为 virtio PCI 设备准备了 3 块板上内存区间。寄存器 bar[0] 中的板上存储区间需要映射到 Guest 的 I/O 地址空间，起始地址为 vpci->base_addr；寄存器 bar[1] 中的板上存储空间需要映射到 Guest 的内存地址空间，起始地址为 vpci->msix_io_block；寄存器 bar[3] 中的板上存储空间页需要映射到 Guest 的内存地址空间，起始地址为 vpci->msix_pba_block。

kvmtool 中为 PCI 设备分配内存地址空间的函数为 pci_get_io_space_block。kvmtool 从地址 KVM_32BIT_GAP_START + 0x1000000 开始为 PCI 设备分配地址空间。每当 PCI 设备申请地址空间时，函数 pci_get_io_space_block 从这个地址处依次叠加：

```
commit 06f4810348a34acd550ebd39e80162397200fbd9
kvm tools: MSI-X fixes
kvmtool.git/pci.c
static u32 io_space_blocks     = KVM_32BIT_GAP_START + 0x1000000;
u32 pci_get_io_space_block(void)
{
    u32 block = io_space_blocks;
    io_space_blocks += PCI_IO_SIZE;

    return block;
}
```

类似的，kvmtool 为 PCI 设备分配 I/O 地址空间的函数为 ioport__register，我们不再赘述。

在函数 virtio_pci__init 的最后，我们看到其调用 pci__register 在记录 PCI 设备的数组 pci_devices 中注册了设备，这样 Guest 就可以枚举这些设备了：

```
commit 06f4810348a34acd550ebd39e80162397200fbd9
kvm tools: MSI-X fixes
kvmtool.git/pci.c
void pci__register(struct pci_device_header *dev, u8 dev_num)
{
```

```
    ...
    pci_devices[dev_num]  = dev;
}
```

4.3 设备透传

设备虚拟化如果采用软件模拟的方式，则需要VMM参与进来。为了避免这个开销，Intel尝试从硬件层面对I/O虚拟化进行支持，即将设备直接透传给Guest，Guest绕过VMM直接访问物理设备，无须VMM参与I/O过程，这种方式提供了最佳的I/O虚拟化性能。Intel最初采用的方式是Direct Assignment，即将整个设备透传给某一台虚拟机，不支持多台VM共享同一设备。

对于一台多核的物理机，其上可以运行若干台虚拟机，如果外设只能分配给一台虚拟机使用，那么这种方案显然不具备扩展性。于是设备制造商们试图在硬件层面将一个物理设备虚拟出多个设备，每个设备可以透传给一台虚拟机，这样从硬件设备层面实现共享，而无须由VMM通过软件的方式支持多台虚拟机共享同一物理外设。为了使不同设备制造商的设备可以互相兼容，PCI-SIG制定了一个标准：Single Root I/O Virtualization and Sharing，简称SR-IOV。SR-IOV引入了两个新的Function类型，一个是Physical Function，简称PF；另一个是Virtual Function，简称VF。一个SR-IOV可以支持多个VF，每一个VF可以分别透传给Guest，如此，就从硬件角度实现了多个Guest分享同一物理设备，如图4-9所示。

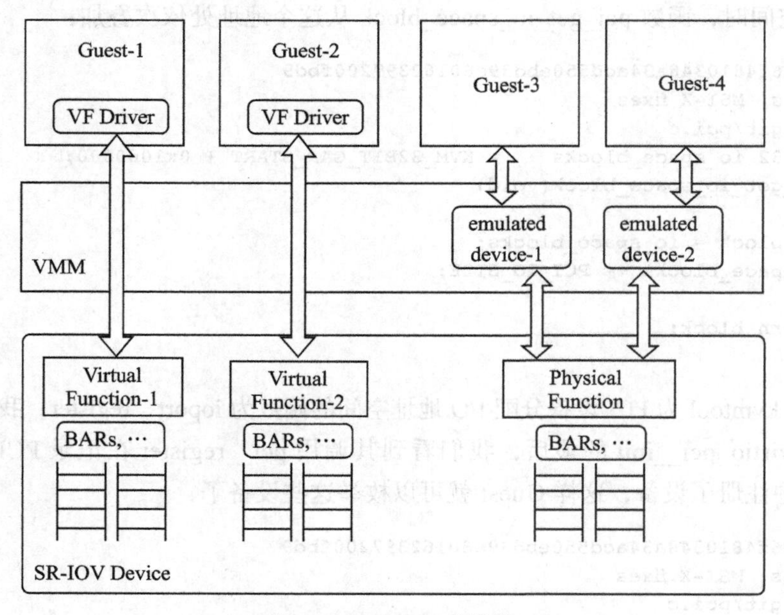

图4-9 SR-IOV虚拟化

每个 VF 都有自己独立的用于数据传输的存储空间、队列、中断及命令处理单元等，但是这些 VF 的管理仍然在 VMM 的控制下，VMM 通过 PF 管理这些 VF。虚拟机可以直接访问这些 VF，而无须再通过 VMM 中的模拟设备访问物理设备。PF 除了提供管理 VF 的途径外，Host 以及其上的应用仍然可以通过 PF 无差别地访问物理设备。对于那些没有 VF 驱动的 Guest，虚拟机依然可以通过 SR-IOV 设备的 PF 接口共享物理设备。

4.3.1 虚拟配置空间

通过将 VF 透传给 Guest 的方式，VF 的数据访问不再需要通过 VMM，大大提高了 Guest 的 I/O 性能。但是，如果 Guest 恶意修改配置空间中的信息，比如中断信息（MSI），则可能导致 VF 发出中断攻击。因此，出于安全方面的考虑，VF 配置空间仍然需要 VMM 介入，而且后面我们会看到，有些信息，比如寄存器 BAR 中的地址，必须依照虚拟化场景进行虚拟。Guest 不能直接修改设备的配置，当 Guest 访问 VF 的配置空间时，将会触发 VM exit 陷入 VMM，VMM 将过滤 Guest 对 VF 配置空间的访问并作为 Guest 的代理完成对 VF 设备的配置空间的操作。这个过程不会卷入数据传输中，因此不影响数据传输的效率。

前面在讨论 PCI 配置空间及其模拟时，我们看到 kvmtool 定义了一个数组 pci_devices，用来记录虚拟机所有的 PCI 设备，后来 kvmtool 将这个数组优化为一棵红黑树。当 Guest 枚举 PCI 设备时，kvmtool 将以设备号为索引在这个数据结构中查找设备。因此，为了能够让 Guest 枚举到 VF，kvmtool 需要将 VF 注册到这个数据结构中，用户可以通过 kvmtool 的命令行参数“vfio-pci”指定将哪些 VF 透传给虚拟机：

```
commit 6078a4548cfdca42c766c67947986c90310a8546
Add PCI device passthrough using VFIO
kvmtool.git/vfio/pci.c
int vfio_pci_setup_device(…)
{
    …
    ret = device__register(&vdev->dev_hdr);
    …
}
```

对于 VF 来说，在系统启动时，虽然 Host 的 BIOS（或者 UEFI）已经为 VF 划分好了内存地址空间并存储在了寄存器 BAR 中，而且 Guest 也可以直接读取这个信息。但是，因为 Guest 不能直接访问 Host 的物理地址，所以 Guest 并不能直接使用寄存器 BAR 中记录的 HPA。所以，kvmtool 需要对 VF 配置空间中寄存器 BAR 的内容进行虚拟，结合内存虚拟化原理，设备板上内存到 Guest 空间的映射关系如图 4-10 所示。

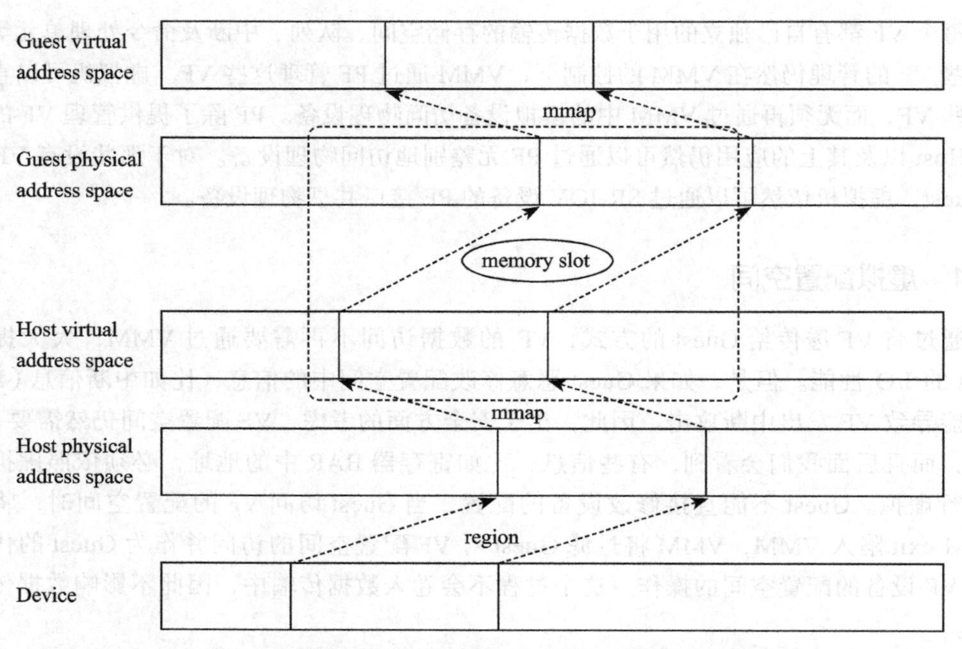

图4-10 设备板上内存到 Guest 虚拟地址空间的映射

结合图 4-10，kvmtool 需要完成两件事：一是将 VF 配置空间的 BAR 寄存器中的地址信息修改为 GPA，而不是 HPA；二是保护模式下的 CPU 是采用虚拟地址寻址的，所以 PA 还需要映射为 VA，操作系统自身提供了 mmap 功能完成 PA 到 VA 的映射，因此，kvmtool 只需要建立 GPA 到 HVA 的映射关系。相关代码如下：

```
commit 6078a4548cfdca42c766c67947986c90310a8546
Add PCI device passthrough using VFIO
kvmtool.git/vfio/pci.c
01 int vfio_pci_setup_device(struct kvm *kvm, …)
02 {
03   …
04   ret = vfio_pci_configure_dev_regions(kvm, vdev);
05   …
06 }
07 static int vfio_pci_configure_dev_regions(struct kvm *kvm,
08         struct vfio_device *vdev)
09 {
10   …
11   ret = vfio_pci_parse_cfg_space(vdev);
12   …
13   for (i = VFIO_PCI_BAR0_REGION_INDEX;
14        i <= VFIO_PCI_BAR5_REGION_INDEX; ++i) {
15     …
16     ret = vfio_pci_configure_bar(kvm, vdev, i);
17     …
```

```
18    }
19    …
20    return vfio_pci_fixup_cfg_space(vdev);
21 }
```

普通的虚拟设备没有真实的配置空间，所以kvmtool需要从0开始组织虚拟设备的配置空间。而VF是有真实的配置空间的，kvmtool需要做的是加工，所以kvmtool首先需要读取VF的配置空间，然后在这个原始数据的基础上进行加工，第11行代码就是读取VF的配置空间并进行解析。然后，kvmtool从Guest地址空间中为VF板上内存分配地址空间，并使用GPA更新寄存器BAR，第13～18行代码就是循环处理所有的寄存器BAR。最后，kvmtool将加工好的配置空间更新回VF真实的配置空间，见第20行代码。函数vfio_pci_parse_cfg_space读取VF配置空间，具体代码如下。VF中将配置空间分成很多区域，比如每256字节的配置空间是一个区域，每个BAR定义对应一个区域。代码中VFIO_PCI_CONFIG_REGION_INDEX对应的就是256字节的配置空间，对于PCIe设备，配置空间大小是4096字节。函数vfio_pci_parse_cfg_space首先通过ioctl获取配置空间在VF中的偏移，然后调用函数pread从这个偏移处读取配置空间：

```
commit 6078a4548cfdca42c766c67947986c90310a8546
Add PCI device passthrough using VFIO
kvmtool.git/vfio/pci.c
static int vfio_pci_parse_cfg_space(struct vfio_device *vdev)
{
  …
  info = &vdev->regions[VFIO_PCI_CONFIG_REGION_INDEX].info;
  *info = (struct vfio_region_info) {
      .argsz = sizeof(*info),
      .index = VFIO_PCI_CONFIG_REGION_INDEX,
  };

  ioctl(vdev->fd, VFIO_DEVICE_GET_REGION_INFO, info);
  …
  if (pread(vdev->fd, &pdev->hdr, sz, info->offset) != sz) {
  …
}
```

接下来，kvmtool需要从Guest地址空间中为VF板上内存分配地址空间，并使用GPA更新配置空间中的寄存器BAR，这个逻辑在函数vfio_pci_configure_bar中。函数vfio_pci_configure_bar首先通过ioctl从VF中读取BAR对应的区域的信息，然后根据获取的区域的大小（代码中的map_size）调用函数pci_get_io_space_block从Guest的地址空间中分配地址区间。函数pci_get_io_space_block从变量io_space_blocks指定的地址空间处，依次为PCI设备在Guest的地址空间中分配地址。分配好了Guest的地址区间后，还需要将这个地址区间和Host的BIOS（或者UEFI）为VF分配的真实的物理地址区间一一映射起来，这就是vfio_pci_configure_bar调用vfio_map_region的目的：

```
commit 6078a4548cfdca42c766c67947986c90310a8546
Add PCI device passthrough using VFIO
kvmtool.git/vfio/pci.c
static int vfio_pci_configure_bar(struct kvm *kvm,
struct vfio_device *vdev, size_t nr)
{
  …
  region->info = (struct vfio_region_info) {
    .argsz = sizeof(region->info),
    .index = nr,
  };

  ret = ioctl(vdev->fd, VFIO_DEVICE_GET_REGION_INFO,
&region->info);
  …
  region->guest_phys_addr = pci_get_io_space_block(map_size);
…
  ret = vfio_map_region(kvm, vdev, region);
…
}
```

函数 vfio_map_region 为 GPA 和 HVA 建立起映射关系。从内存虚拟化角度，其实就是 Host 为 Guest 准备一个内存条：

```
commit 8a7ae055f3533b520401c170ac55e30628b34df5
KVM: MMU: Partial swapping of guest memory
linux.git/include/linux/kvm.h
struct kvm_userspace_memory_region {
   …
   __u64 guest_phys_addr;
   …
   __u64 userspace_addr; /* start of the userspace …*/
};
```

显然，对应我们现在的情况，变量 guest_phys_addr 就是 kvmtool 为 BAR 对应的区间在 Guest 地址空间中分配的地址。变量 userspace_addr 就是 Host 的 BIOS（或者 UEFI）为 VF 在 Host 的地址空间分配的地址 PA 对应的 VA，函数 vfio_map_region 中调用 mmap 函数就是为了得出 VA。确定了变量 guest_phys_addr 和 userspace_addr 后，vfio_map_region 调用 kvm__register_dev_mem 请求 KVM 模块为 Guest 注册虚拟内存条。当 CPU 发出对 BAR 对应的内存地址空间的访问时，EPT 或者影子页表会将 GPA 翻译为 VF 在 Host 地址空间中的相应 HPA，当这个 HPA 到达 Host bridge 时，内存控制器将忽略这个地址，PCI bost bridge 或者 Root Complex 将认领这个地址。函数 vfio_map_region 的代码如下：

```
commit 6078a4548cfdca42c766c67947986c90310a8546
Add PCI device passthrough using VFIO
kvmtool.git/vfio/pci.c
int vfio_map_region(struct kvm *kvm, struct vfio_device *vdev,
```

```
        struct vfio_region *region)
{
  ...
  base = mmap(NULL, region->info.size, prot, MAP_SHARED, vdev->fd,
        region->info.offset);
  ...
  region->host_addr = base;

  ret = kvm__register_dev_mem(kvm, region->guest_phys_addr,
          map_size, region->host_addr);
  ...
}
```

完成了BAR等寄存器的加工后，kvmtool将调用vfio_pci_fixup_cfg_space将加工好的配置空间更新到VF的配置空间中。比如下面的代码中，我们可以看到，寄存器BAR的信息是kvmtool加工后的信息：

```
commit 6078a4548cfdca42c766c67947986c90310a8546
Add PCI device passthrough using VFIO
kvmtool.git/vfio/pci.c
static int vfio_pci_fixup_cfg_space(struct vfio_device *vdev)
{
  ...
  for (i = VFIO_PCI_BAR0_REGION_INDEX;
i <= VFIO_PCI_BAR5_REGION_INDEX; ++i) {
    struct vfio_region *region = &vdev->regions[i];
    u64 base = region->guest_phys_addr;
    ...
    pdev->hdr.bar[i] = (base & PCI_BASE_ADDRESS_MEM_MASK) |
          PCI_BASE_ADDRESS_SPACE_MEMORY |
          PCI_BASE_ADDRESS_MEM_TYPE_32;
  }
  ...
  info = &vdev->regions[VFIO_PCI_CONFIG_REGION_INDEX].info;
  hdr_sz = PCI_DEV_CFG_SIZE;
  if (pwrite(vdev->fd, &pdev->hdr, hdr_sz, info->offset) != hdr_sz)
...
}
```

除了寄存器BAR的虚拟外，还有其他的一些虚拟，比如为了支持MSI-X，需要虚拟配置空间中设备相关的Capability部分。这些逻辑都比较直接，我们不再一一讨论了。

4.3.2 DMA重映射

将设备直接透传给Guest后，为了提高数据传输效率，透传设备可以直接访问内存，但是如果Guest可以直接控制设备，那就需要防范恶意的Guest借助透传的设备访问其他Guest或者Host的内存。比如，Device A透传给了Guest-1，但是其有可能访问Guest-2和Host的内存；Device B透传给了Guest-2，但是其也有可能访问Guest-1和Host的内存，如图 4-11 所示。

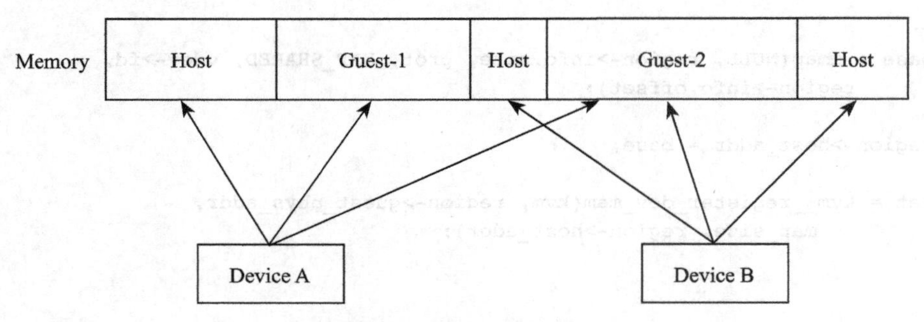

图 4-11 无隔离透传设备 DMA

为此，芯片厂商设计了 DMA 重映射（DMA Remmaping）机制，在外设和内存之间增加了 DMA 硬件重映射单元，一个 DMA 重映射硬件可以为所有设备提供地址重映射服务，也可以有多个 DMA 重映射硬件，分别为一些外设提供服务。当 VMM 处理透传给 Guest 的外设时，VMM 将请求内核为 Guest 建立一个页表，并将这个页表告知负责这个外设地址翻译的 DMA 重映射硬件单元，这个页表限制了外设只能访问这个页面覆盖的内存，从而限制外设只能访问其属于的虚拟机的内存。当外设访问内存时，内存地址首先到达 DMA 重映射硬件，DMA 重映射硬件根据这个外设的总线号、设备号以及功能号，确定其对应的页表，查表得出物理内存地址，然后将地址送上总线。在虚拟化场景下，如果多个设备可以透传给同一个虚拟机，那么它们共享一个页表，如图 4-12 所示。

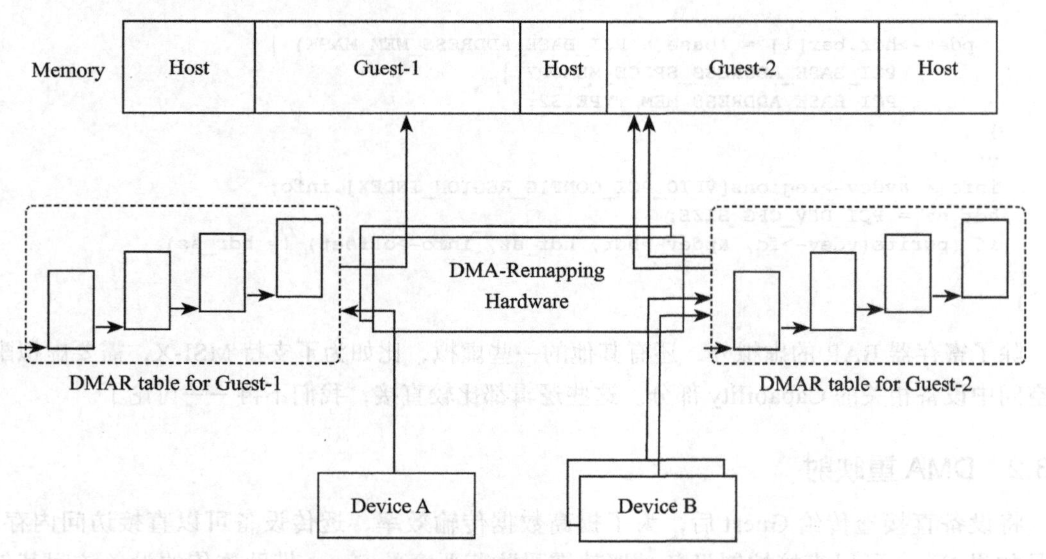

图 4-12 DMA-Remmaping 机制下的 DMA

如同一台真实的物理计算机有多段用于不同用途的内存段一样，kvmtool 将为 Guest

准备多段内存段，kvmtool将内存段称为memory bank。在为Guest准备好内存段之后，kvmtool将为每个内存段通过ioctl向内核发送VFIO_IOMMU_MAP_DMA命令，请求内核在DMA重映射单元页表中为其建立好映射关系。相对于为CPU进行地址翻译的MMU，DMA重映射硬件是为外设进行I/O地址翻译的，所以也称为IOMMU。kvmtool中代码如下：

```
commit c9888d9571ca6fa0093318c06e71220df5c3d8ec
vfio-pci: add MSI-X support
kvmtool.git/vfio/core.c
static int vfio_map_mem_bank(…, struct kvm_mem_bank *bank, …)
{
  int ret = 0;
  struct vfio_iommu_type1_dma_map dma_map = {
    …
    .vaddr  = (unsigned long)bank->host_addr,
    .iova = (u64)bank->guest_phys_addr,
    .size = bank->size,
  };
  …
  if (ioctl(vfio_container, VFIO_IOMMU_MAP_DMA, &dma_map)) {
  …
}
```

当为外设建立页表时，如果外设透传给的虚拟机尚未建立页表，则内核将创建根页表。在虚拟化的场景下，代码中的domain指代的就是一个虚拟机：

```
commit ba39592764ed20cee09aae5352e603a27bf56b0d
Intel IOMMU: Intel IOMMU driver
linux.git/drivers/pci/intel-iommu.c
static int domain_init(struct dmar_domain *domain, …)
{
  …
  domain->pgd = (struct dma_pte *)alloc_pgtable_page();
  …
}
```

内核在通知外设进行DMA前，需要将DMA地址告知外设。虚拟地址是CPU使用的，设备并不知道这个概念，所以，内核的设备驱动需要将虚拟地址转换为物理地址。在设备透传场景下，设备和Guest之间不再有VMM的干预，外设接收的是GPA。留意上面代码中函数vfio_map_mem_bank请求内核建立映射关系的参数dma_map，其中这句代码是设置IOMMU的输入地址：

```
.iova = (u64)bank->guest_phys_addr,
```

我们看到，代码中将IOMMU的输入地址命名为iova，其他多处也使用了这个名字，那么为什么称其为iova呢？我们比照CPU的虚拟内存就很容易理解了，外设用这个地址发起DMA，就类似于CPU使用虚拟地址（VA）访存，然后给到MMU，所以，这里从设备发出的给到IOMMU的，也被称为VA，因为是用于I/O的，所以命名为iova。

函数vfio_map_mem_bank中设置IOMMU翻译的目的地址的代码如下：

```
.vaddr  = (unsigned long)bank->host_addr,
```

显然，这里的vaddr是virtual address的缩写。但是事实上，需要IOMMU将GPA翻译为HPA，所以理论上dma_map中应该使用物理地址paddr，而不是vaddr，那么，为什么使用虚拟地址呢？我们知道，kvmtool在用户空间中申请区间作为Guest的物理内存段，自然使用的是虚拟地址记录区间。但这不是问题，因为内核会在建立IOMMU的页表前，将虚拟地址转换为物理地址，最后IOMMU页表中记录的是GPA到HPA的映射。

内核中处理kvmtool发来的命令VFIO_IOMMU_MAP_DMA的核心函数是domain_page_mapping，该函数完成IOMMU页表的建立。注意该函数的第3个参数，可见内核已经将kvmtool传入的HVA转换为HPA了。domain_page_mapping通过一个循环完成了一个内存段的地址映射，其根据GPA，即iova，从页表中找到具体的表项，然后将HPA写入表项中。具体代码如下：

```
commit ba39592764ed20cee09aae5352e603a27bf56b0d
Intel IOMMU: Intel IOMMU driver
linux.git/drivers/pci/intel-iommu.c
static int domain_page_mapping(struct dmar_domain *domain,
dma_addr_t iova, u64 hpa, size_t size, int prot)
{
  u64 start_pfn, end_pfn;
  struct dma_pte *pte;
  …
  start_pfn = ((u64)hpa) >> PAGE_SHIFT_4K;
  end_pfn = (PAGE_ALIGN_4K(((u64)hpa) + size)) >> PAGE_SHIFT_4K;
  index = 0;
  while (start_pfn < end_pfn) {
    pte = addr_to_dma_pte(domain, iova + PAGE_SIZE_4K * index);
    …
    dma_set_pte_addr(*pte, start_pfn << PAGE_SHIFT_4K);
    dma_set_pte_prot(*pte, prot);
    __iommu_flush_cache(domain->iommu, pte, sizeof(*pte));
    start_pfn++;
    index++;
  }
  return 0;
}
```

4.3.3 中断重映射

当将设备直接透传给虚拟机时，有一个问题就不得不面对，那就是如何避免虚拟机对外设编程发送一些恶意的中断，对主机或其他虚拟机进行攻击。因此，硬件厂商引入了中断重映射（interrupt remapping）机制，在外设和CPU之间加了一个硬件中断重映射单元。当接收到来自外设的中断时，硬件中断重映射单元会对中断请求的来源进行有效性验证，然后以中断号为索引查询中断重映射表，代替外设向目标发送中断。中断重映射表由VMM而不是虚拟机进行设置，因此从这个层面确保了透传设备不会因虚拟机恶意篡改而向Host或者其他Guest发送具有攻击性目的的中断。中断重映射硬件提取接收到的中断请求的来源（PCI设备的Bus、Device和Function号等信息），然后根据不同设备所属的domain，将该中断请求转发到相应的虚拟机。

为了使VMM能够控制系统重要的资源，当CPU处于Guest模式，并探测到有外部设备中断到达时，将首先从Guest模式退出到Host模式，由VMM处理中断，然后注入中断给目标Guest。另外，在"中断虚拟化"一章中，我们看到，为了去掉中断注入时需要的VM exit，Intel设计了posted-interrupt机制，CPU可以在Guest模式直接处理中断。因此，当设备透传给Guest时，在有中断重映射提供安全保护作用的情况下，Intel将中断重映射和posted-interrupt结合起来实现了VT-d posted-interrupt，使外设中断直达虚拟机，避免了VM exit，不再需要VMM的介入。

为了支持中断重映射，还需要对中断源进行升级，包括I/O APIC以及支持MSI、MSI-X的外设，使中断重映射硬件能从中断消息中提出中断重映射表的索引。为了向后兼容，对于那些只能发送经典的中断消息格式的外设，中断重映射单元就像不存在一样，不做任何干预，原封不动地将中断消息送上总线。可重映射的中断消息格式如图4-13所示。

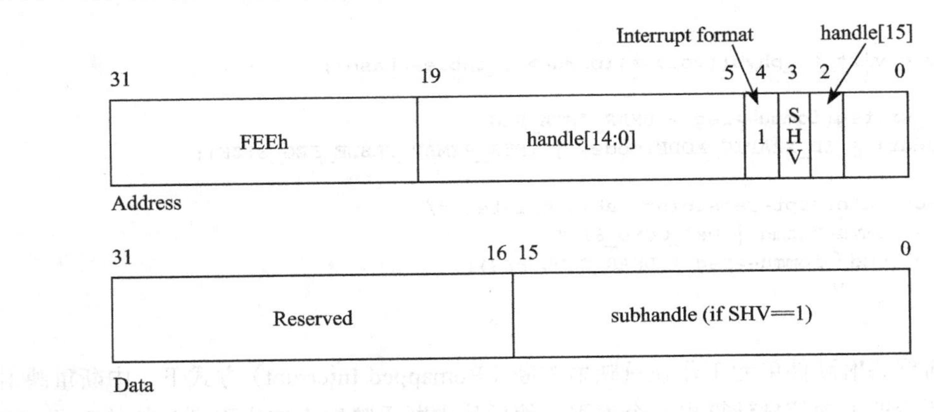

图4-13 可重映射的中断消息格式

在Address消息中，第5～19位和第2位共同组成了16位的handle，并且在第3位SHV为1的情况下，Data消息的第0～15位包含了subhandle。中断重映射硬件将根据handle和subandle计算该中断在中断重映射表中的索引值，计算方法如下：

```
if (address.SHV == 0) {
interrupt_index = address.handle;
} else {
```

```
interrupt_index = (address.handle + data.subhandle);
}
```

VMM需要在初始化时在内存中为中断重映射表分配一块区域，并将该区域告知中断重映射硬件单元，即将该表的地址写到中断重映射表地址寄存器（Interrupt Remap Table Address Register）：

```
commit 2ae21010694e56461a63bfc80e960090ce0a5ed9
x64, x2apic/intr-remap: Interrupt remapping infrastructure
linux.git/drivers/pci/intr_remapping.c
static int setup_intr_remapping(struct intel_iommu *iommu, …)
{
  struct ir_table *ir_table;
  struct page *pages;
  …
  pages = alloc_pages(GFP_KERNEL | __GFP_ZERO,
                      INTR_REMAP_PAGE_ORDER);
  …
  ir_table->base = page_address(pages);

  iommu_set_intr_remapping(iommu, mode);
  return 0;
}

static void iommu_set_intr_remapping(struct intel_iommu *iommu, …)
{
  …
  addr = virt_to_phys((void *)iommu->ir_table->base);
  …
  dmar_writeq(iommu->reg + DMAR_IRTA_REG,
    (addr) | IR_X2APIC_MODE(mode) | INTR_REMAP_TABLE_REG_SIZE);

  /* Set interrupt-remapping table pointer */
  cmd = iommu->gcmd | DMA_GCMD_SIRTP;
  writel(cmd, iommu->reg + DMAR_GCMD_REG);
  …
}
```

当中断重映射硬件单元工作在重映射中断（Remapped Interrupt）方式下，中断重映射单元根据中断请求中的信息计算出一个索引，然后从中断重映射表中索引到具体的表项IRTE，从IRTE中取出目的CPU、中断vector等，创建一个中断消息，发送到总线上，此时的中断重映射单元相当于一个代理。在这种方式下，除了外设或中断芯片和CPU之间多了一层中断重映射硬件单元外，在其他方面没有任何差异，从LAPIC看到的和来自外设或者I/O APIC的中断消息别无二致。这种方式的IRTE格式如图4-14所示。

在"中断虚拟化"一章中，我们讨论了Intel设计的posted-interrupt processing机制，在该机制下，假设虚拟设备运行在一颗CPU上，而VCPU运行在另外一颗CPU上，那么虚拟设备发出中断请求时，虚拟中断芯片将中断的信息更新到 VCPU 对应的 posted-interrupt descriptor 中，然后向 VCPU 发送一个通知 posted-interrupt notification，即一个指定向量值的核间中断，处于 Guest 模式的 CPU 收到这个中断后，将不再触发 VM exit，而是在 Guest 模式直接处理中断。

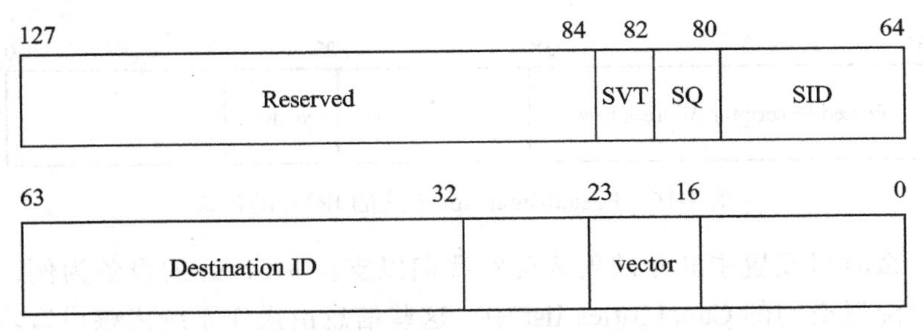

图 4-14　重映射方式的 IRTE 的格式

那么对于设备透传模式，是否可以和 Posted-interrupt 结合起来，避免掉这些 VM exit 以及 VMM 的介入呢？于是，芯片厂商设计了 Vt-d Posted-interrupt，在这种机制下，由中断重映射硬件单元完成 posted-interrupt descriptor 的填写，以及向目标 CPU 发送通知 posted-interrupt notification，如图 4-15 所示。

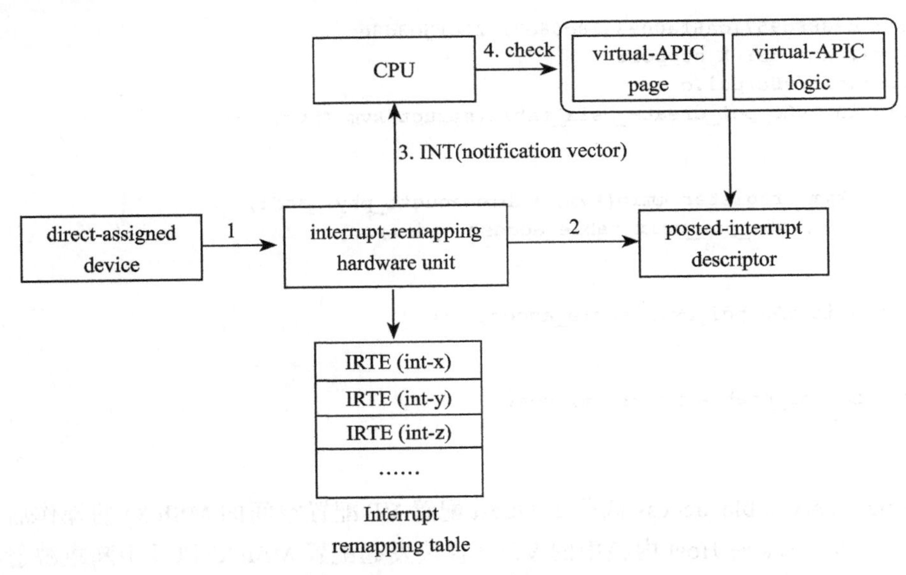

图 4-15　VT-d Posted-Interrupts

当中断重映射硬件单元工作在 Post-interrupt 的方式下时，其中断重映射表项 IRTE 的格式如图 4-16 所示。与 Remapped Interrupt 方式不同的是，IRTE 中没有了目标 CPU 字段，取而代之的是 posted-interrupt descriptor 的地址。

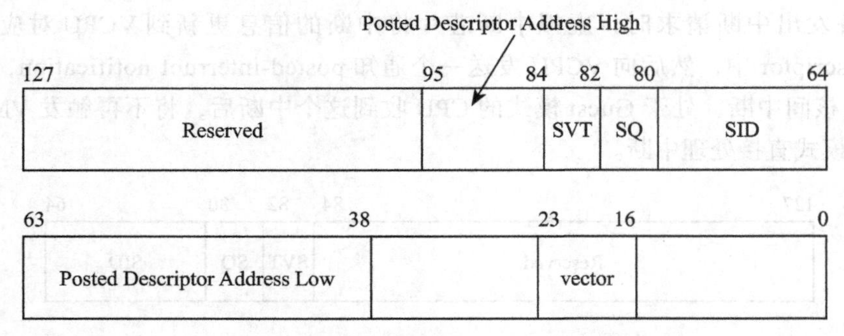

图 4-16 Posted-interrupt 方式的 IRTE 的格式

那么在什么时机设置中断重映射表呢？我们以支持 MSI(X) 的设备为例，其中断相关的信息保存在配置空间的 Capabilities list 中，这些信息由操作系统内核设置。在虚拟化场景下，当 Guest 的内核设置 VF 配置空间中的 MSI(X) 信息时，将触发 VM exit，CPU 将陷入 VMM 中。此时，VMM 除了代理 Guest 完成对 VF 配置空间的访问外，就可以通过 Host 内核中的 VFIO 驱动，为透传设备分配、更新相应的中断重映射表项。kvmtool 中截获 Guest 设置配置空间中 MSI(X) 相关寄存器的处理函数是 vfio_pci_msix_table_access，代码如下：

```
commit c9888d9571ca6fa0093318c06e71220df5c3d8ec
vfio-pci: add MSI-X support
kvmtool.git/vfio/pci.c
static int vfio_pci_create_msix_table(struct kvm *kvm, …)
{
  …
  ret = kvm__register_mmio(kvm, table->guest_phys_addr,
        …, vfio_pci_msix_table_access, pdev);
  …
}
static void vfio_pci_msix_table_access(…)
{
  …
  if (vfio_pci_enable_msis(kvm, vdev))
  …
}
```

vfio_pci_msix_table_access 截获到 Guest 配置 VF 配置空间的 MSI(X) 的操作后，调用 vfio_pci_enable_msis 向 Host 内核中的 VFIO 模块发起配置 MSI(X) 以及中断重映射相关的请求。内核收到用户空间的请求后，将初始化设备配置空间中的 MSI(X) 相关的 capability，这个过程是由函数 msi_capability_init 来完成的，msi_capability_init 在做了一些通用的初始化后，将调用体系结构相关的函数 arch_setup_msi_irqs 完成体系结构相关的部分：

```
commit 75c46fa61bc5b4ccd20a168ff325c58771248fcd
x64, x2apic/intr-remap: MSI and MSI-X support for interrupt
```

```
remapping infrastructure
linux.git/drivers/pci/msi.c
static int msi_capability_init(struct pci_dev *dev)
{
  …
  /* Configure MSI capability structure */
  ret = arch_setup_msi_irqs(dev, 1, PCI_CAP_ID_MSI);
  …
}
```

对于x86架构，起初这个函数实现在I/O APIC相关的文件中，但是事实上这个函数是处理MSI中断的，只是开发者将其暂时实现在这个文件中，因此后来开发者将其独立到一个单独文件msi.c中。arch_setup_msi_irqs最终会调用到函数msi_compose_msg设置中断消息的目的地（MSI的地址）、中断消息的内容（MSI的data）。注意msi_compose_msg这个函数的实现，可以清楚地看到在这个函数中为中断准备了中断重定向表项，并将其更新到中断重定向表中，相关代码如下：

```
commit 75c46fa61bc5b4ccd20a168ff325c58771248fcd
x64, x2apic/intr-remap: MSI and MSI-X support for interrupt
remapping infrastructure
linux.git/arch/x86/kernel/io_apic_64.c
static int msi_compose_msg(…, unsigned int irq, …)
{
  …
    struct irte irte;
    …
    irte.vector = cfg->vector;
    irte.dest_id = IRTE_DEST(dest);

    modify_irte(irq, &irte);
  …
}
linux.git/drivers/pci/intr_remapping.c
int modify_irte(int irq, struct irte *irte_modified)
{
  …
  index = irq_2_iommu[irq].irte_index +
              irq_2_iommu[irq].sub_handle;
  irte = &iommu->ir_table->base[index];

  set_64bit((unsigned long *)irte, irte_modified->low | (1 << 1));
  …
}
```

对于Post-interrupt方式的中断，需要在IRTE中记录posted-interrupt descriptor的地址，这样中断重映射单元才可以更新posted-interrupt descriptor。更新posted-interrupt descriptor相关的代码如下，其中pda_h指的是Posted Descriptor高地址，pda_l指的是Posted Descriptor

低地址：

```
commit 87276880065246ce49ec571130d3d1e4a22e5604
KVM: x86: select IRQ_BYPASS_MANAGER
linux.git/arch/x86/kvm/vmx.c
static int vmx_update_pi_irte(struct kvm *kvm, …)
{
  …
      ret = irq_set_vcpu_affinity(host_irq, &vcpu_info);
  …
}
linux.git/drivers/iommu/intel_irq_remapping.c
static struct irq_chip intel_ir_chip = {
  …
  .irq_set_vcpu_affinity = intel_ir_set_vcpu_affinity,
};
static int intel_ir_set_vcpu_affinity(struct irq_data *data, …)
{
  …
    struct irte irte_pi;
    …
    irte_pi.p_vector = vcpu_pi_info->vector;
    irte_pi.pda_l = (vcpu_pi_info->pi_desc_addr >>
        (32 - PDA_LOW_BIT)) & ~(-1UL << PDA_LOW_BIT);
    irte_pi.pda_h = (vcpu_pi_info->pi_desc_addr >> 32) &
        ~(-1UL << PDA_HIGH_BIT);

    modify_irte(&ir_data->irq_2_iommu, &irte_pi);
  …
}
```

4.4 完全虚拟化

在这一节中，我们以串口为例探讨设备完全虚拟化的原理。早在还没有出现计算机的时候，就已经出现了一些设备，比如MODEM、电传打字机等，这些设备与其他设备之间的通信方式是串行的。它们有2根数据线，1根用于发送，1根用于接收。比如一个字符编码是8位，那么串行是1位1位地传，需要多个时钟周期才可以传输一个字符；而并行则可以多位同时传，假设有8根数据线，那么在一个时钟周期就可以把8位都送上数据总线。

当PC出现后，PC的总线都是并行的，因此，这些设备与PC相连就成了一个问题，于是，串口出现了，串口负责并行和串行的转换。串口和处理器通过地址总线、数据总线以及I/O控制总线相连。除此之外，还有一个中断线，串口收到数据时需要通知CPU，串口通过8259A向CPU发送中断请求。具体连接关系如图4-17所示。

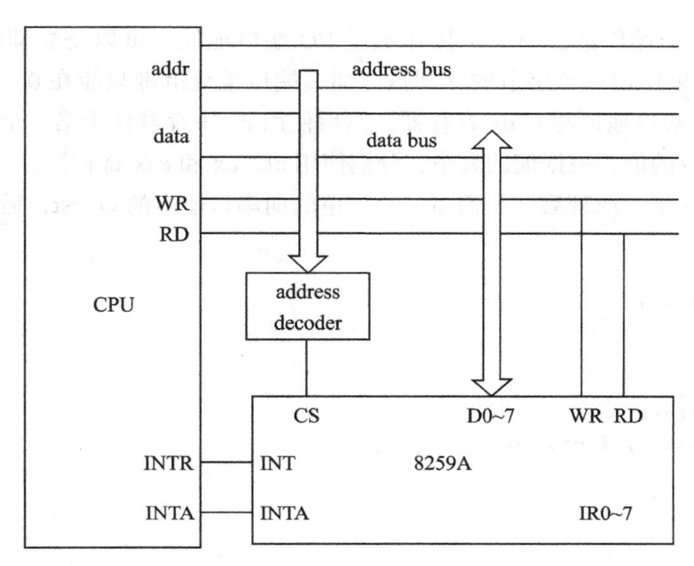

图 4-17 串口和 CPU 连接图

4.4.1 Guest 发送数据

一般访问外设的内存或者寄存器有 2 种方式：一种是将外设的内存、寄存器映射到 CPU 的内存地址空间中，CPU 访问外设如同访问自己的内存一样，这种方式称为 MMIO(Memory-mapped I/O)；另外一种方式是使用专用的 I/O 指令。CPU 访问串口使用后者，处理器向串口发送数据的基本步骤如下：

1）处理器向地址总线写入串口地址，地址译码电路根据地址的 3 ～ 9 位，确定 CPU 意图访问哪个芯片，即片选，拉低对应的片选输出。

2）锁存器锁存 A0 ～ A2，用来选择目的寄存器。

3）处理器将数据送上数据总线。

4）处理器拉低 WR 管脚，通知目标芯片读取数据。

1. Guest 写串口

x86 提供的向 I/O 端口输出数据的指令是 out，格式如表 4-1 所示。

表 4-1 x86 out 指令格式

指　　令	描　　述
OUT imm8, AL	将 al 寄存器的内容写入 I/O 端口 imm8
OUT imm8, AX	将 ax 寄存器的内容写入 I/O 端口 imm8
OUT imm8, EAX	将 eax 寄存器的内容写入 I/O 端口 imm8
OUT DX, AL	将 al 寄存器的内容写入 dx 寄存器中记录的 I/O 端口
OUT DX, AX	将 ax 寄存器的内容写入 dx 寄存器中记录的 I/O 端口
OUT DX, EAX	将 eax 寄存器的内容写入 dx 寄存器中记录的 I/O 端口

out 指令有 2 个操作数，第一个操作数是 I/O 端口地址，可以是立即数，也可以放在 dx 寄存器中，如果使用一个字节的立即数，那么端口地址范围只能在 0 ～ 255。如果大于 255，需要首先将端口地址写入 dx 寄存器，然后使用 dx 寄存器作为第一个操作数。第二个操作数是写给外设的值，根据值的大小，分别使用 al、ax 和 eax 寄存器。

了解了串口的基本原理后，我们写一个简单的向串口输出的 Guest，后面调试模拟串口设备使用：

```
// guest/kernel.S

  .code16gcc
  .text
  .globl  _start
  .type   _start, @function
_start:
  xorw %ax, %ax

1:
  mov $0x3f8, %dx
  out %ax, %dx
  inc %ax
  jmp 1b
```

代码主体是一个简单的循环，每次循环 Guest 向串口输出一个字节。这个字节从 0 开始，每次循环后字节值自增 1。因为端口地址 0x3f8 已经大于一个字节了，所以我们将 0x3f8 首先加载到 dx 寄存器，然后使用 dx 寄存器作为 out 指令的第一个操作数。out 指令将完成前面提到的将地址送上地址总线、将数据送上数据总线、拉低 WR 等操作。小小的一个 out 指令，其背后隐藏着如此多的逻辑。

0x3f8 是串口的 I/O 地址，由 IBM 的工程师为串口分配。IBM 的工程师给第 1 个串口分配的 I/O 地址范围是 0x3f8 ～ 0x3ff，给第 2 个串口分配的 I/O 地址范围是 0x2f8 ～ 0x2ff。

串口内部有多个寄存器，包括 tx/rx buffer、LCR(line control register)、LSR(line status register)，MCR(modem control register) 等，它们都连接在串口内部总线上，那么串口如何知晓 CPU 准备访问哪个寄存器呢？当 I/O 地址送上地址总线后，其中位 3 ～ 9 用来计算片选，比如地址 0x3f8，其 3 ～ 9 位是 1111111，那么第 1 个串口的片选将有效，如果地址是 0x2f8，其 3 ～ 9 位是 10111111，那么第 2 个串口的片选有效。余下的 0 ～ 3 位用来决定访问的是串口设备的哪个寄存器。

以地址 0x3f8 为例，后三位都是 0，因此，对应 RDR(receive data regiser) 或者 TDR(transmit data register)。那么如何区分是哪个寄存器呢？这个时候就需要借助控制总线了，即 CPU 的 IOR/IOW 管脚。对于 out 指令，当 CPU 将数据送上数据总线后，CPU 将拉低管脚 IOW，通知串口开始从数据总线读取数据，此时串口会将从数据总线读取的数据写入寄存器 TDR。最后，串口会将 TDR 中的数据，按照串行编码要求，加上起始位、停止位等，组织成串行的格式，发送给连接的具体串口设备，比如说Modem。

2. KVM截获Guest的I/O信息

对于Guest写串口的操作，KVM需要截取到Guest向串口输出的信息，并且调用虚拟串口设备完成I/O操作。所以，KVM充当的角色之一类似地址译码电路，其需要根据out指令的I/O地址，判断出片选哪个外设。根据VMX的设计，当Guest进行I/O时，将触发CPU从Guest模式切换到Host模式，CPU控制权将从Guest首先流转到内核的KVM模块。此时，KVM模块可以截取I/O端口地址、读写的值、数据宽度等相关信息，并将这些信息传递给模拟设备，由模拟设备完成具体的I/O操作。

KVM是如何获取Guest的I/O信息呢？VMCS中定义了若干与VM exit相关的字段，即VM-EXIT INFORMATION FIELDS。CPU在从Guest模式退出到Host模式前，会填充这些字段，为Host判断是什么原因导致VM exit提供依据。这些退出信息相关的字段中，包括基本的退出原因，比如是因为Guest执行了特殊的指令，还是因为进行I/O操作，或者是因为Guest访问了特殊的寄存器等。CPU会将Guest退出的原因记录到VMCS中的字段Exit reason中，所以，对于KVM来讲，第一步是从VMCS中读出VM exit的原因，然后调用对应的处理函数。处理因为I/O引起VM exit的函数是handle_io：

```
commit 6aa8b732ca01c3d7a54e93f4d701b8aabbe60fb7
[PATCH] kvm: userspace interface
linux.git/drivers/kvm/vmx.c
static int kvm_handle_exit(…)
{
  …
  u32 exit_reason = vmcs_read32(VM_EXIT_REASON);
  …
    return kvm_vmx_exit_handlers[exit_reason](vcpu, kvm_run);
  …
}
static int (*kvm_vmx_exit_handlers[])(struct kvm_vcpu *vcpu,
            struct kvm_run *kvm_run) = {
  …
  [EXIT_REASON_IO_INSTRUCTION]          = handle_io,
  …
};
```

仅仅知道Guest退出原因还是不够的，以I/O引起的退出为例，还需要知道I/O地址、I/O相关的值等。VMCS中有另外一个字段Exit qualification，会记录更具体的信息。对于不同退出原因，这个字段记录的内容是不同的，因此这个字段的解析需要根据退出原因按照VMX的定义进行解释。对于因为I/O导致的VM exit，Exit qualification中记录的信息关键字段包括：

1）第0～2位表示读写的数据宽度，0表示宽度是1个字节，1表示2个字节，3表示4个字节。

2）第 3 位表示是读还是写。

3）第 4 位表示这是一次普通的 I/O，还是一个 string I/O。普通 I/O 一次传递 1 个 size（0 ~ 2 位表示的宽度）大小的字节，对应于 x86 的指令 out、in；string I/O 是一次传递多个 size 大小的字节，对应于 x86 的指令 outs、ins。

4）第 16 ~ 31 位为访问的 I/O 地址。

可见，I/O 所需的有用信息都在这个 Exit qualification 字段中，所以，函数 handle_io 首先读取 VMCS 中的这个字段，获取 I/O 信息，为简洁起见，我们略去 string I/O 相关部分：

```
commit 6aa8b732ca01c3d7a54e93f4d701b8aabbe60fb7
[PATCH] kvm: userspace interface
linux.git/drivers/kvm/vmx.c
static int handle_io(struct kvm_vcpu *vcpu,
struct kvm_run *kvm_run)
{
  …
  exit_qualification = vmcs_read64(EXIT_QUALIFICATION);
  …
  if (exit_qualification & 8)
    kvm_run->io.direction = KVM_EXIT_IO_IN;
  else
    kvm_run->io.direction = KVM_EXIT_IO_OUT;
  kvm_run->io.size = (exit_qualification & 7) + 1;
  kvm_run->io.string = (exit_qualification & 16) != 0;
  …
  kvm_run->io.port = exit_qualification >> 16;
  if (kvm_run->io.string) {
    …
  } else
    kvm_run->io.value = vcpu->regs[VCPU_REGS_RAX]; /* rax */
  return 0;
}
```

函数 handle_io 首先读取 VMCS 中的 Exit qualification 字段，获取 I/O 信息。我们看到大部分信息都从 Exit qualification 字段中读取，包括 I/O 地址、是读还是写等，但是注意 I/O 的值，为什么从 rax 读取呢？ out 指令有 2 个操作数，一个是 I/O 地址，可以是立即数，也可以放在 dx 寄存器中，依地址宽度而定；另外一个是输出的值，根据值的宽度分别保存在 al、ax 和 eas/rax 寄存器中。因此，在 Guest 执行 I/O 指令时，显然，写入给设备的值已经存放在 al、ax 或者 eax/rax 寄存器中了。而在 CPU 从 Guest 模式退出到 Host 模式的一刹那，KVM 会将 Guest 的通用寄存器保存到结构体 VCPU 中的寄存器数组 regs 中。因此，函数 handle_io 从结构体 VCPU 中的寄存器数组 regs 中读取寄存器 rax 的值，rax 中记录的就是 Guest 准备写给设备的值。

3. 内核空间和用户空间之间的数据传递

KVM 将截获的 Guest 的 I/O 相关的信息保存在了一个结构体 kvm_run 实例中，每个

VCPU对应一个结构体kvm_run的实例。如果I/O没有在内核空间得到处理，那么还需要切换到用户空间进行模拟。最初，KVM会在用户空间和内核空间采用复制的方式传递I/O信息。显然，复制不是最好的实现，于是后来又采用了内存映射的方式，即在创建VCPU时，为kvm_run分配了一个页面，用户空间调用mmap函数把这个页面映射到用户空间。后来，因为在string I/O中包含Guest的虚拟地址等原因，KVM又进一步优化，内存映射区域从1个页面增加为2个页面，在kvm_run页面之后增加了一个页面专门用于承载I/O数据。结构体kvm_run的定义如下：

```
commit 039576c03c35e2f990ad9bb9c39e1bad3cd60d34
KVM: Avoid guest virtual addresses in string pio userspace interface
linux.git/include/linux/kvm.h
struct kvm_run {
  …
    struct kvm_io {
      …
      __u8 direction;
      __u8 size; /* bytes */
      __u16 port;
      __u32 count;
      __u64 data_offset; /* relative to kvm_run start */
    } io;
  …
};
```

其中，字段direction表示是读还是写；size表示每次读写的宽度，比如1个字节，2个字节还是4个字节；port表示读写地址；count记录string类型的I/O的长度；字段data_offset用户记录I/O数据所在的地址相对于kvm_run起始地址的偏移。

显然，我们的KVM用户空间实例需要把kvm_run映射到用户空间才可以访问Guest的I/O数据：

```
// kvm.c

int setup_vm(int ram_size) {
  …
  // mmap kvm_run
  int run_size = ioctl(kvm_fd, KVM_GET_VCPU_MMAP_SIZE, 0);
  vcpu->run = mmap(NULL, run_size, PROT_READ | PROT_WRITE,
      MAP_SHARED, vcpu->fd, 0);
  if (vcpu->run == MAP_FAILED) {
    fprintf(stderr, "failed to map run for vm.\n");
    return -1;
  }
}
```

4. 虚拟串口设备接收CPU数据

这一节我们通过实现虚拟串口接收CPU写给串口的数据来进一步体验I/O完全虚拟化

的原理，为了简单，串口并没有将收到的数据发送给串口设备，只是简单地将收到的数据输出到了标准输出。具体代码如下：

```
// kvm.c
#include <stdint.h>

void serial_out(void *data) {
  fprintf(stdout, "tx data: %d\n", *(char *)data);;
}

void kvm_emulate_io(uint16_t port, uint8_t direction,
void *data) {
  if (port == 0x3f8) {
    if (direction == KVM_EXIT_IO_OUT) {
      serial_out(data);
    }
  }
}

void run_vm() {
  int ret = 0;

  while (1) {
    ret = ioctl(vm->vcpu[0]->fd, KVM_RUN, 0);
    if (ret < 0) {
      fprintf(stderr, "failed to run kvm.\n");
      exit(1);
    }

    switch (vm->vcpu[0]->run->exit_reason) {
      case KVM_EXIT_IO:
        kvm_emulate_io(vm->vcpu[0]->run->io.port,
            vm->vcpu[0]->run->io.direction,
            (char *)vm->vcpu[0]->run +
            vm->vcpu[0]->run->io.data_offset);
        sleep(1);
        break;

      default:
        break;
    }
  }
}
```

函数kvm_emulate_io类似地址译码器，如果I/O地址是属于串口地址范围的，并且处理器是向串口写数据，则调用串口的out函数。为了简洁，代码中只处理了写I/O端口0x3f8的情况。值得注意的是，I/O数据存储在kvm_run后偏移data_offset后地方，而data_offset存储在kvm_run中，所以，I/O数据存储的位置如下：

```
(char *)vm->vcpu[0]->run + vm->vcpu->run->io.data_offset
```

4.4.2 Guest 接收数据

当串口收到串口设备的数据后，将向处理器向发送数据，基本步骤如下：

1）串口通过 8259A 向处理器发起中断请求。

2）处理器响应中断，向 8259A 发送确认信号，告诉 8259A 开始处理中断，调用串口对应的中断处理函数。

3）处理器将串口地址送上总线。

4）地址译码器执行片选逻辑，选中目标串口。

5）锁存器锁存 A0 ～ A2，确定 CPU 访问串口的哪一个寄存器。

6）处理器拉低控制总线的 RD 管脚，通知串口处理器已经做好接收数据的准备了。

7）被选中的串口收到 RD 信号后，根据锁存器中的 A0 ～ A2，确定对应的寄存器，将寄存器内容送上数据总线。

那么当使用软件模拟串口时，首先，外设也需要向虚拟中断芯片发起中断请求。然后，虚拟中断芯片执行中断注入。Guest 响应中断，发起读外设的操作，Guest 的 I/O 操作将触发 VM exit，CPU 陷入 KVM 中。KVM 模块中的 I/O 处理函数根据 I/O 地址判断是访问串口设备的，于是调用模拟串口设备处理 I/O。模拟串口设备根据 A0 ～ A3，确定处理器读取的寄存器，然后将寄存器内容写到保存 I/O 数据的页面。在下一次 VM entry 前，KVM 将使用 I/O 页面中的数据覆盖 VCPU 中保存的 Guest 的 rax 寄存器，在切换瞬间，VCPU 中保存的 Guest 的 rax 被加载到物理 CPU 的 rax 寄存器，完成整个模拟过程。

1. 串口发送中断请求

当串口设备收到数据时，其需要通过中断通知 CPU 接收数据，为了能够响应中断，虚拟机需要具备中断芯片。需要特别注意的是，为虚拟机创建中断芯片的操作一定要在创建 VCPU 之前，否则创建的 VCPU 就不会有对应的虚拟中断芯片实例了，所以下面的代码中，我们在创建虚拟机实例后、创建 VCPU 前，马上创建了虚拟中断芯片：

```
// kvm.c
int setup_vm(struct vm *vm, int ram_size) {
  int ret = 0;

  // create vm
  if ((vm->vm_fd = ioctl(g_dev_fd, KVM_CREATE_VM, 0)) < 0) {
    fprintf(stderr, "failed to create vm.\n");
    return -1;
  }

  // create irpchip
  ret = ioctl(vm->vm_fd, KVM_CREATE_IRQCHIP);
  if (ret < 0) {
    fprintf(stderr, "failed to create irqchip.\n");
  }
  …
}
```

我们略过串口设备接收数据的过程，假设数据已经存储到串口的接收寄存器（Receiver Data Buffer）中，接下来我们需要通过中断的方式向处理器发出通知。在“中断虚拟化”一章中我们讨论过，用户空间的模拟设备可以通过系统调用 ioctl 向虚拟中断芯片发起请求，具体的 ioctl 命令是 KVM_IRQ_LINE。显然，虚拟串口需要告知中断芯片其连接在哪个中断线（IRn）上，IBM PC 约定第一个串口连接 8259A 的 IR4 管脚。

物理设备通过管脚相连，所以 8259A 可以自己感知到哪个管脚收到了信号，并且知道信号是高电平还是低电平。但是软件模拟的方式没有物理线路连接，因此需要通过设计数据结构来定义物理世界。KVM 设计了结构体 kvm_irq_level 来承载模拟设备和模拟中断芯片之间的中断信息的传递：

```
commit 85f455f7ddbed403b34b4d54b1eaf0e14126a126
KVM: Add support for in-kernel PIC emulation

linux.git/include/linux/kvm.h

struct kvm_irq_level {
    __u32 irq;
    __u32 level;
};
```

其中 level 表示管脚电平，0 表示低电平，1 表示高电平。irq 表示外设接的是 8259A 的哪一个管脚。后来又增加了表示中断注入状态的字段 status，用户空间可以通过这个字段获悉中断注入的状态：

```
commit 4925663a079c77d95d8685228ad6675fc5639c8e
KVM: Report IRQ injection status to userspace.
linux.git/include/linux/kvm.h
struct kvm_irq_level {
  union {
    __u32 irq;
    __s32 status;
  };
  __u32 level;
};
```

我们在模拟串口中设置了一个间隔 1 秒的定时器，模拟每隔 1 秒串口就会收到数据。定时器每隔 1 秒发出一个信号 SIGALRM，处理信号 SIGALRM 的函数为 serial_int，serial_int 向内核中的虚拟中断芯片发送中断请求。IBM PC 约定第一个串口使用的中断管脚是 IR4，所以函数 serial_int 传给函数 kvm_irq_line 的第 1 个参数是 4，因为 KVM 中虚拟的 8259A 仅支持边沿出发，所以函数 serial_int 调用 kvm_irq_line 两次，制造了一个电平跳变，代码如下所示：

```
// kvm.c
#include <signal.h>
```

```
#include <time.h>
#include <string.h>

void setup_timer()
{
  struct itimerspec its;
  struct sigevent sev;
  timer_t timerid;

  memset(&sev, 0, sizeof(sev));
  sev.sigev_value.sival_int = 0;
  sev.sigev_notify = SIGEV_SIGNAL;
  sev.sigev_signo = SIGALRM;

  if (timer_create(CLOCK_REALTIME, &sev, &timerid) < 0)
    fprintf(stderr, "failed to create timer.\n");

  memset(&its, 0, sizeof(its));
  its.it_value.tv_sec = 1;
  its.it_interval.tv_sec = 1;

  if (timer_settime(timerid, 0, &its, NULL) < 0)
    fprintf(stderr, "failed to set timer.\n");
}

void kvm_irq_line(int irq, int level)
{
  struct kvm_irq_level irq_level;

  irq_level = (struct kvm_irq_level) {
    {
      .irq    = irq,
    },
    .level    = level,
  };
  if (ioctl(vm->vm_fd, KVM_IRQ_LINE, &irq_level) < 0) {
    fprintf(stderr, "failed to set kvm irq line.\n");
  }
}

void serial_int(int sig) {
  kvm_irq_line(4, 0);
  kvm_irq_line(4, 1);
}

int main(int argc, char **argv) {
  …
  load_image();

  signal(SIGALRM, serial_int);
```

```
  setup_timer();

  run_vm();
  …
}
```

因为信号的引入，切入 Guest 的函数也需要进行一点改造。在切入 Guest 之前，内核中的 KVM 模块将检查 VCPU 进程是否有信号需要处理，如果有 pending 的信号，则会跳转到信号处理函数，因此会导致切入 Guest 失败，所以这里增加了检查切入 Guest 失败的原因，如果切入失败是由信号导致的，则再次尝试切入 Guest：

```
// kvm.c
#include <errno.h>

void run_vm() {
  int ret = 0;

  while (1) {
    ret = ioctl(vm->vcpu[0]->fd, KVM_RUN, 0);
    if (ret == -1 && errno == EINTR) {
      continue;
    }
    if (ret < 0) {
      fprintf(stderr, "failed to run kvm.\n");
      exit(1);
    }
    …

  }
}
```

另外，因为使用了 time 相关的函数，编译时需要链接 rt 库：

```
// Makefile
$(KVM): $(KVM_OBJS)
  $(CC) $(KVM_OBJS) -o $@ -lrt
```

2. Guest 初始化中断芯片以及设置中断处理函数

我们需要实现一个简单的 Guest，这个 Guest 需要实现串口中断的服务函数，完成读取串口的操作。

每一颗 8259A 芯片都有两个 I/O 端口，开发人员可以通过它们对 8259A 进行编程。主 8259A 的端口地址是 0x20、0x21，从 8259A 的端口地址是 0xA0、0xA1。8259A 有两种命令字：初始化命令字 ICW(Initialization Command Word）和操作命令字 OCW（Operation Command Word)。顾名思义，ICW 用于初始化 8259A 芯片，而 OCW 可以用于 8259A 初始化之后的任何时刻。当 8259A 上电后，必须要向其发送初始化命令字，8259A 才能进入工作模式。8259A 的 ICW 包括 4 个：

1）ICW1

ICW1 的格式如图 4-18 所示。

D7	D6	D5	D4	D3	D2	D1	D0
Reserved			1	LTIM	0	SNGL	IC4

图 4-18　ICW1 的格式

D4 位必须设置为 1，这是 ICW1 的标志。任何时候，只要向 8259A 的第一个端口写入的命令的第 4 位为 1，那么 8259A 就认为这是一个 ICW1。一旦 8259A 收到一个 ICW1，他就认为一个初始化序列开始了。D0 位指出是否在初始化过程中设置 ICW4，如果 IC4 为 0 表示不写入 ICW4，IC4 为 1 表示写入 ICW4。在 80x86 系统中必须设置 ICW4，所以 IC4 必须设置为 1。D1 位表示使用单片还是级联方式，SNGL 为 1 表示单片模式，SNGL 为 0 表示级联模式。D2 位在 8086/8088 系统中不起作用，设定为 0。D3 位表示触发模式，LTIM 为 0 为边沿触发，LTIM1 为水平触发。KVM 中虚拟的 8259A 仅支持级联模式，不支持水平触发。综上，在 x86 系统上，ICW1 被设置为二进制 00010001 = 0x11。

2）ICW2

ICW2 用来设定起始中断向量，其格式如图 4-19 所示。

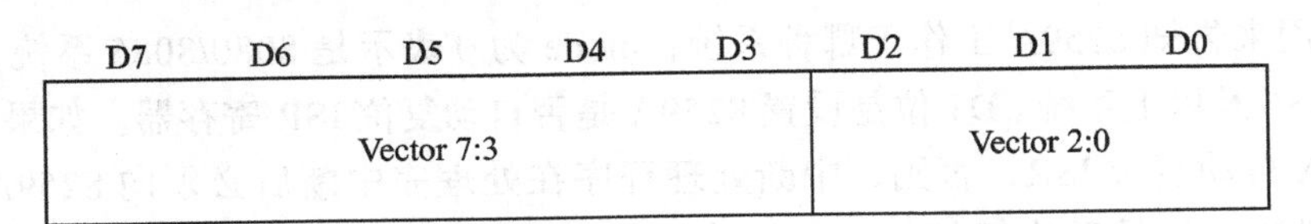

图 4-19　ICW2 的格式

x86 的前 32（0 ～ 31）个中断向量号是保留给处理器用的，因此，其他设备的中断向量号应该从 32 开始。高 5 位 D7 ～ D3，由 ICW2 在初始化编程时设定；低 3 位 D2 ～ D0 则由 8259A 根据中断进入的引脚序号而自动填入，从 IR0 ～ IR7 依次为 000 ～ 111。在本例中我们设置 8259A 的起始中断向量是 32，当 IR0 管脚收到请求时，8259A 将发出的中断向量是 32 + 0；当 IR1 管脚收到请求时，8259A 将发出的中断向量是 32 + 1，以此类推。

3）ICW3

ICW3 是设置级联相关的，其格式如图 4-20 所示。

对于主 8259A，ICW3 表示哪些引脚接有从 8259A，D0 ～ D7 分别对应 IR0 ～ IR7。接有从片 8259A 的相应位置 1，否则置 0。例如，若 IR2 上接有从 8259A，其他 IR 引脚未接有从 8259A，则 ICW3 为 00000100。

对于从 8259A，使用 ICW3 中的 ID2 ～ ID0 表示本 8259A 接在主 8259A 的哪一个 IR 引脚上。与 IR0 ～ IR7 分别对应的 ID 码为 000 ～ 111。例如，若从 8259A 接在主 8259A 的

IR2 上，则从 8259A 的 ICW3 应设定为 00000010。

D7	D6	D5	D4	D3	D2	D1	D0	
S7	S6	S5	S4	S3	S2	S1	S0	master

D7	D6	D5	D4	D3	D2	D1	D0	
0	0	0	0	0	ID2	ID1	ID0	slave

图 4-20　ICW3 的格式

虽然我们不使用级联，但是 KVM 中虚拟的 8259A 仅支持级联模式，所以还是要求设置 ICW3，因此简单地将其设置为 0。

4）ICW4

ICW4 的格式如图 4-21 所示。

D7	D6	D5	D4	D3	D2	D1	D0
0	0	0	SFNM	BUF	M/S	AEOI	mode

图 4-21　ICW4 的格式

D0 位用来告知 8259A 工作于哪种系统，mode 为 0 表示是 8080/8085 系统，mode 为 1 表示是 80x86 及以上系统。D1 位是设置 8259A 是否自动复位 ISR 寄存器。如果 AEOI 为 1，那么 8259A 自动复位 ISR，否则，中断处理程序在处理完中断后必须向 8259A 发送 EOI，8259A 收到 EOI 信号后执行复位 ISR 的动作。为了简单，本例中我们将 8259A 设置为工作在 AEOI 模式。BUF 表示 8259A 工作于缓冲方式还是非缓冲方式，BUF=1 为缓冲方式，BUF=0 为非缓冲方式。M/S 是配合 BUF 模式的。本例中设置非缓冲方式，所以 BUF 和 M/S 均设置为 0。SFNM 表示中断嵌套方式，SFNM=0 表示全嵌套方式，SFNM=1 表示特殊全嵌套方式，本例中设置 SFNM 为 0，即普通的全嵌套方式。最终，ICW4 设置为 0x3。

初始化 8259A 后，我们还需要提供串口中断的处理函数。在实模式下，中断处理函数的地址保存在 IVT 中，IVT 包含 256 个表项，每 1 个表项占据 4 个字节，高 2 个字节存储的是中断服务函数所在段的段地址，低 2 个字节存储的是中断处理函数在段内的偏移地址。IVT 位于物理内存的前 1024 字节处。IVT 表中的第 0 ～ 31 项留给处理器，我们设置 8259A 的 IR0 ～ IR7 占据 IVT 表的第 32 ～ 38 项。IBM PC 约定串口 1 连接 8259A 的 IR4，所以，需要再留出 4 个表项给 IR0 ～ IR3，因此，串口 1 的中断处理函数占据 IVT 表中的位置是 $32 \times 4 + 4 \times 4$。在本例中，串口的中断服务函数通过数据总线读取串口数据，然后将读到的数据又输出给串口。

一切设置完成后，Guest 使用 sti 指令开启中断，进入一个无限循环，等待串口中断的到来。代码如下：

```
guest/kernel.S
#define IO_PIC     0x20
#define IRQ_OFFSET  32

  .code16gcc
  .text
  .globl  _start
  .type _start, @function
_start:
  xorw  %ax, %ax
  xorw  %di, %di
  movw  %ax, %es

set_pic:
  # ICW1
  mov $0x11, %al
  mov $(IO_PIC), %dx
  out %al,%dx
  # ICW2
  mov $(IRQ_OFFSET), %al
  mov $(IO_PIC+1), %dx
  out %al, %dx
  # ICW3
  mov $0x00, %al
  mov $(IO_PIC+1), %dx
  out %al, %dx
  # ICW4
  mov $0x3, %al
  mov $(IO_PIC+1), %dx
  out %al, %dx

set_uart_handler:
  mov $(IRQ_OFFSET * 4 + 4 * 4), %di
  movw  $rx_handler, %es:(%di)
  movw  %cs, %es:2(%di)

  sti

# wait rx:
loop:
  1:
  pause
  jmp 1b

rx_handler:
  pushaw
  pushfw
  xor  %al, %al
  mov $0x3f8,%dx
  in %dx, %al

  out %al, %dx
```

```
  popfw
  popaw

  iretw
```

3. 虚拟串口写数据到 I/O 数据页面

当串口中断服务函数执行 in 指令时，在时钟信号的控制下按如下步骤执行：

1）处理器向地址总线送上端口地址。

2）地址译码器根据端口地址片选相应的串口。

3）处理器有效 IOR 管脚，通知串口自己已经做好接收数据的准备了。

4）串口根据地址总线锁存的 A0 ~ A3，确定处理器读取的寄存器，然后将处理器读取的寄存器的内容送上数据总线。

在虚拟化场景下，当 Guest 执行 in 指令时，将触发处理器从 Guest 模式切换到 Host 模式，KVM 根据 in 指令访问的 I/O 地址，确定 Guest 是读取模拟串口的数据，于是调用模拟串口的处理函数，模拟串口将收到的数据写到存储 I/O 数据的页面：

```
// kvm.c
void serial_in(char *data) {
  static int c = 0;
  *data = c++;
}

void kvm_emulate_io(uint16_t port, uint8_t direction,
void *data) {
  if (port == 0x3f8) {
    if (direction == KVM_EXIT_IO_OUT) {
      serial_out(data);
    } else {
      serial_in(data);
    }
  }
}
```

4. KVM 将 I/O 数据页面的数据写入 Guest

我们来回顾一下 Guest 的串口中断处理函数从串口读取数据的指令：

```
mov $0x3f8,%dx
in %dx, %al
```

in 指令的格式如表 4-2 所示。

表 4-2　x86 in 指令格式

指　令	描　述
IN AL, imm8	读取 I/O 端口 imm8 的内容到 al 寄存器
IN AX, imm8	读取 I/O 端口 imm8 的内容到 ax 寄存器

（续）

指　令	描　述
IN EAX, imm8	读取 I/O 端口 imm8 的内容到 eax 寄存器
IN AL,DX	读取 dx 寄存器中记录的 I/O 端口的内容到 al 寄存器
IN AX,DX	读取 dx 寄存器中记录的 I/O 端口的内容到 ax 寄存器
IN EAX,DX	读取 dx 寄存器中记录的 I/O 端口的内容到 eax 寄存器

由表可见，in 指令有 2 个操作数，第 1 个是 I/O 地址，从串口读取到的值保存在第 2 个操作数中，根据这个值的大小，第 2 个操作数分别可以是 al、ax 和 eax。

对于每个 VCPU，在其从 Guest 模式退出前，其 Guest 模式的寄存器将被保存在结构体 kvm_vcpu 的数组 regs 中。然后在切入 Guest 时，KVM 将数组 regs 中保存的 Guest 的寄存器的值恢复到物理 CPU 的寄存器中，从而恢复 Guest 状态。因此，在用户空间虚拟串口完成模拟并将写给处理器的数据写到 kvm_run 页面后，在切入 Guest 前，只要将 kvm_run 页面中的数据写到数组 regs 中记录 rax 的变量中，在处理器切换到 Guest 前一刻，KVM 会将寄存器 rax 恢复到物理 CPU 的寄存器 rax 中，在切入 Guest 模式后，Guest 就可以从寄存器 rax 中读出串口发送给处理器的值。下面是相关的代码：

```
commit 46fc1477887c41c8e900f2c95485e222b9a54822
KVM: Do not communicate to userspace through cpu registers
during PIO
linux.git/drivers/kvm/kvm_main.c
static int kvm_vcpu_ioctl_run(…)
{
  …
  if (kvm_run->io_completed) {
    if (vcpu->pio_pending)
      complete_pio(vcpu);
    …
    }
  }
  …
  r = kvm_arch_ops->run(vcpu, kvm_run);
  …
}

static void complete_pio(struct kvm_vcpu *vcpu)
{
  struct kvm_io *io = &vcpu->run->io;
  …
  if (!io->string) {
    if (io->direction == KVM_EXIT_IO_IN)
      memcpy(&vcpu->regs[VCPU_REGS_RAX], &io->value,
             io->size);
  } else {
  …
}
```

Chapter 5 第5章

Virtio虚拟化

完全虚拟化的优势是VMM对于Guest是完全透明的，Guest可以不加任何修改地运行在任何VMM上。对于真实的物理设备而言，受限于物理设备的种种约束，I/O操作需要严格按照物理设备的要求进行。但是，对于通过软件方式模拟的设备虚拟化来讲，完全没有必要生搬硬套硬件的逻辑，而是可以制定一种更高效、简洁的适用于驱动和模拟设备交互的方式，于是半虚拟化诞生了，Virtio协议是半虚拟化的典型方案之一。

与完全虚拟化相比，使用Virtio协议的驱动和模拟设备的交互不再使用寄存器等传统的I/O方式，而是采用了Virtqueue的方式来传输数据。这种设计降低了设备模拟实现的复杂度，去掉了很多CPU和I/O设备之间不必要的通信，减少了CPU在Guest模式和Host模式之间的切换，I/O也不再受数据总线宽度、寄存器宽度等因素的影响，提高了虚拟化的性能。

5.1 I/O栈

半虚拟化需要对Guest中的驱动和Host中的模拟设备进行改造，需要将基于物理设备的数据传输方式按照Virtio协议进行组织。因此，我们只有非常了解I/O数据在I/O栈的各个层次中是如何表示的，才能更好地理解Guest中的Virtio驱动是如何将上层传递给其的数据按照Virtio协议组织并传递给模拟设备的，以及Host中的模拟设备是如何解析接收到的数据并完成模拟的。因此，这一节首先来讨论内核的I/O栈。

5.1.1 文件系统

I/O栈的第一层是文件系统，其向上需为应用程序提供面向字节流的访问接口，向下需负责字节流和底层块设备之间的转换。因为文件系统构建于块设备之上，所以通常文件系统也使用块作为存储数据的基本结构，这里的块指的是文件系统层面的数据结构，不是指物理磁盘上的块，在后面的“通用块层”一节中我们会具体讨论文件系统层面的块和物理磁盘扇区的关系。一个文件的内容存储在多个块中，为了可以动态调整文件大小，并且避免文件系统中产生碎片，一个文件内容所在的块并不是连续的。

Linux 的 ext 系列文件系统使用 inode 代表一个文件，inode 中存储了文件的元信息，比如文件的类型、大小、访问权限、访问日期等，记录了文件数据所在的数据块。下面代码是 Linux 0.10 版本中结构体 inode 的定义，其中数组 i_zone 记录文件内容所在的块，i_zone 中的每一个元素存储一个块号：

```
linux-0.10/include/linux/fs.h

struct d_inode {
    …
    unsigned short i_zone[9];
};
```

应用程序访问文件时，使用的是基于字节流的寻址方式，比如，读取文件从 3272 字节处起始的 200 个字节。以 Linux 0.10 版本为例，其文件系统的块大小为 1024 字节，那么字节地址到块之间的映射关系如图 5-1 所示。

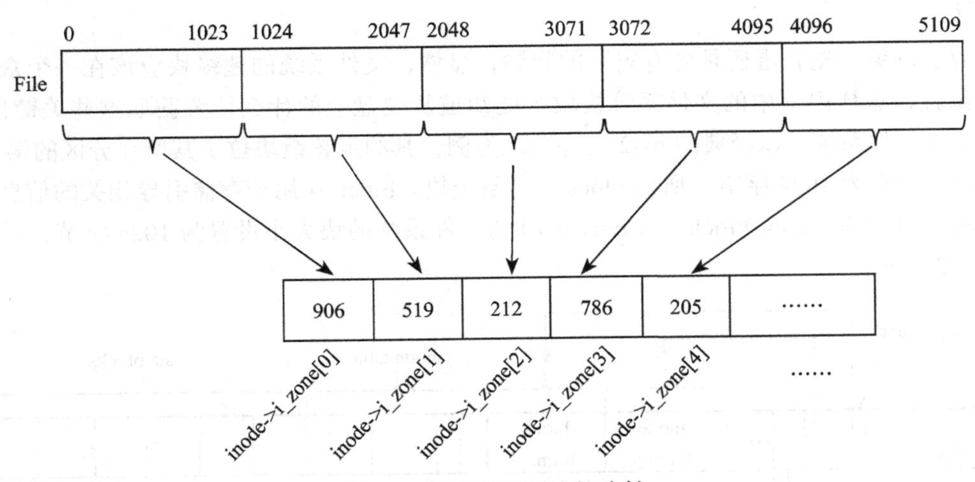

图 5-1 字节地址到块的映射

根据图 5-1 可见，文件的 0 ～ 1023 字节所属的块号存储于 inode 的块数组 i_zone 的第 0 个元素中，1024 ～ 2047 字节所在的块号存储于 inode 的块数组 i_zone 的第 1 个元素中，以此类推。以读取文件偏移 3272 字节处开始的 200 个字节为例：

1）文件系统首先计算应用程序访问的位置属于数组 i_zone 的第几个元素。对于偏移位置 3272，根据 3272 / 1024 = 3 可见，偏移 3272 处的数据存储于 i_zone[3] 记录的数据块中。

根据图 5-1 可见，i_zone[3] 记录的块号为 786，因此，文件偏移 3272 处的内容记录在文件系统的第 786 个数据块中。

2）其次，文件系统需要计算出应用程序访问的位置在数据块内的偏移。根据 3272 % 1024 = 200 可见，偏移 3272 在第 786 块数据块内的偏移 200 字节处。

文件系统是由多个文件组成的，而每个文件在文件系统中使用一个 inode 代表，因此，文件系统中需要有个区域存储这些 inode，一般称这个区域为 inode table。除此之外，文件系统中的主要部分就是数据块集合（data block）了。对于 inode table 和 data block，还需要分别有相应的数据结构记录其是被占用还是可用。ext 系列文件系统使用位图（bitmap）的方式，以 inode bitmap 为例，如果位 100 为 1，那么就表示 inode 100 被占用了，如果位 100 为 0，那么就表示 inode 100 是空闲的。显然，文件系统需要有个区域记录这些关键信息，这个区域就是超级块（super block）。Linux 0.10 的超级块中记录的上述关键信息如下：

```
linux-0.10/include/linux/fs.h

struct d_super_block {
    …
    unsigned short s_imap_blocks;
    unsigned short s_zmap_blocks;
    unsigned short s_firstdatazone;
    …
};
```

为了避免“先有蛋还是先有鸡”的问题，显然，文件系统的超级块应该在一个众所周知的位置，这样内核中的文件系统模块才能知道从硬盘上的什么位置获取这些关键信息，进而操作文件系统。以经典的 ext2 文件系统为例，其约定超级块位于其所在分区的第 1024 字节处，大小为 1024 字节，所以 block 1 是超级块。block 0 用于存储引导相关的信息，通常被称为引导块（boot block）。Linux 0.10 的文件系统的块大小设置为 1024 字节，其布局如图 5-2 所示。

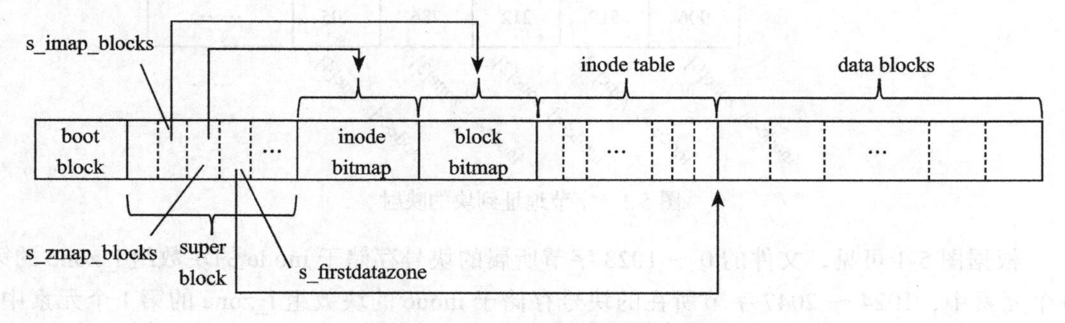

图 5-2 Linux 0.10 文件系统布局

紧邻在超级块之后的是记录 inode 使用情况的 inode bitmap，超级块中的变量 s_imap_blocks 记录了 inode bitmap 占用的块数。在 inode bitmap 后，是记录 data block 使用情况的 datablock bitmap，超级块中的变量 s_zmap_blocks 记录了 datablock bitmap 占用的块数。超级块中的变量 s_firstdatazone 记录了数据块区域的起始位置。在 datablock bitmap 和 s_firstdatazone 之间的区域，就是存储 inode 的 inode table。文件系统的格式化工具在格式化文件系统之后将这些关键信息记录到超级块中。

除了常规文件外，文件系统中还有目录，用来组织文件的层级关系。目录也是一种文件，只不过和常规意义上的文件比，目录类型文件的内容是目录下包含的文件的信息，其中每个文件使用一个结构体 dir_entry 来表示，包括文件名称及其对应的 inode 号，因此，目录文件的内容是多个结构体 dir_entry 的实例：

```
linux-0.10/include/linux/fs.h

struct dir_entry {
    unsigned short inode;
    char name[NAME_LEN];
};
```

根据文件系统的组织结构可见，访问一个文件需要从根目录的 inode 开始顺藤摸瓜，所以如同超级块需要在一个众所周知的位置，文件系统也需要预先约定好根目录 inode 的位置。根目录是文件系统的根，所以应该占据文件系统的第 1 个节点。早期，文件系统确实也使用第 1 个 inode 作为根目录的 inode，但从 ext2 文件系统开始，第 1 个 inode 用来存储文件系统的坏块，根目录使用第 2 个 inode。Linux 0.10 使用第 1 个 inode 作为根目录的 inode：

```
linux-0.10/include/linux/fs.h

#define ROOT_INO 1
```

但是仅仅知道根目录的 inode 号还不够，还需要结合 inode table 的位置，文件系统才能确定某个 inode 所在的文件块。而计算 inode table 的位置需要用到超级块中的信息，所以内核在挂载文件系统时，文件系统模块将从硬盘上读入超级块，并根据超级块中的信息，确定 inode table 的位置，读入根目录的 inode，为后续文件访问打下基础。相关代码如下：

```
linux-0.10/fs/super.c

void mount_root(void)
{
    int i,free;
    struct super_block * p;
    struct m_inode * mi;
    …
    if (!(p=read_super(ROOT_DEV)))
        panic("Unable to mount root");
    if (!(mi=iget(ROOT_DEV,ROOT_INO)))
        panic("Unable to read root i-node");
```

```
    …
    current->root = mi;
    …
}
```

函数 mount_root 调用 read_super 从硬盘上读取超级块：

```
linux-0.10/fs/super.c

static struct super_block * read_super(int dev)
{
    struct super_block * s;
    struct buffer_head * bh;
    int i,block;

    if (!(bh = bread(dev,1))) {
    …
    *((struct d_super_block *) s) =
        *((struct d_super_block *) bh->b_data);
    …
}
```

函数 read_super 调用通用块层提供的接口 bread 读取数据块，顾名思义，bread 就是 block read，其第 2 个参数就是读取的块号。Linux 0.10 的文件系统将前 1024 字节，即块 0 留给了系统引导使用，超级块占据文件系统的第 1 块，所以函数 read_super 给 bread 传入的第 2 个参数是 1，表示读取第 1 个块，即超级块。为了减少 I/O 等待，内核并不是使用完一个文件块后就释放，而是只要内存够用，就会缓存在内存中。所以，bread 首先从块的缓存中（buffer cache）中寻找块是否已经存在，如果存在则直接返回，否则在内存中新分配一个块，然后从硬盘读取数据到内存块中。其中结构体 buffer_head 是内核中定义的代表文件块的数据结构，该数据结构中的字段 b_data 指向存储数据的内存。

读取了超级块后，函数 mount_root 调用 iget 读取根目录的 inode：

```
linux-0.10/fs/inode.c

struct m_inode inode_table[NR_INODE]={{0,},};

struct m_inode * iget(int dev,int nr)
{
    struct m_inode * inode, * empty;
    …
    empty = get_empty_inode();
    …
    inode=empty;
    inode->i_dev = dev;
    inode->i_num = nr;
    read_inode(inode);
    return inode;
```

```
}
```

Linux 0.10 在内存中定义一个全局的数据结构 inode_table 用来存储 inode，函数 iget 首先从 inode_table 中获取一个空闲的 inode，然后调用 read_inode 从硬盘上读取数据到这个 inode：

```
linux-0.10/fs/inode.c

static void read_inode(struct m_inode * inode)
{
    struct super_block * sb;
    struct buffer_head * bh;
    int block;
    …
    block = 2 + sb->s_imap_blocks + sb->s_zmap_blocks +
        (inode->i_num-1)/INODES_PER_BLOCK;
    if (!(bh=bread(inode->i_dev,block)))
        panic("unable to read i-node block");
    *(struct d_inode *)inode =
        ((struct d_inode *)bh->b_data)
            [(inode->i_num-1)%INODES_PER_BLOCK];
    …
}
```

文件系统是以块为基本单元从硬盘读取数据的，读取某个 inode 的本质其实是读取 inode 所属的文件块。所以函数 read_inode 首先计算出 inode 所在的块，调用 bread 从硬盘读入数据，然后根据 inode 在文件块中的偏移及占据的内存大小，从块中将其复制到代表 inode 实例的 m_inode 中。

我们具体看一下函数 read_inode 如何计算 inode 所属的块。数字 2 表示两个块，分别是引导块和超级块。根据图 5-2 可见，在超级块之后是记录 inode 使用情况的 inode bitmap，超级块中的字段 s_imap_blocks 记录了 inode bitmap 占据的块数。在 inode bitmap 之后，是记录数据块使用情况的 datablock bitmap，超级块中的字段 s_zmap_ blocks 记录了 datablock bitmap 占据的块数。代码中 (inode->i_num-1)/ INODES_PER_BLOCK 计算出指定 inode 在 inode table 中以块为单位的偏移。所有这些加起来，就得出了 inode 所在文件块的块号。细心的读者可能会发现，inode 的序号 i_num 减去了 1，前面我们提到过，这是因为 Linux 0.10 的文件系统的根 inode 是从 1 开始计数的。

了解了文件系统的基本数据结构后，我们再以寻找目标文件的 inode 和写文件的过程为例，具体地了解一下文件系统。首先来看打开文件的过程，以访问文件 /abc/test.txt 为例，文件系统从根目录的 inode 开始，遍历根目录的 inode 的数组 i_zone 中记录的数据块，从中找到目录 abc 对应的 dir_entry，读出 dir_entry 中记录的目录 abc 的 inode 号，然后根据目录 abc 的 inode 号，从 inode table 中读取目录 abc 的 inode，然后遍历目录 abc 的 inode 的数组 i_zone 中记录的数据块，找到文件 test.txt 对应的 dir_entry，从中读出文件 test.txt 对应的 inode 号，从磁盘读取文件 test.txt 的 inode，继而就可以通过 inode 中的数组 i_zone 访问文件 test.txt 的内容了。Linux 0.10 打开文件的代码如下：

```
linux-0.10/fs/open.c

int sys_open(const char * filename,int flag,int mode)
{
    struct m_inode * inode;
    …
    if ((i=open_namei(filename,flag,mode,&inode))<0) {
    …
}

linux-0.10/fs/namei.c

int open_namei(const char * pathname, int flag, int mode,
    struct m_inode ** res_inode)
{
    const char * basename;
    int inr,dev,namelen;
    struct m_inode * dir, *inode;
    struct buffer_head * bh;
    struct dir_entry * de;
    …
    if (!(dir = dir_namei(pathname,&namelen,&basename)))
    …
    bh = find_entry(&dir,basename,namelen,&de);
    …
    inr = de->inode;
    dev = dir->i_dev;

    if (!(inode=iget(dev,inr)))
    …
}
```

之前我们看到过代表 inode 的结构体 d_inode，这里又看到了一个结构体 m_inode。d_inode 中记录的是 inode 最后需要存储到硬盘上的信息，因此，为了减少元信息占用的空间，结构体 d_inode 中保存的信息应尽可能少，够用即可。而在系统运行时，需要记录一些运行时动态的信息，所以文件系统中又设计了一个 m_inode。d_inode 可以理解为 disk inode，m_inode 可以理解为 memory inode。

open_namei 首先调用函数 dir_namei 获取最后一层目录的 inode，以 /abc/test.txt 为例，传给 dir_namei 的 pathname 是"/abc/test.txt"，函数 dir_namei 将返回目录 abc 的 inode，同时会解析出文件的名字并设置字符指针 basename 指向这个名字" test.txt"。然后，open_namei 调用函数 find_entry 遍历目录 abc 的数据块，即 abc 的 inode 中的数组 i_zone 记录的数据块，找到文件 test.txt 对应的 dir_enry，并设置指针 de 指向 test.txt 的 dir_entry。最后 open_namei 从 test.txt 的 dir_enry 中取出文件 test.txt 的 inode 号，调用函数 iget 从硬盘上

读取文件 test.txt 的 inode 信息，至此，文件系统就可以随意访问文件 test.txt 了。函数 dir_namei 从根节点一直搜索到 test.txt 的过程与这个过程基本完全相同，我们不再赘述。

至此，我们已经了解了文件系统寻找目标文件 inode 的过程，接下来我们再来看一下文件系统是如何向文件写入数据的。Linux 0.10 文件写操作的函数如下：

```
linux-0.10/fs/file_dev.c

int file_write(struct m_inode * inode, struct file * filp,
char * buf, int count)
{
    off_t pos;
    int block,c;
    struct buffer_head * bh;
    char * p;
    int i=0;

    if (filp->f_flags & O_APPEND)
        pos = inode->i_size;
    else
        pos = filp->f_pos;
    while (i<count) {
        if (!(block = create_block(inode,pos/BLOCK_SIZE)))
            break;
        if (!(bh=bread(inode->i_dev,block)))
            break;
        c = pos % BLOCK_SIZE;
        p = c + bh->b_data;
        bh->b_dirt = 1;
        c = BLOCK_SIZE-c;
        if (c > count-i) c = count-i;
        pos += c;
        …
        i += c;
        while (c-->0)
            *(p++) = get_fs_byte(buf++);
        brelse(bh);
    }
    …
}
```

先解释下 file_write 的几个参数：inode 为写入文件的 inode ；filep 代表文件的结构体，包含当前文件读写的位置，还有一些其他标识，比如追加写等；buf 指向的是准备写入的数据；count 是写入数据的字节数。

首先 file_write 根据写入的位置 pos，找出这个位置所在的块。我们知道，相比于 CPU，I/O 设备是个低速设备，尤其是需要移动磁头的机械硬盘，即使是使用固态硬盘，大家肯定也不想把大量的时间花在往复 I/O 上。所以在一般实现上，操作系统会在内存中缓存一部分块。当文件系统读取数据时，其首先查看数据所在的块是否已经存在于缓存了，如果存在，则直接从缓存中读取，没有缓存时才从块设备读入。

函数 create_block 首先从块缓存中寻找指定的块，判断其是否已经存在。create_block 以 pos/BLOCK_SIZE 为索引，尝试从 inode 的 i_zone 数组获取数据块号，如果存在，直接返回这个块，否则申请一个新的块，并更新 i_zone 数组。

对于写，则稍微要麻烦一点，上层是字节流式写，不会以块为单位整块地写，所以，为了避免破坏块中其他部分的数据，如果对应的数据块不在块缓存，那么写之前首先需要将整块数据从硬盘读入块缓存，然后根据写入的位置，计算出块内偏移，仅仅覆盖掉块内对应部分，操作系统会在适当的时候将块缓存数据同步到硬盘。所以，在创建文件块之后，file_write 调用 bread 首先从硬盘上读取数据到内存的文件块中。当然，上层也可以主动发起同步操作，将写操作同步到硬盘。对于 direct I/O 的情况，应用程序程序自己管理缓存，不使用内核 I/O 栈中的缓存，依然也需要遵守块设备的以块为单位的读写规则。

然后函数 file_write 根据 pos % BLOCK_SIZE 计算出准备写入的位置在块内的偏移，指针 p 指向这个偏移，后面在写入时使用 p 作为写入的位置。因为写入后，缓存块中的数据与硬盘中的数据不同步了，file_write 将缓存块的标识 b_dirt 设置为 1，后续操作系统将根据这个标识判断是否需要刷新块中数据到硬盘。

因为写入部分可能横跨多个块，而这些块在内存中是不连续的，所以每次只能写入一个块。因此，一旦一次写入跨越了块的边界，则只会写到此块的末尾为止，下次循环再找到下一个块处理。

最后，函数 file_write 通过一个 while 循环将应用程序传递过来的 buf 中的数据逐字节地写到块中。之后，或者应用程序主动发起同步请求，或者操作系统在适当时候会将块缓存中的数据刷写到硬盘中。

综上，从寻找文件的 inode 到写入文件的过程如图 5-3 所示。

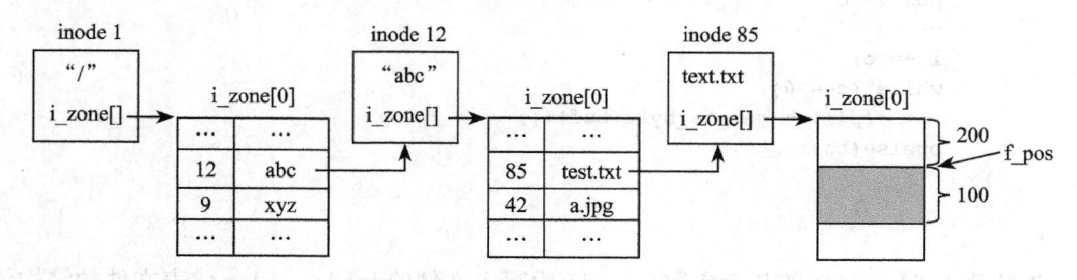

图 5-3　定位 inode 和访问文件过程

5.1.2　通用块层

事实上，无论是前面提到的文件块还是元数据，都是逻辑上的抽象，这些逻辑上的抽象最终都需要块设备的支持。所以，在文件系统之下，Linux 设计了通用块层，通用块层完成了文件系统到块设备的映射关系。后续为了区分，我们以块（block）或者文件块指代文件系统层面的块，使用扇区（sector）指代物理硬盘层面的块。块和物理硬盘的扇区可以一一对应，也可以不一一对应，即一个块可以对应多个扇区。块没必要受物理设备扇区大小的限制，使用更大的块可能会带来更好的I/O吞吐。假设扇区大小为512字节，文件系统采用的块大小为1024字节，那么块和扇区的对应关系如图5-4所示。

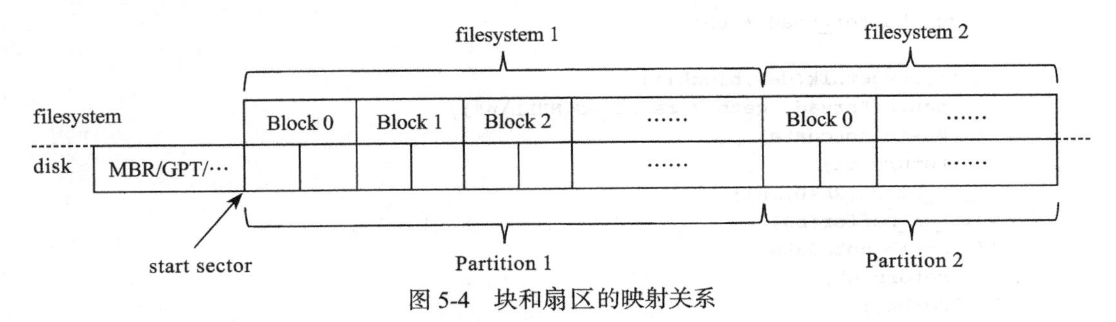

图5-4 块和扇区的映射关系

磁盘分区工具在格式化磁盘时，需要预留存放OS引导程序、磁盘分区表等的空间，对于复杂的引导程序，还需要更大的空间。过去，DOS image要求不能跨柱面，因为一个柱面最多包含64个扇区，磁盘分区工具会在硬盘的起始位置为DOS预留一个柱面，这就是为什么有的硬盘的第一个分区是从第64个扇区开始。除了MBR外，OS引导程序也经常存储在这64个扇区里，比如Grub就会将其Stage 1.5的image存储在此。有些分区工具考虑磁盘的性能，采取了一些对齐的策略，比如从第2048个扇区开始。后来随着GPT和EFI的出现，这些预留的扇区又有了变化。

这些预留的扇区不属于文件系统，因此，将文件系统的块映射为物理磁盘的扇区时，需要把这些预留的扇区加上。假设第一个分区的起始扇区是start sector，那么第1块分区的block 0的起始磁盘扇区就是start sector + 0，block 1的起始磁盘扇区为start sector + 2，以此类推。

内核为文件系统的块设计了数据结构buffer_head，下面代码是Linux 0.10版的结构体buffer_head的定义，其中，b_data指向存储数据的内存块，b_blocknr为block的起始扇区号。根据字段b_data后面的注释可见，Linux 0.10内核文件系统的块大小为1024字节：

```
linux-0.10/include/linux/fs.h

struct buffer_head {
    char * b_data;            /* pointer to data block (1024 bytes) */
    unsigned short b_dev;        /* device (0 = free) */
    unsigned short b_blocknr;    /* block number */
    …
};
```

了解了块和扇区的关系后，接下来探讨通用块层是如何将上层文件系统的块组织为一个request传递给块设备驱动的。在前面讨论文件写操作时，我们看到file_write调用了bread函数从块设备读取数据，函数bread就属于通用块层提供的功能，其第2个参数表示需要读取的块号：

```
linux-0.10/fs/buffer.c

struct buffer_head * bread(int dev,int block)
{
    struct buffer_head * bh;

    if (!(bh=getblk(dev,block)))
        panic("bread: getblk returned NULL\n");
    if (bh->b_uptodate)
        return bh;
    ll_rw_block(READ,bh);
    wait_on_buffer(bh);
    if (bh->b_uptodate)
        return bh;
    brelse(bh);
    return NULL;
}
```

前面我们提到，为了减少I/O等待，内核会在内存中缓存块，因此bread调用函数getblk首先从块缓存中寻找块是否已经存在，如果存在，直接返回指向块的指针，否则分配一个新的结构体buffer_head的实例。对于新分配的块，显然其数据与磁盘上的不一致，所以块的标识b_uptodata为0，bread还需要调用底层的函数ll_rw_block从硬盘读取数据到块中，然后，bread调用wait_on_buffer将进程挂起，等待I/O完成。ll_rw_block的实现如下：

```
linux-0.10/kernel/blk_drv/ll_rw_blk.c

void ll_rw_block(int rw, struct buffer_head * bh)
{
    …
    make_request(major,rw,bh);
}

static void make_request(int major,int rw, struct buffer_head * bh)
{
    struct request * req;
    …
    req->cmd = rw;
    req->errors=0;
    req->sector = bh->b_blocknr<<1;
    req->nr_sectors = 2;
    req->buffer = bh->b_data;
    …
    add_request(major+blk_dev,req);
}
```

通用块层需要使用底层的块设备驱动从设备上读取数据。因为块设备驱动层接受的协议是结构体 request，因此函数 ll_rw_block 调用 make_request 将 buffer_head 翻译为请求（request），其核心字段包括：

1）cmd 字段。这个字段告知硬盘是从硬盘读取数据还是向硬盘写入数据。

2）sector 字段。这个字段告知硬盘是从哪个扇区开始读取或者写入。之前我们讨论过，块是文件系统层的概念，这里需要将其转换为扇区。在 Linux 0.10 中，1 个块对应 2 个扇区，所以需要将块的数量乘以 2 转换为扇区。但是这还不够，分区前面还预留着用于其他目的的扇区，驱动层面会把这些扇区加上。

3）nr_sectors 字段。这个字段用于告知硬盘访问几个连续的扇区。因为 1 个文件块大小为 2 个扇区，所以 nr_sectors 的值为 2。

4）buffer 字段。除了 I/O 操作的命令（读 / 写），以及读写的位置（sector）外，块设备驱动还需要知道将哪里的数据写入硬盘（写操作），或者将从硬盘读取的数据写入内存什么位置（读操作）。这个位置就是 buffer_head 中负责指向内存区的 b_data 了。

基于 buffer_head 组织好 request 后，下一步就是将 request 加入队列了，如果有必要，还需要唤起块设备驱动处理 request。make_request 调用函数 add_request 来完成上述操作：

```
linux-0.10/kernel/blk_drv/ll_rw_blk.c

static void add_request(struct blk_dev_struct * dev,
struct request * req)
{
    struct request * tmp;

    req->next = NULL;
    cli();
    if (!(tmp = dev->current_request)) {
        dev->current_request = req;
        sti();
        (dev->request_fn)();
    } else {
        for ( ; tmp->next ; tmp=tmp->next)
            if ((IN_ORDER(tmp,req) ||
                !IN_ORDER(tmp,tmp->next)) &&
                IN_ORDER(req,tmp->next))
                break;
        req->next=tmp->next;
        tmp->next=req;
    }
    sti();
}
```

如果设备当前没有处理任何 request，处于空闲状态，则将这个新的 request 设置为当前 request，并立即调用块设备驱动的 request 处理函数，来处理这个新的 request。

如果块设备处于忙碌状态，则仅仅将新 request 加入 request 队列。为了使硬盘磁头的移动距离最短，可使用电梯算法在队列中为新 request 查找合适的插入位置。

5.1.3 块设备驱动

在上一节中我们看到通用块设备层已经将文件系统层的读写操作转换为request，这一节来看一下块设备驱动是如何处理request的。硬盘的request处理函数是do_hd_request：

```
linux-0.10/kernel/blk_drv/hd.c

void do_hd_request(void)
{
    int i,r;
    unsigned int block,dev;
    unsigned int sec,head,cyl;
    unsigned int nsect;

    INIT_REQUEST;
    dev = MINOR(CURRENT->dev);
    block = CURRENT->sector;
    …
    block += hd[dev].start_sect;
    dev /= 5;
    __asm__("divl %4":"=a" (block),"=d" (sec):"0" (block),"1" (0),
        "r" (hd_info[dev].sect));
    __asm__("divl %4":"=a" (cyl),"=d" (head):"0" (block),"1" (0),
        "r" (hd_info[dev].head));
    sec++;
    nsect = CURRENT->nr_sectors;
    if (CURRENT->cmd == WRITE) {
        hd_out(dev,nsect,sec,head,cyl,WIN_WRITE,&write_intr);
        for(i=0 ; i<3000 && !(r=inb_p(HD_STATUS)&DRQ_STAT) ; i++)
            /* nothing */ ;
        if (!r) {
            reset_hd(CURRENT_DEV);
            return;
        }
        port_write(HD_DATA,CURRENT->buffer,256);
    } else if (CURRENT->cmd == READ) {
        hd_out(dev,nsect,sec,head,cyl,WIN_READ,&read_intr);
    } else
        panic("unknown hd-command");
}
```

以机械硬盘为例，其由若干盘片组成，每个盘片有两个盘面，每个盘面分别有一个磁头用来读取盘面上的数据。每个盘面分成若干个同心圆，每个同心圆就是磁道。不同盘片的相同编号的磁道形成了一个圆柱，因此称之为柱面。从圆心向外画直线，将磁道划分为若干个弧段，每个弧段为一个扇区，每个磁道内的扇区有自己的索引编号。扇区是磁盘的最小组成单元，不同磁盘扇区的大小可能不同，比较典型的如512、4096字节等。

request中记录的起始扇区号，其实是一个全局的单调递增的扇区号，也是一个逻辑块。

早期的ATA标准不支持LBA（Logical Block Addressing，即使用逻辑扇区号直接寻址），而是需要将逻辑扇区号转换为具体在哪个盘面、磁道以及在磁道内的扇区索引号，即CHS（Cylinder Head Sector）寻址。因此，块设备驱动需要完成这项工作，代码中的两条内联汇编完成了从扇区号到CHS寻址的转换。request中记录的扇区号是相对于文件系统的，因此，需要将分区保留的用于特定用途的物理扇区，即hd[dev].start_sect也追加到request中，见图5-4。

在计算出CHS后，do_hd_request调用hd_out向硬盘控制器发起I/O操作指令。如果是写操作，则一直循环查询硬盘控制器的状态寄存器中的位DRQ（Data Request Bit），确定是否已经写就绪，比如硬盘控制器中的buffer是否已经有足够的空间接收数据。一旦硬盘控制器准备好后，do_hd_request调用port_write向硬盘控制器传输数据。如果是读操作，do_hd_request向硬盘控制器发送完读取指令后即返回了，硬盘控制器在收到硬盘发来的数据后将向CPU发送中断，内核中的硬盘中断函数完成从硬盘控制器读取数据到文件块的操作。

函数hd_out、port_write、port_read都是PIO模式，即通过I/O端口而非DMA模式，直接操作硬盘端口的函数：

```
linux-0.10/kernel/blk_drv/hd.c

static void hd_out(unsigned int drive,unsigned int nsect,
unsigned int sect,unsigned int head,unsigned int cyl,
unsigned int cmd,void (*intr_addr)(void))
{
    register int port asm("dx");
    …
    do_hd = intr_addr;
    outb(hd_info[drive].ctl,HD_CMD);
    port=HD_DATA;
    outb_p(hd_info[drive].wpcom>>2,++port);
    outb_p(nsect,++port);
    outb_p(sect,++port);
    outb_p(cyl,++port);
    outb_p(cyl>>8,++port);
    outb_p(0xA0|(drive<<4)|head,++port);
    outb(cmd,++port);
}

#define port_read(port,buf,nr) \
__asm__("cld;rep;insw"::"d" (port),"D" (buf),"c" (nr):"cx","di")

#define port_write(port,buf,nr) \
__asm__("cld;rep;outsw"::"d" (port),"S" (buf),"c" (nr):"cx","si")
```

对于写操作，硬盘处理完收到的数据后，会向CPU发送中断。内核中的硬盘中断处理函数收到中断后，如果当前request还有数据尚未完全传输到硬盘，则继续传输数据，write_intr把下一个扇区的数据传到控制器缓冲区中，然后再次等待控制器把数据写入驱动器后向CPU发送中断。如果当前request的所有数据都已经写入驱动器，则write_intr调用函数 end_request 唤醒相关等待进程、释放当前 request 并从链表中删除该 request 以及释放锁定的文件块，然后调用函数 do_hd_request 处理 request 队列中的下一个 request：

```
linux-0.10/kernel/blk_drv/hd.c

static void write_intr(void)
{
…
    if (--CURRENT->nr_sectors) {
        CURRENT->sector++;
        CURRENT->buffer += 512;
        port_write(HD_DATA,CURRENT->buffer,256);
        return;
    }
    end_request(1);
    do_hd_request();
}
```

读操作的过程与之类似，我们不再赘述。

5.1.4 page cache

为了加快 I/O 访问，操作系统在文件系统和块设备之间使用内存缓存硬盘上的数据，即之前我们提到的块缓存。但是基于块的设计，文件系统层和块设备耦合得比较紧密，而且文件系统并不都是基于块设备的，比如内存文件系统、网络文件系统等。再加上内核使用页的方式管理内存，因此如果使用物理页面（page）缓存数据，支持上层文件系统，就可以和内核中的内存管理系统很好地结合。所以综合种种考虑，后来 Linux 使用页代替块支持文件系统，缓存硬盘数据。相对于 buffer cache，这些页面的集合相应地称之为 page cache，使用 page cache 后，文件、页面以及块之间的关系如图 5-5 所示。

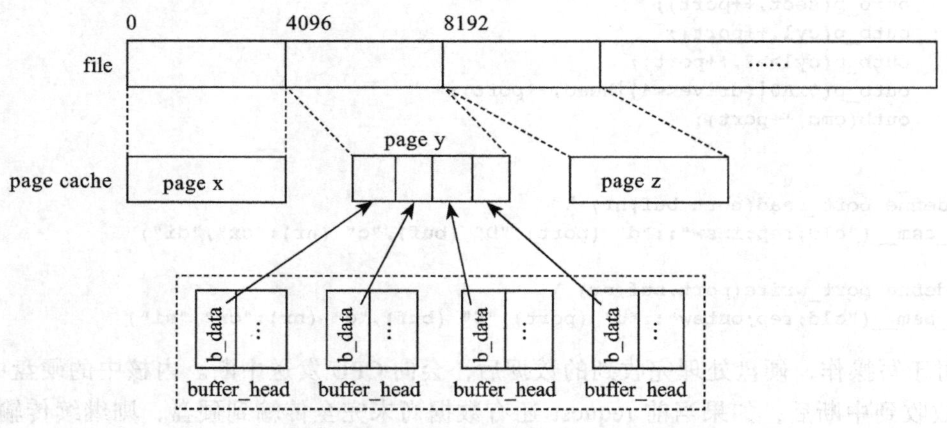

图 5-5　文件、页面以及块之间的关系

page cache 使用 hash 表索引页面 page，hash 值基于 inode 和页面对应文件的偏移的组合计算，见图 5-5，页面 x 对应文件偏移 0，页面 y 对应文件偏移 4096，页面 z 对应文件偏移 8192。结构体 page 中的字段 inode 表示这个页面用于缓存哪个文件的内容，字段 offset 记录页面对应文件的偏移：

```
linux-1.3.53/include/linux/mm.h

typedef struct page {
    …
    unsigned long offset;
    struct inode *inode;
    …
} mem_map_t;
```

页面和底层块设备之间使用已有的块机制桥接起来。每个页面划分为若干个块，在为文件分配一个新的页面时，文件系统将调用函数 create_buffers 为页面分配对应的块：

```
linux-1.3.53/fs/buffer.c

static struct buffer_head * create_buffers(unsigned long page,
unsigned long size)
{
    struct buffer_head *bh, *head;
    unsigned long offset;

    head = NULL;
    offset = PAGE_SIZE;
    while ((offset -= size) < PAGE_SIZE) {
        bh = get_unused_buffer_head();
        …
        bh->b_this_page = head;
        head = bh;
        bh->b_data = (char *) (page+offset);
        …
    }
    …
}
```

块和页面之间通过数据结构 buffer_head 的字段 b_data 关连。使用页面缓存后，块没有自己的数据区了，块的字段 b_data 指向页内的偏移。在图 5-5 中，假设页面 y 的地址为 A，那么第 1 个块的 b_data 指向地址 A + 0, 第 2 个块的 b_data 指向地址 A + 1024，等等。支撑同一个页面的块之间通过字段 b_this_page 链接起来。

支撑页面的块和硬盘扇区之间的对应关系依然通过访问位置计算，以 ext2 文件系统从硬盘读取一个页面到 page cache 的函数 ext2_readpage 为例：

```
linux-1.3.53/fs/ext2/file.c

static int ext2_readpage(struct inode * inode,
unsigned long offset, char * page)
```

```
{
    int *p, nr[PAGE_SIZE/512];
    int i;

    i = PAGE_SIZE >> inode->i_sb->s_blocksize_bits;
    offset >>= inode->i_sb->s_blocksize_bits;
    p = nr;
    do {
      *p = ext2_bmap(inode, offset);
      i--;
      offset++;
      p++;
    } while (i > 0);
    return bread_page((unsigned long) page, inode->i_dev, nr,
        inode->i_sb->s_blocksize);
}
```

函数 ext2_readpage 的第 2 个参数 offset 是应用程序读取文件内容的位置，第 3 个参数传递过来的是缓存文件内容的页面地址。函数 ext2_readpage 定义了一个整型数组 nr，这个数组就是用来存储文件从 offset 偏移开始的一个页面对应的硬盘上的扇区号。其中函数 ext2_bmap 结合 offset 和 inode 中的 i_zone 数组计算 offset 对应的硬盘扇区号。计算出支撑页面的硬盘扇区号后，ext2 文件系统就将访问块设备的操作交给了通用块层的函数 bread_page，除了将要读取的扇区号，ext2_readpage 也把 page cache 中用于储存数据的页面地址传递给了函数 bread_page。

在本节的最后，我们以基于 page cache 版本的 ext2 文件系统的读操作为例，更具体地了解一下文件、页面以及块之间的关系：

```
linux-1.3.53/fs/ext2/file.c

01 static int ext2_file_read (struct inode * inode,
02     struct file * filp, char * buf, int count)
03 {
04   int read = 0;
05   unsigned long pos;
06   unsigned long addr;
07   unsigned long cached_page = 0;
08   struct page *page;
09   …
10   pos = filp->f_pos;
11
12   for (;;) {
13     …
14     offset = pos & ~PAGE_MASK;
15     nr = PAGE_SIZE - offset;
16     if (nr > count)
17        nr = count;
18     …
```

```
19      page = find_page(inode, pos & PAGE_MASK);
20      if (page)
21        goto found_page;
22      …
23      if (!(addr = cached_page)) {
24        addr = cached_page = __get_free_page(GFP_KERNEL);
25        …
26      }
27      inode->i_op->readpage(inode, pos & PAGE_MASK,
28          (char *) addr);
29      …
30      add_page_to_hash_queue(inode, page);
31
32 found_page:
33      …
34      addr = page_address(page);
35      memcpy_tofs(buf, (void *) (addr + offset), nr);
36      …
37    }
38    …
39 }
```

当读取文件时，虽然从上层看访问的区域是连续的，但是在底层，在使用了 page cache 后，文件的内容是以页面为单位的。所以，函数 ext2_file_read 需要判断读取的内容是否跨页了，如果读取的内容跨页了，那就要分开处理，每次处理一个页面，即当前循环仅仅读取到当前页的结尾，下一个循环再读取下一个页面上的内容。见 14 ～ 17 行代码。

函数 ext2_file_read 首先调用 find_page 以 inode 和页面在文件内的偏移（即 pos & PAGE_MASK）的组合作为 key 在 page cache 中寻找页面，见第 19 ～ 21 行代码。如果页面已经在 page cache 中了，则跳转到标签 found_page 处，调用 memcpy_tofs 将页面中相应偏移处的内容复制到上层调用提供的 buffer，见第 35 行代码。因为处理器使用虚拟地址访问内存，所以第 34 行代码调用 page_address 将页面的物理地址转换为虚拟地址。然后更新相关变量，如果还有未读完的字节，则继续下一个循环。

如果应用程序读取的 I/O 数据尚未缓存，也就是在 page cache 中找不到相应的页面时，则 ext2_file_read 向内存管理子系统申请一个空闲页面，见 23 ～ 26 行代码。然后调用函数 readpage，从块设备读取数据到这个页面，并将其加入 page cache 的 hash 表，见 27 ～ 30 行代码。然后，代码流程走到标签 found_page 处，与前面相同，调用 memcpy_tofs 复制页面内容，更新相关变量，继续下一个循环。

我们刚刚讨论过 ext2 文件系统的 readpage 函数 ext2_readpage，其调用函数 ext2_bmap 结合访问位置和 inode 中 i_zone 数组计算出从访问位置开始的一个页面对应的硬盘上的扇区号，存储在一个整型数组中，然后调用通用块层的函数 bread_page 从硬盘读取数据到页面。我们来看一下函数 bread_page 如何从硬盘读取数据到页面所属块的：

```
linux-1.3.53/fs/ext2/file.c
```

```
01 int bread_page(unsigned long address,…, int b[], int size)
02 {
03   struct buffer_head *bh, *next, *arr[MAX_BUF_PER_PAGE];
04   int block, nr;
05 
06   bh = create_buffers(address, size);
07   …
08   nr = 0;
09   next = bh;
10   do {
11     struct buffer_head * tmp;
12     block = *(b++);
13     …
14     tmp = get_hash_table(dev, block, size);
15     if (tmp) {
16       if (!buffer_uptodate(tmp)) {
17         ll_rw_block(READ, 1, &tmp);
18         wait_on_buffer(tmp);
19       }
20       memcpy(next->b_data, tmp->b_data, size);
21       brelse(tmp);
22       continue;
23     }
24     arr[nr++] = next;
25     next->b_dev = dev;
26     next->b_blocknr = block;
27     …
28   } while ((next = next->b_this_page) != NULL);
29 
30   if (nr)
31     read_buffers(arr,nr);
32   …
33 }
34 
35 static void read_buffers(struct buffer_head * bh[], int nrbuf)
36 {
37   ll_rw_block(READ, nrbuf, bh);
38   …
39 }
```

首先看第6行的函数create_buffers，这个函数我们之前讨论过，其用来将每个页面需要划分为若干个块。然后函数bread_page循环处理每一个块，同一个页面所属的块组成一个链表，使用结构体buffer_head中的字段b_this_page相连，所以循环结束的条件就是当字段b_this_page为空时，如第28行代码所示。

对于每一个块，可能已经存在内存中了，所以函数bread_page首先尝试从hash表中寻找这个块。如果找到了对应的块，检查其数据是否和硬盘上的数据一致，如果不一致，则调用驱动层的接口从硬盘读取数据，然后将数据复制过来。见代码14～23行。

对于那些不在内存中的块，第26行代码设置块对应硬盘上的起始扇区号，第24行将块存储到数组 arr 中，组织好块后，第 31 行调用函数 read_buffers 统一从硬盘读取数据。函数 read_buffers 调用驱动层提供的接口 ll_rw_block 请求硬盘控制器从硬盘读取数据。

5.1.5　bio

在之前的讨论中，我们看到，最初 Linux 使用数据结构 buffer_head 作为基本的 I/O 单元的，但是随着 raw I/O、direct I/O 的出现，尤其是后来又出现了复杂的 LVM、MD、RAID，甚至是基于网络的块设备，这时 Linux 需要一个更灵活的 I/O 数据结构，可以在这些复杂的块设备的不同层次之间传递、分割、合并 I/O 数据等。所以，Linux 设计了更通用、更灵活的数据结构 bio 来作为基本的 I/O 单元：

```
linux-2.5.1/include/linux/bio.h

struct bio_vec {
    struct page *bv_page;
    unsigned int    bv_len;
    unsigned int    bv_offset;
};

struct bio {
    sector_t        bi_sector;
    …
    struct bio_vec      *bi_io_vec; /* the actual vec list */
    …
};
```

每个 bio 表示一段连续扇区，字段 sector 表示起始扇区号。由于对应于物理上连续扇区的数据可能存在于多个不连续的内存段中，因此结构体 bio 中使用一个数组 bio_vec 来支持这种需求，数组 bio_vec 中的每个元素代表一段连续的内存，数组 bio_vec 中存储多个不连续的内存段。

相应地，request 中存储 I/O 数据的字段也从 buffer_head 更新为 bio:

```
linux-0.10/kernel/blk_drv/blk.h

struct request {
    …
    struct buffer_head * bh;
    …
};

linux-2.5.1/include/linux/blkdev.h

struct request {
    …
    struct bio *bio, *biotail;
    …
};
```

之前使用buffer_head创建request的方式也需要转变，buffer_head需要转换为bio再传递给创建request的函数。以submit_bh函数为例，在使用bio之前，其将buffer_head传递给创建request的函数：

```
linux-2.5.0/drivers/block/ll_rw_blk.c

void submit_bh(int rw, struct buffer_head * bh)
{
…
    generic_make_request(rw, bh);
    …
}
```

而使用bio后，buffer_head需要首先转换为bio，然后再传递给创建request的函数：

```
linux-2.5.1/drivers/block/ll_rw_blk.c

int submit_bh(int rw, struct buffer_head * bh)
{
    struct bio *bio;
    …
    bio = bio_alloc(GFP_NOIO, 1);

    bio->bi_sector = bh->b_blocknr * (bh->b_size >> 9);
    bio->bi_dev = bh->b_dev;
    bio->bi_io_vec[0].bv_page = bh->b_page;
    bio->bi_io_vec[0].bv_len = bh->b_size;
    bio->bi_io_vec[0].bv_offset = bh_offset(bh);
    …
    return submit_bio(rw, bio);
}

int submit_bio(int rw, struct bio *bio)
{
    generic_make_request(bio);
}
```

5.1.6 I/O调度器

假设硬盘某个磁头在86柱面，接下来的I/O request依次在如下柱面：160、52、122、10、135、68、178。如果我们按照FCFS（先来先服务）的策略来调度，则磁头移动的轨迹如图5-6所示。

我们看到磁头移动有很多迂回。为了提高I/O效率，通用块层引入了I/O调度，对硬盘访问进行优化。其中一种典型的I/O调度算法就是使用电梯调度算法对请求进行排队，减少磁头寻道的距离。采用电梯调度算法，磁头移动的轨迹变化如图5-7所示，可以看到，磁头移动的距离减少了很多。

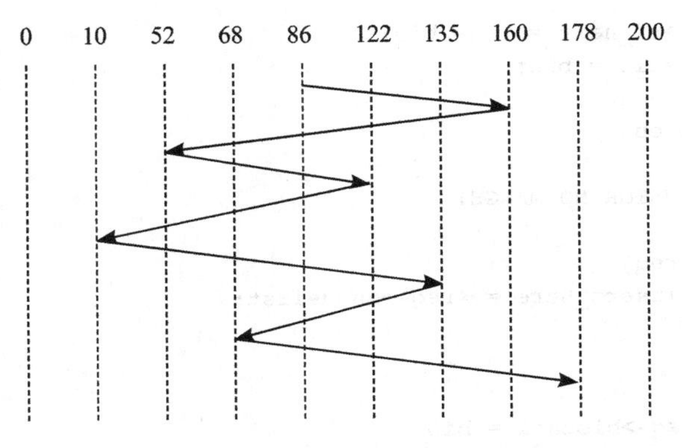

图 5-6 FCFS 策略的磁头寻道

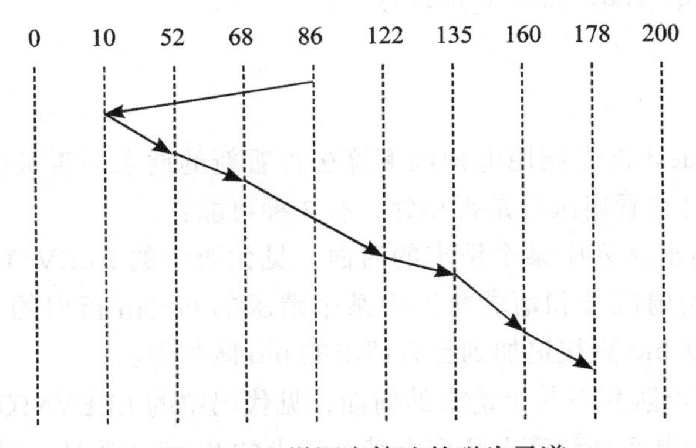

图 5-7 电梯调度算法的磁头寻道

除了使用电梯调度算法对请求进行排队外，每当新请求到来时，I/O 调度器还将查找新请求访问的扇区是否与 request 队列中已有的某个 request 访问的扇区相邻，如果相邻，则将相应的 bio 合并到已有 request 中，进一步减少磁头的移动距离。代码如下所示：

```
linux-2.5.1/drivers/block/ll_rw_blk.c

static int __make_request(request_queue_t *q, struct bio *bio)
{

    el_ret = elevator->elevator_merge_fn(q, &req, head, bio);
    switch (el_ret) {
        case ELEVATOR_BACK_MERGE:
            ...
            req->biotail->bi_next = bio;
            req->biotail = bio;
            ...
            goto out;

        case ELEVATOR_FRONT_MERGE:
            ...
```

```
            bio->bi_next = req->bio;
            req->bio = bio;
            …
            goto out;

        case ELEVATOR_NO_MERGE:
            …
            if (req)
                insert_here = &req->queuelist;
        …
    }
    …
    req->bio = req->biotail = bio;
    req->rq_dev = bio->bi_dev;
    add_request(q, req, insert_here);
out:
    …
}
```

函数 __make_request 首先调用电梯调度算法查看新的请求是否可以与请求队列中已有的请求合并，其实就是查看扇区号是否相邻，有 3 种可能：

1）可以合并到请求队列中某个请求的后面，见代码中的 ELEVATOR_BACK_MERGE 分支。即新 bio 的起始扇区号和请求队列中某个请求的 biotail 指向的 bio 的起始扇区号相邻。这种情况下，将新 bio 直接追加到已有请求的 bio 队列中。

2）可以合并到请求队列中某个请求的前面，见代码中的 ELEVATOR_FRONT_MERGE 分支。即新 bio 的起始扇区号和请求队列中某个请求的 bio 队列的头的起始扇区号相邻。这种情况下，将新 bio 直接作为已有请求的 bio 队列头。

3）最后一种情况是没有相邻的情况。那么电梯算法会返回一个合适的位置，即代码中的 insert_here，然后申请一个新的请求，使用 bio 进行初始化后，调用 add_request 插入请求队列中 insert_here 指定的位置。

5.2 Virtio 协议

使用完全虚拟化，Guest 不加任何修改就可以运行在任何 VMM 上，VMM 对于 Guest 是完全透明的。但每次 I/O 都将导致 CPU 在 Guest 模式和 Host 模式间切换，在 I/O 操作密集时，这个切换是影响虚拟机性能的一个重要因素。对于通过软件方式模拟的虚拟化而言，完全可以制定一个更加高效简洁地适用于软件模拟环境下的驱动和模拟设备交互的标准，于是 Virtual I/O（简称 Virtio）诞生了。与完全虚拟化相比，使用 Virtio 标准的驱动和模拟设备的交互不再使用寄存器等传统的 I/O 方式，而是采用了 Virtqueue 的方式传输数据。这种设计降低了设备模拟实现的复杂度，I/O 不再受数据总线宽度、寄存器宽度等因素的影响，一次 I/O 传递的数据量不受限制，减少了 CPU 在 Guest 模式和 Host 模式之间的切换，提高了虚拟化的性能。

最初，广泛使用的 Virtio 协议版本是 0.9.5。在 Virtio 1.0 之后，Virtio 将设备的配置部分做了些微调，但是 Virtio 的核心部分保持一致。比如 PCI 接口的 Virtio，将原来放在第 1 个 I/O 区域内的配置拆分成几个部分，每一部分使用一个 capability 表示，包括 Common configuration、Notifications、ISR Status、Device-specific configuration 等，使设备的配置更灵活、更易扩展。

Virtio 的核心数据结构是 Virtqueue，其是 Guest 内核中的驱动和 VMM 中的模拟设备之间传输数据的载体。后续如无特别指出，“Guest 内核中的驱动”将简称为驱动，“VMM 中的模拟设备”将简称为设备。一个设备可以只有一个 Virtqueue，也可以有多个 Virtqueue。比如对于网络设备而言，可以有一个用于控制的 Virtqueue，然后分别有一个或多个用于发送和接收的 Virtqueue。所以，很多变量、状态都是 per queue 的。

Virtqueue 主要包含三部分：描述符表（Descriptor Table）、可用描述符区域（Available Ring）、已用描述符区域（Used Ring）。Virtio 1.0 之前的标准要求这三部分在一块连续的物理内存上，Virtio 1.0 之后就没有这个规定了，只要求这三部分各自的物理内存连续即可。

5.2.1 描述符表

描述符表是 Virtqueue 的核心，由一系列的描述符构成。每一个描述符指向一块内存，如果这块内存存放的是驱动写给设备的数据，我们将这个描述符称为 out 类型的；如果是驱动从设备读取的数据，我们称这个描述符为 in 类型的。在前面 I/O 栈部分探讨驱动时，我们看到，无论是读还是写，都是驱动侧负责管理存储区，同样的道理，Virtqueue 的管理也是由 Guest 内核中的驱动负责，它会管理这些内存的分配和回收。即使是 in 类型的内存块，也是由驱动为设备分配的，设备仅仅是向其中写入驱动需要的数据，驱动读取数据后自行回收资源。

描述符包括如下几个字段：

1）addr。字段 addr 指向存储数据的内存块的起始地址，为了让模拟设备理解这个地址，Guest 填充这个地址时，需要将 GVA 转换为 GPA。

2）len。对于 out、in 两个方向，描述符中的字段 len 有不同意义。对于 out 方向的，len 表示驱动在这个内存块中准备了可供设备读取的数据量。对于 in 方向的，len 表示驱动为设备提供的空白的存储区的尺寸及设备至多可以向里面写入的数据量。

3）flag。用来标识描述符的属性，例如，如果这个描述符只允许有 in 方向的数据，即只承载设备向驱动传递的数据，那么 flag 需要加上标识 VRING_DESC_F_WRITE。除此之外，flag 还有一个重要的作用，后面会进行介绍。

4）next。驱动和设备的一次数据交互，可能需要用多个描述符来表示，多个描述符构成一个描述符链（descriptor chain）。那么当前描述符是否是描述链的最后一个，后面是否还有描述符，我们要根据 flag 字段来判别。如果字段 flag 中有标识 VRING_DESC_F_

NEXT，则表示描述符中的字段 next 指向下一个描述符，否则，当前描述符就是描述符链的最后一个描述符。

驱动除了需要向设备提供 I/O 命令、写入的起始扇区和数据外，还需要知道设备的执行状态。因此，描述符链既包含 out 类型的描述符，承载驱动提供给设备的 I/O 命令和数据，也包含 in 类型的描述符，将命令的执行状态写在其中，让驱动了解设备处理 I/O 的状态。

以驱动向设备写数据为例，描述符链包括一个 header，header 指向的内存块记录 I/O 命令写及起始的扇区号，无须记录写的扇区总数，因为模拟设备会根据数据描述符中的长度计算。接下来是 I/O 数据相关的描述符，一个 request 中可能合并了多个 I/O request，即使单个 I/O request 也可能包含多个不连续的内存块，而每个单独的内存块都需要一个描述符描述，所以数据相关的描述符可能有多个。最后一个是状态描述符，它记录设备 I/O 执行的状态，比如 I/O 是否成功了等。

描述符链的组织如图 5-8 所示。

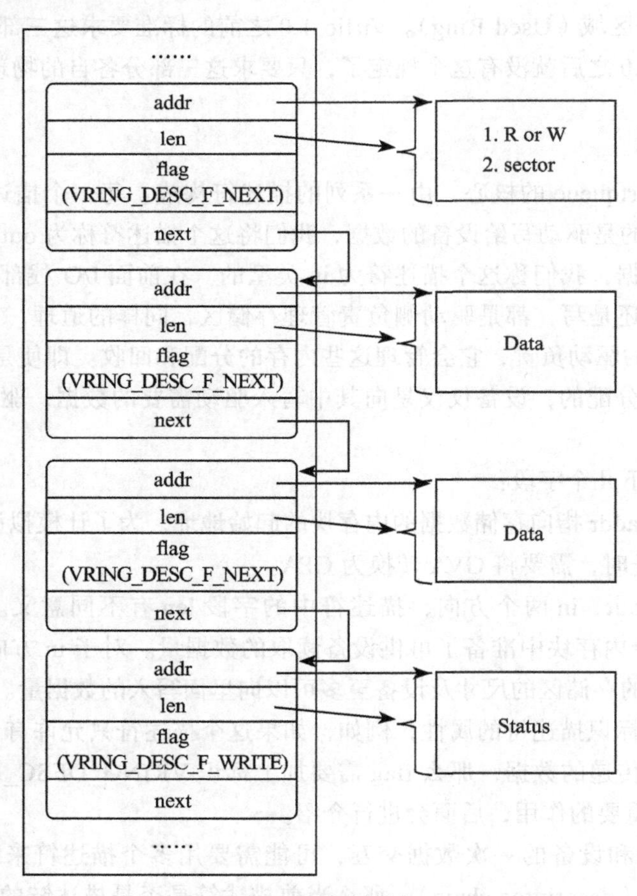

图 5-8 描述符链

5.2.2 可用描述符区域

驱动准备好描述符后，需要有个位置记录哪些描述符可用。为此，Virtqueue 中就开辟了一块区域，我们称其为可用描述符区域，这个“可用”是相对设备而言的。可用描述符区域的主体是一个数组 ring，ring 中每个元素记录的是描述符链的第一个描述符的 ID，这个 ID 是描述符在描述符表中的索引。

驱动每次将 I/O request 转换为一个可用描述符链后，就会向数组 ring 中追加一个元素，因此，在驱动侧需要知道数组 ring 中下一个可用的位置，即未被设备消费的段之后的一个位置，在可用描述符区域中定义了字段 idx 来记录这个位置。

在 CPU 从 Guest 模式切换到 Host 模式后，模拟设备将检查可用描述符区域，如果有可用的描述符，就依次进行消费。因此，设备需要知道上次消费到哪里了。为此，设备侧定义了一个变量 last_avail_idx，记录可以消费的起始位置。

最初，数组 ring 是空的，last_avail_idx 和 idx 都初始化为 0，即指向数组 ring 的开头。随着时间的推移，将形成如图 5-9 所示的常态，数组 ring 中位于 last_avail_idx 和 idx-1 之间的部分就是未被设备处理的，我们将数组 ring 中的这部分称为有效区域。

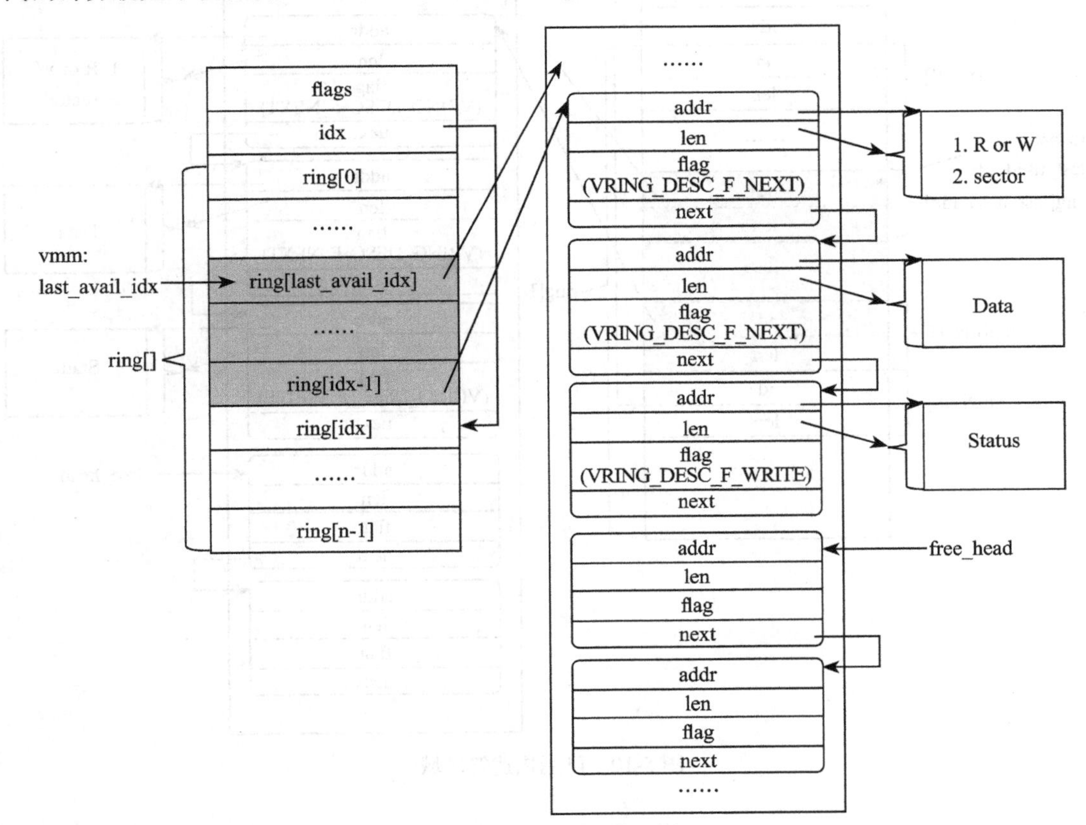

图 5-9 可用描述符区域

5.2.3 已用描述符区域

与可用描述符类似，设备也需要将已经处理的描述符记录起来，反馈给驱动。为此，Virtio 标准定义了另一个数据结构，我们称其为已用描述符区域，显然，这个“已用”也是相对驱动而言的。已用描述符区域的主体也是一个数组 ring，与可用描述符区域中的数组稍有不同，已用描述区域数组中的每个元素除了记录设备已经处理的描述符链头的 ID 外，因为设备可能还会向驱动写回数据，比如驱动从设备读取数据、设备告知驱动写操作的状态等，所以还需要有个位置能够记录设备写回的数据长度。

设备每处理一个可用描述符数组 ring 中的描述符链，都需要将其追加到已用描述符数组 ring 中，因此，设备需要知道已用描述符数组 ring 的下一个可用的位置，这就是已用描述符区域中变量 idx 的作用。同理，在驱动侧定义了变量 last_used_idx，指向当前驱动侧已经回收到的位置，位于 last_used_idx 和 idx−1 之间的部分就是需要回收的，我们称其为有效已用描述符区域，如图 5-10 所示。

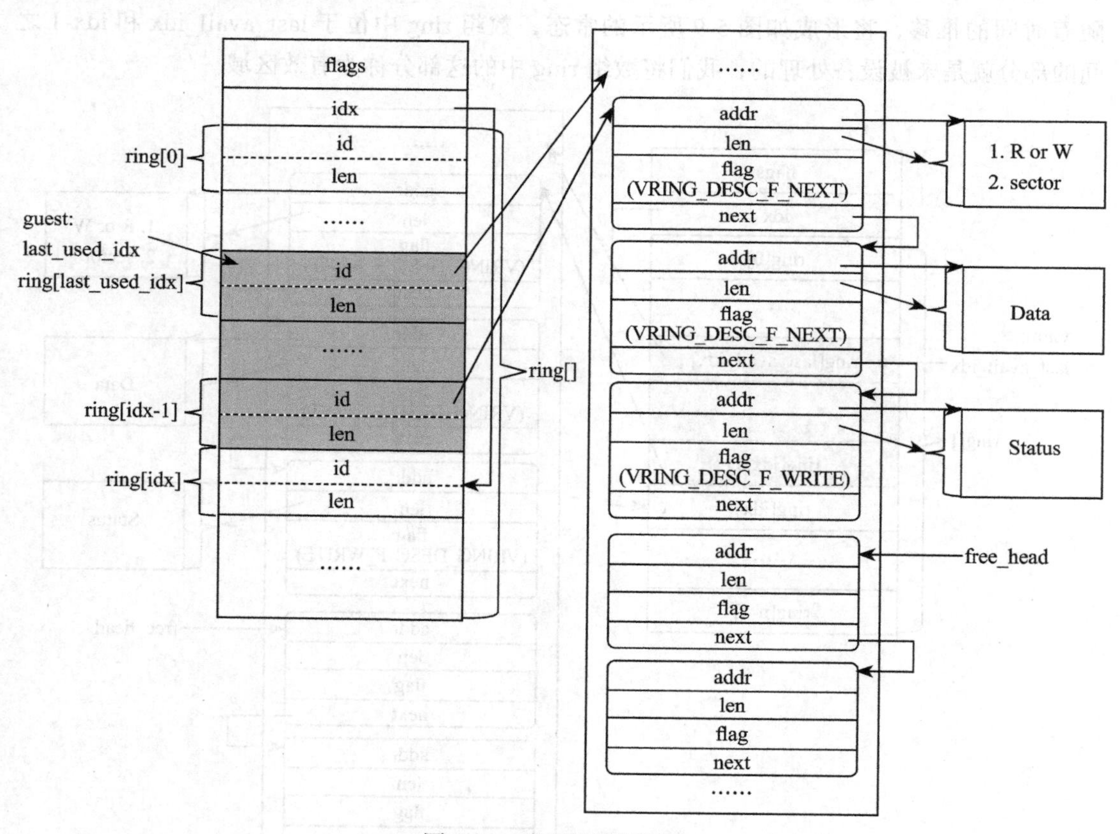

图 5-10　已用描述符区域

5.2.4 Virtio设备的PCI配置空间

Virtio设备可以支持不同的总线接口。有些嵌入式设备不支持PCI总线，而是使用MMIO的方式，一些如S/390的体系结构，既不支持PCI也不支持MMIO，而是使用channel I/O，Virito协议定义了对这些接口的支持。

因为PCI是最普遍的方式，所以这里以PCI为例进行讨论。基于PCI总线的Virtio设备有特殊的Vendor ID和Devcie ID，Vendor ID是0x1AF4，Device ID的范围从0x1000到0x103F。就像PCI设备都有自己的配置空间一样（配置空间就是一些支持PCI设备配置的寄存器集合），Virtio设备也有一些自己特殊的寄存器，包括一些公共的寄存器和与具体设备类型相关的寄存器。公共的寄存器在前，设备相关的紧跟其后，Virtio标准约定使用第1个BAR指向的I/O区域放置这些寄存器。公共的寄存器也称为Virtio header，包含如表5-1所示的寄存器。

表5-1　Virtio相关的配置空间

偏移（Hex）	寄　存　器
00	Device Features
04	Guest Features
08	Queue Address
0C	Queue Size
0E	Queue Select
10	Queue Notify
12	Device Status
13	ISR Status

其中：

1）Device Features寄存器是Virtio设备填写的，用来告诉驱动设备可以支持哪些特性。

2）Guest Features用来告知设备驱动支持哪些特性。通过Device Features和Guest Features这2个寄存器，Guest和Host之间就可以进行协商，做到不同版本驱动和设备之间的兼容。

3）Device Status表示设备的状态，比如Guest是否已经正确地驱动了设备等。

4）ISR Status是中断相关的。

5）Queue Address表示Virtqueue所在的地址，这个地址由驱动分配，并告知设备。

6）Queue Size表示Virtqueue的描述符表中描述符的个数，设备端初始化队列时会设置。

7）因为一个Virtio设备可能有多个Virtqueue，当某个操作是针对某个Virtqueue时，驱动首先要指定针对哪个Virtqueue，这就是Queue Select寄存器的作用。

8）在某个Virtqueue准备好后，驱动需要通知设备进行消费，Virtio标准采用的方式就是对某个约定地址进行 I/O，触发 CPU 从 Guest 切换到 Host，这个约定的 I/O 地址就是 Queue Notify 寄存器。

5.3 初始化 Virtqueue

在执行具体的 I/O 前，需要先搭建好承载数据的基础设施 Virtqueue。Virtio 协议规定，Guest 的内核驱动是 Virtqueue 的 owner。

在前面 I/O 栈部分探讨驱动时，我们看到，在向设备写数据时，驱动负责将 cache 中的数据写入硬盘的寄存器；从设备读取数据时，驱动负责从硬盘的寄存器读取数据，然后写入 cache 中对应的 buffer。无论是读还是写，设备都不参与 buffer 的管理，所以从这个角度讲，Virtqueue 更适合由 Guest 内核中的驱动管理。

从另外一个角度，从 Guest 一侧可以方便地将虚拟地址（GVA）转换为物理地址（GPA），VMM 拿到 GPA 后，很容易将 GPA 转换为 HPA。但是反过来，在 VMM 中分配一块地址，几乎不可能将 HPA 转换为 Guest 可以识别的虚拟地址（GVA）。

既然驱动是 Virtqueue 的 owner，那么 Virqueue 的初始化就需要驱动来负责。我们在驱动一个真实的物理硬盘时，需要从硬盘获取具体的参数，比如硬盘的磁头、柱面等信息。Virtio 协议也规定如 Virtqueue 的 size 等由模拟设备负责定义，而这些参数在设备的配置空间中，因此，驱动首先使用 pci_iomap 函数将 Virtio 设备的配置映射到内核，Virtio 标准约定从第 1 个 I/O 区域的起始位置开始放置设备的配置，所以驱动传给 pci_iomap 的第 2 个参数的值为 0，即使用第一个 bar，也就是第一个 I/O 区域。这样，驱动就可以访问 Virtio header 获取 Virtqueue 的各种参数了。接下来，驱动调用函数 find_vq 开启 Virtqueue 的初始化过程：

```
commit 3343660d8c62c6b00b2f15324ef3fcb6be207bfa
virtio: PCI device
linux.git/drivers/virtio/virtio_pci.c
static int __devinit virtio_pci_probe(struct pci_dev *pci_dev,
                        const struct pci_device_id *id)
{
    …
    vp_dev->ioaddr = pci_iomap(pci_dev, 0, 0);
    …
}
linux.git/drivers/block/virtio_blk.c
static int virtblk_probe(struct virtio_device *vdev)
{
    …
    vblk->vq = vdev->config->find_vq(vdev, 0, blk_done);
    …
}
```

设备可能有多个队列，例如典型的网络设备中可能有分别用于收发的队列，且每个收发也可能使用多个队列。因此，在初始化队列前，首先需要通知设备接下来的初始化过程是针对哪个队列的。以 Virtio blk 为例，其仅使用了一个队列，所以上面代码中传递给函数 find_vq 的第 2 个参数是 0，表示初始化第 1 个队列。驱动通过写 Virtio header 中的 Queue Select 寄存器的方式通知设备后续的操作是针对哪个队列的：

```
commit 3343660d8c62c6b00b2f15324ef3fcb6be207bfa
virtio: PCI device
linux.git/drivers/virtio/virtio_pci.c
static struct virtqueue *vp_find_vq(struct virtio_device *vdev,
unsigned index, void (*callback)(struct virtqueue *vq))
{
    …
    iowrite16(index, vp_dev->ioaddr + VIRTIO_PCI_QUEUE_SEL);
    …
}
```

模拟设备收到驱动写寄存器 VIRTIO_PCI_QUEUE_SEL 后，将记录下驱动操作的队列索引，后续驱动操作队列时，使用这次设置的索引去 Virtqueue 中索引对应的队列：

```
commit a2c8c69686be7bb224b278d4fd452fdc56b52c3c
kvm,virtio: add scatter-gather support
kvmtool.git/blk-virtio.c
static bool blk_virtio_out(struct kvm *self, uint16_t port,
void *data, int size, uint32_t count)
{
    unsigned long offset;
    offset      = port - IOPORT_VIRTIO;
    switch (offset) {
    …
    case VIRTIO_PCI_QUEUE_SEL:
        device.queue_selector   = ioport__read16(data);
        break;
    …
}
```

接下来，驱动就需要为 Virtqueue 分配内存空间了。我们知道，Virtqueue 的主体是描述符表，就像驱动一个真实的物理硬盘时，需要从硬盘获取磁头、柱面等信息一样，Virtio 驱动需要从设备读取描 Virtqueue 的描述符信息：

```
commit 3343660d8c62c6b00b2f15324ef3fcb6be207bfa
virtio: PCI device
linux.git/drivers/virtio/virtio_pci.c
static struct virtqueue *vp_find_vq(struct virtio_device *vdev,
unsigned index, void (*callback)(struct virtqueue *vq))
{
    …
    num = ioread16(vp_dev->ioaddr + VIRTIO_PCI_QUEUE_NUM);
```

```
    …
}
```

模拟设备收到驱动写寄存器 VIRTIO_PCI_QUEUE_NUM 后，将根据驱动之前选择的 Virtqueue，将相应的队列的描述符数量返回给驱动：

```
commit 258dd093dce7acc5abe7ce9bd55e586be01511e1
kvm: Implement virtio block device write support

kvmtool.git/blk-virtio.c

#define VIRTIO_BLK_QUEUE_SIZE    16

static bool blk_virtio_in(struct kvm *self, uint16_t port,
void *data, int size, uint32_t count)
{
    unsigned long offset;

    offset       = port - IOPORT_VIRTIO;

    switch (offset) {
    …
    case VIRTIO_PCI_QUEUE_NUM:
        ioport__write16(data, VIRTIO_BLK_QUEUE_SIZE);
        break;
    …
    };
    …
}
```

根据宏 VIRTIO_BLK_QUEUE_SIZE 的定义可知，Virtio blk 设备的 Virtqueue 队列包含 16 个描述符。获得 Virtqueue 的描述符的的数量后，就可以为 Virtqueue 分配内存了：

```
commit 3343660d8c62c6b00b2f15324ef3fcb6be207bfa
virtio: PCI device
linux.git/drivers/virtio/virtio_pci.c

static struct virtqueue *vp_find_vq(struct virtio_device *vdev,
unsigned index, void (*callback)(struct virtqueue *vq))
{
    …
    info->queue = kzalloc(PAGE_ALIGN(vring_size(num,PAGE_SIZE)),
 GFP_KERNEL);
    …
}
```

其中 vring_size 是计算 Virtqueue 占用内存的函数：

```
commit 3343660d8c62c6b00b2f15324ef3fcb6be207bfa
virtio: PCI device
```

```
linux.git/include/linux/virtio_ring.h

static inline unsigned vring_size(unsigned int num,
unsigned long pagesize)
{
    return ((sizeof(struct vring_desc) * num + sizeof(__u16)
* (2 + num) + pagesize - 1) & ~(pagesize - 1)) +
sizeof(__u16) * 2 + sizeof(struct vring_used_elem) * num;
}
```

详细说明如下：

1）结构体为 vring_desc 描述一个描述符，所以 sizeof(struct vring_desc) × num 是 num（VIRTIO_BLK_QUEUE_SIZE）个描述符需要的内存。

2）可用描述符区域对应的结构体如下：

```
commit 3343660d8c62c6b00b2f15324ef3fcb6be207bfa
virtio: PCI device
linux.git/include/linux/virtio_ring.h

struct vring_avail
{
    __u16 flags;
    __u16 idx;
    __u16 ring[];
};
```

数组 ring 为可用描述符的集合，每个可用描述符占用 2 字节（__u16），当 Virtqueue 为空时，最多有 num 个可用描述符，加上变量 flags 和 idx，所以可用描述符区域需要的内存为 num + 2 个 __u16，即 sizeof(__u16) × (2 + num) 是可用描述符区域需要的内存。

3）已用描述符区域对应的结构体如下：

```
commit 3343660d8c62c6b00b2f15324ef3fcb6be207bfa
virtio: PCI device
linux.git/include/linux/virtio_ring.h

struct vring_used_elem
{
    /* Index of start of used descriptor chain. */
    __u32 id;
    /* Total length of the descriptor chain which was used
(written to) */
    __u32 len;
};

struct vring_used
{
    __u16 flags;
    __u16 idx;
```

```
    struct vring_used_elem ring[];
};
```

数组ring为已用描述符的集合，每个已用描述符为一个结构体vring_used_elem的实例，当Virtqueue为满时，最多将有num个已用描述符，加上变量flags和idx，所以可用描述符区域需要的内存为num个sizeof(struct vring_used_elem)，以及2个__u16，即sizeof(__u16) × 2 + sizeof(struct vring_used_elem) × num。

分配好内存后，驱动需要按照Virtio的协议约定进行结构化：

```
commit 3343660d8c62c6b00b2f15324ef3fcb6be207bfa
virtio: PCI device
linux.git/drivers/virtio/virtio_pci.c

static struct virtqueue *vp_find_vq(struct virtio_device *vdev,
unsigned index, void (*callback)(struct virtqueue *vq))
{
    …
    vq = vring_new_virtqueue(info->num, vdev, info->queue,
                 vp_notify, callback);
    …
}

linux.git/drivers/virtio/virtio_ring.c

struct virtqueue *vring_new_virtqueue(unsigned int num,
                      struct virtio_device *vdev,
                      void *pages, …)
{
    struct vring_virtqueue *vq;
    …
    vring_init(&vq->vring, num, pages, PAGE_SIZE);
    …
    vq->num_free = num;
    vq->free_head = 0;
    for (i = 0; i < num-1; i++)
        vq->vring.desc[i].next = i+1;
    …
}

linux.git/include/linux/virtio_ring.h

static inline void vring_init(struct vring *vr, unsigned int num,
 void *p, unsigned long pagesize)
{
    vr->num = num;
    vr->desc = p;
    vr->avail = p + num*sizeof(struct vring_desc);
    vr->used = (void *)(((unsigned long)&vr->avail->ring[num]
+ pagesize-1) & ~(pagesize - 1));
```

```
}
```

初始状态，所有的描述符都是空闲的，所以可以看到 free_head 指向第 1 个描述符，并且所有描述符都在 free 链表中。

结构体 vring 的字段 desc 指向字符描述符表，这里参数 p 指向的就是前面分配的内存区的起始位置。可用描述符区域位于 num 个描述符之后的位置，所以我们可以看到 avail 指向的是从 p 开始预留了 num 个描述符的位置。在可用描述符区域之后是已用描述符区域，所以 used 指向 avail 中数组 ring 的最后一个元素之后，而且是按照页面对齐的位置。

分配好 Virtqueue 的内存后，需要将 Virtqueue 的地址告知设备。根据前面讨论的 Virtio 设备的配置空间可知，在 Virtio header 的偏移 0x8 处，即 Virtqueue 地址寄存器 VIRTIO_PCI_QUEUE_PFN 处，约定的是 Queue Address，所以驱动向这个寄存器中写入 Virtqueue 的地址：

```
commit 3343660d8c62c6b00b2f15324ef3fcb6be207bfa
virtio: PCI device
linux.git/drivers/virtio/virtio_pci.c

static struct virtqueue *vp_find_vq(struct virtio_device *vdev,
unsigned index, void (*callback)(struct virtqueue *vq))
{
    …
    iowrite32(virt_to_phys(info->queue) >> PAGE_SHIFT,
          vp_dev->ioaddr + VIRTIO_PCI_QUEUE_PFN);
    …
}
```

设备侧收到驱动侧传递过来的 Virtqueue 的地址后，也将开启设备侧的 Virtqueue 的初始化工作，为后续基于 Virtqueue 的具体操作做好准备：

```
commit 258dd093dce7acc5abe7ce9bd55e586be01511e1
kvm: Implement virtio block device write support
kvmtool.git/blk-virtio.c

static bool blk_virtio_out(struct kvm *self, uint16_t port,
void *data, int size, uint32_t count)
{
    unsigned long offset;

    offset      = port - IOPORT_VIRTIO;

    switch (offset) {
    …
    case VIRTIO_PCI_QUEUE_PFN: {
        struct virt_queue *queue;
        void *p;

        queue = &device.virt_queues[device.queue_selector];
```

```
        queue->pfn = ioport__read32(data);
        p = guest_flat_to_host(self, queue->pfn << 12);
        vring_init(&queue->vring, VIRTIO_BLK_QUEUE_SIZE, p, 4096);

        break;
    }
    …
    };
    …
}
```

设备首先根据之前驱动设置的队列索引 queue_selector 选择对应的队列。

然后读取驱动侧为 Virtqueue 分配的地址。驱动传递过来的是以页面尺寸为单位的地址，这里首先通过 queue->pfn << 12 将其转换为线性地址，转换后的线性地址是 Guest 的物理地址，即 GPA，所以还需要将 GPA 转换为 Host 的虚拟地址，即 HVA。转换逻辑非常直接，即从 kvmtool 为 Guest 分配的“物理内存”起始，加上这个线性偏移即可，函数 guest_flat_to_host 就是用来完成这个转换的：

```
commit 258dd093dce7acc5abe7ce9bd55e586be01511e1
kvm: Implement virtio block device write support
kvmtool.git/include/kvm/kvm.h

static inline void *guest_flat_to_host(struct kvm *self,
unsigned long offset)
{
    return self->ram_start + offset;
}
```

最后设备按照 Virtio 标准的约定，调用函数 vring_init 分别计算并设置了描述符区域、可用描述符区域、已用描述符区域的地址。vring_init 与我们前面讨论的驱动侧的代码一致，不再赘述。至此，驱动侧和设备侧协商好了传递数据的基础设施 Virtqueue。

5.4 驱动根据 I/O 请求组织描述符链

当驱动准备向设备传输数据时，其首先将需要传输的数据组织到一个或者多个描述符链中，每个描述符链可能包含一项或多项描述符。每填充一个描述符链，会将描述符链表中的第 1 项描述符的 ID 追加到可用描述符区域中的 ring 数组中。

我们来简单回忆一下前面探讨的内核的 I/O 栈。在 I/O 栈中，通用块设备层将来自文件系统的 bio 组织到请求中，然后 I/O 调度层负责将请求排入队列，为了减少磁头的寻道次数，其会按照电梯调度算法进行排队，可能还伴随着 merge 等操作。然后块设备驱动会处理请求队列中的请求，对于 Virtio blk 来讲，这个处理请求的函数是 do_virtblk_request，对于真实的物理设备，处理请求的函数将向物理设备发起 I/O 操作，而对于使用 Virtio 协议的模拟设备，do_virtblk_request 的使命是将请求组织为可用描述符区域的一段可用描述符链：

```
commit 3343660d8c62c6b00b2f15324ef3fcb6be207bfa
virtio: PCI device
linux.git/drivers/block/virtio_blk.c

static int virtblk_probe(struct virtio_device *vdev)
{
    …
    vblk->disk->queue = blk_init_queue(do_virtblk_request,
&vblk->lock);
    …
}

static void do_virtblk_request(struct request_queue *q)
{
    …
    while ((req = elv_next_request(q)) != NULL) {
        …
        if (!do_req(q, vblk, req)) {
        …
    }
    …
}

static bool do_req(struct request_queue *q, struct virtio_blk
 *vblk, struct request *req)
{
    unsigned long num, out, in;
    struct virtblk_req *vbr;
    …
    vbr->req = req;
    if (blk_fs_request(vbr->req)) {
        vbr->out_hdr.type = 0;
        vbr->out_hdr.sector = vbr->req->sector;
        vbr->out_hdr.ioprio = vbr->req->ioprio;
    } else if (blk_pc_request(vbr->req)) {
    …
    sg_init_table(vblk->sg, VIRTIO_MAX_SG);
    sg_set_buf(&vblk->sg[0], &vbr->out_hdr,
  sizeof(vbr->out_hdr));
    num = blk_rq_map_sg(q, vbr->req, vblk->sg+1);
    sg_set_buf(&vblk->sg[num+1], &vbr->in_hdr,
  sizeof(vbr->in_hdr));

    if (rq_data_dir(vbr->req) == WRITE) {
        vbr->out_hdr.type |= VIRTIO_BLK_T_OUT;
        out = 1 + num;
        in = 1;
```

```
    } else {
        vbr->out_hdr.type |= VIRTIO_BLK_T_IN;
        out = 1;
        in = 1 + num;
    }

    if (vblk->vq->vq_ops->add_buf(vblk->vq, vblk->sg,
out, in, vbr)) {
    …
}
```

在请求处理函数 do_virtblk_request 中，调用 I/O 调度层的函数 elv_next_request 从请求队列逐个读取请求，然后调用函数 do_req 处理请求，do_req 的主要任务就是将请求组织为描述表链。我们简单回顾一下 I/O 请求，一个请求代表对硬盘一段连续扇区的访问，但是内存中存储数据的部分可能是不连续的多段，一个 I/O 请求中的主要部分包括：

1）I/O 命令，读或者写。

2）I/O 访问的起始扇区。

3）I/O 操作的扇区总数。

4）存储数据的内存区域，如果内存区域是不连续的，则包括多段内存区。

函数 do_req 需要将 request 中的这些数据，组织到一个描述符链的多个描述符中。request 包含一个 bio 链表，每个 bio 中可能还包含多个 bio_vec，内核中借用了一个数据结构 scatterlist，来将这个立体的数据结构转换为一个平面的数据结构，scatterlist 中的每一项对应一个 bio_vec，具体的转换函数为通用 I/O 层的 blk_rq_map_sg。事实上，从语义上看，一个描述符链表就是一个 scatterlist。所以函数 do_req 也借助数据结构 scatterlist，将 request 中的各个部分组织到一个 scatterlist 中，然后调用函数 add_buf 将 scatterlist 填充到一个描述符链表中。

我们看到，第一个描述符，或者说 scatterlist 的第一项，存放的是 I/O request 对应的命令、访问的起始扇区等，我们将其称为 header 描述符，其协议格式如下：

```
commit 3343660d8c62c6b00b2f15324ef3fcb6be207bfa
virtio: PCI device
linux.git/include/linux/virtio_blk.h

struct virtio_blk_outhdr
{
    /* VIRTIO_BLK_T* */
    __u32 type;
    /* io priority. */
    __u32 ioprio;
    /* Sector (ie. 512 byte offset) */
    __u64 sector;
};
```

但是请注意，与前面块设备驱动一节相比，这其中没有传递访问的扇区总数。实际上，对于 Virtio 协议来讲，没有必要显示传递总的扇区数。每个描述符中都包含一个 len 字段，用来记录描述符中 I/O 数据的长度。有了起始扇区号，又知道每个描述符读写的 I/O 数据长度，而且每个 request 读写的是连续的磁盘扇区，所以模拟设备处理每个描述符时，基于起始扇区，依次叠加 I/O 的长度即可知道每个描述符对应的磁盘物理扇区数，具体细节我们在模拟设备一侧探讨。

在 header 之后就是数据块，do_req 调用通用 I/O 层的函数 blk_rq_map_sg 将 request 的 bio 链表，以及每个 bio 中的 bio_vec 组织为 scatterlist 项，每个 scatterlist 项对应一个 bio_vec，追加到 scatterlist 中。

最后，设备需要将操作是否成功反馈给驱动 I/O。对于写操作，增加了 1 个 in 方向的用于设备向驱动反馈 I/O 执行状态的描述符状态描述符；对于读操作，则是在 num 个 in 方向的用于承载数据的描述符后，额外加上了 1 个 in 方向状态描述符。状态描述符中的内容仅仅是一个 I/O 的执行状态：

```
commit 3343660d8c62c6b00b2f15324ef3fcb6be207bfa
virtio: PCI device
linux.git/include/linux/virtio_blk.h

struct virtio_blk_inhdr
{
    unsigned char status;
};
```

准备好 scatterlist 后，do_req 调用函数 add_buf 组织可用描述符链：

```
commit 3343660d8c62c6b00b2f15324ef3fcb6be207bfa
virtio: PCI device
linux.git/drivers/virtio/virtio_ring.c

static int vring_add_buf(struct virtqueue *_vq,
             struct scatterlist sg[],
             unsigned int out,
             unsigned int in,
             void *data)
{
    struct vring_virtqueue *vq = to_vvq(_vq);
    unsigned int i, avail, head, uninitialized_var(prev);
    …
    vq->num_free -= out + in;

    head = vq->free_head;
    for (i = vq->free_head; out; i = vq->vring.desc[i].next,
out--) {
        vq->vring.desc[i].flags = VRING_DESC_F_NEXT;
        vq->vring.desc[i].addr = sg_phys(sg);
        vq->vring.desc[i].len = sg->length;
        prev = i;
```

```
        sg++;
    }
    for (; in; i = vq->vring.desc[i].next, in--) {
        vq->vring.desc[i].flags =
VRING_DESC_F_NEXT|VRING_DESC_F_WRITE;
        vq->vring.desc[i].addr = sg_phys(sg);
        vq->vring.desc[i].len = sg->length;
        prev = i;
        sg++;
    }
    /* Last one doesn't continue. */
    vq->vring.desc[prev].flags &= ~VRING_DESC_F_NEXT;

    /* Update free pointer */
    vq->free_head = i;

    /* Set token. */
    vq->data[head] = data;

    avail = (vq->vring.avail->idx + vq->num_added++) %
 vq->vring.num;
    vq->vring.avail->ring[avail] = head;
    …
}
```

函数 vring_add_buf 从 free 的描述符链表头部取出一段长度为 out + in 个描述符的描述符链作为可用描述符链。然后使用 scatterlist 中的每一项逐个去设置可用描述符链中的每个描述符。对于 in 方向的描述符，其 flags 字段中包含 VRING_DESC_F_WRITE，表示这是一个设备写给驱动 I/O 执行状态的反馈。

需要留意的是描述符的字段 addr，为了使模拟设备能够识别，不能使用存储数据区的 GVA，而是需要使用 GPA。所以就是为什么调用函数 sg_phys 获取 scatterlist 中的项的物理地址的原因。

新增加的这段描述符链将被追加到 ring 数组的末尾。由于 request 队列可能有多个 request，所以一次处理可能追加多个描述符链，因此队列中有个字段 num_added 用来计算追加的可用描述符链的个数，每追加一个，变量 num_added 增 1，每次从驱动侧切换到设备侧时变量 num_added 复位。avail 中的 idx + vq->num_added 就是当前 ring 数组的末尾空闲的元素。head 指向的就是新增这段可用描述符链的头部，所以新增加的项指向 head 开头的这段描述符链。

除了组织 request 对应的可用描述符链，需要特别指出的是这条语句：

```
vq->data[head] = data;
```

这条赋值语句的右值 data 是函数 do_req 传递给 do_req 的最后一个参数，即封装了 I/O request 的 virtblk_req。这条语句的意义是以可用描述符链的 header 对应的 ID 为索引，在结构体 vring_virtqueue 中的数组 data 中，记录了这个可用描述符链对应的 virtblk_req，本质上，就是记录了描述符链对应的 I/O request。为什么需要记录这个 request 呢？在设备侧处理完可用描述符链后，其会将已处理的描述符链的 header ID 记录到已用描述符数组中，这样，当切回到 Guest 侧后，驱动以已用描述符述数字中记录的 ID 为索引，在 vring_virtqueue 中的数组 data 中索引到相应的 I/O request，对 I/O request 进行收尾工作，比如唤醒阻塞在这个 I/O 上的任务。

5.5 驱动通知设备处理请求

在完全模拟的场景下，Guest 的 I/O 操作很自然地就会被 VMM 捕捉到，因为 Guest 一旦进行 I/O 操作，将触发 CPU 从 Guest 模式切换到 Host 模式。但是使用了 Virtio 后，Guest 进行 I/O 时，是利用 Virtqueue 传输数据，并不会进行如完全模拟那样的 I/O 操作，CPU 不会执行如 out 或者 outs 这样的 I/O 指令，因此不会触发 CPU 从 Guest 模式切换到 Host 模式。

因此，对于使用 Virtio 标准的设备，不能再依靠 I/O 指令自然地触发 VM exit 了，而是需要驱动主动触发 CPU 从 Guest 模式切换到 Host 模式。为此，Virtio 标准在 Virtio 设备的配置空间中，增加了一个 Queue Notify 寄存器，驱动准备好 Virtqueue 后，向 Queue Notify 寄存器发起写操作，从而触发 CPU 从 Guest 模式切换到 Host 模式，KVM 拿到控制权后，根据触发 I/O 的地址，知道是 Guest 已经准备好 Virtqueue 了，设备应该开始 I/O 了。

回到 Virtio blk 驱动，驱动遍历了 request 队列后，如果有 request，在将 request 组织为可用描述符链后，驱动将触发 CPU 从 Guest 模式向 Host 模式切换，代码如下：

```
commit 3343660d8c62c6b00b2f15324ef3fcb6be207bfa
virtio: PCI device
linux.git/drivers/block/virtio_blk.c

static void do_virtblk_request(struct request_queue *q)
{
    …
    while ((req = elv_next_request(q)) != NULL) {
        …
    }
    …
        vblk->vq->vq_ops->kick(vblk->vq);
}

linux.git/drivers/virtio/virtio_ring.c

static void vring_kick(struct virtqueue *_vq)
{
    …
```

```
    vq->vring.avail->idx += vq->num_added;
    vq->num_added = 0;
    …
    if (!(vq->vring.used->flags & VRING_USED_F_NO_NOTIFY))
        /* Prod other side to tell it about changes. */
        vq->notify(&vq->vq);
    …
}

linux.git/drivers/virtio/virtio_pci.c

static void vp_notify(struct virtqueue *vq)
{
    …
    iowrite16(info->queue_index, vp_dev->ioaddr +
VIRTIO_PCI_QUEUE_NOTIFY);
}
```

在函数 vring_kick 中，在触发切换前，驱动更新了可用描述符链中的变量 idx，其中 num_added 是处理的 request 的数量，也是增加的可用描述符链的数量。驱动同时也向 notify 寄存器写入了队列的索引，告知设备侧可以处理哪个队列的 request 了。

5.6 设备处理 I/O 请求

CPU 从 Guest 切换到 Host 后，VMM 根据寄存器地址，发现是驱动通知模拟设备开始处理 I/O，则将请求转发给具体的模拟设备，以 Virtio blk 为例，其根据写入的队列索引，找到具体的队列，并开始处理驱动的 I/O request：

```
commit a2c8c69686be7bb224b278d4fd452fdc56b52c3c
kvm,virtio: add scatter-gather support
kvmtool.git/blk-virtio.c

struct virt_queue {
    …
    uint16_t            last_avail_idx;
};

static bool blk_virtio_out(struct kvm *self, uint16_t port,
void *data, int size, uint32_t count)
{
    unsigned long offset;

    offset        = port - IOPORT_VIRTIO;

    switch (offset) {
    …
    case VIRTIO_PCI_QUEUE_NOTIFY: {
```

```
        struct virt_queue *queue;
        uint16_t queue_index;

        queue_index     = ioport__read16(data);

        queue           = &device.virt_queues[queue_index];

        while (queue->vring.avail->idx != queue->last_avail_idx) {
            if (!blk_virtio_request(self, queue))
                return false;
        }
        kvm__irq_line(self, VIRTIO_BLK_IRQ, 1);

        break;
    }
    …
}
```

其中结构体 avail 中的 idx 指向有效可用描述符区域的头部，设备侧在队列的结构体中定义了一个变量 last_avail_id 用来记录已经消费的位置，也就是有效可用描述符区域的尾部。函数 blk_virtio_out 从 notify 寄存器中读出驱动写的队列索引，找到对应的队列，遍历其可用描述符区域，直到队列为空。blk_virtio_out 调用函数 blk_virtio_request 处理每个可用描述符链。

模拟设备还要在消费完成后负责告知驱动可以进行回收了。因此，设备需要将消费完的描述符链填充到已用描述符区域。设备将消费的描述符链的第 1 个描述符的 ID 追加到已用描述符区域的数组 ring 中，已用描述符数组下标由已用描述符区域的变量 idx 标识。除了标识设备处理的是哪一个描述链之外，设备还需要更新设备处理的数据长度，以读操作为例，驱动需要知道成功读入了多少数据。

通常情况下，一个可用描述符链包含一个用于描述 I/O 基本信息的描述符，包括 header 区域，包括 I/O 命令（写还是读）、I/O 的起始扇区，多个存储 I/O 数据的数据描述符，接下来我们可以看到代码中使用了一个循环处理数据描述符，以及一个 I/O 执行的结果的状态描述符。具体处理每个可用描述符链的代码在函数 blk_virtio_request 中：

```
commit a2c8c69686be7bb224b278d4fd452fdc56b52c3c
kvm,virtio: add scatter-gather support
kvmtool.git/blk-virtio.c

static bool blk_virtio_request(struct kvm *self,
struct virt_queue *queue)
{
    struct vring_used_elem *used_elem;
    struct virtio_blk_outhdr *req;
    uint16_t desc_block_last;
    struct vring_desc *desc;
    uint16_t desc_status;
```

```
    uint16_t desc_block;
    uint32_t block_len;
    uint32_t block_cnt;
    uint16_t desc_hdr;
    uint8_t *status;
    void *block;
    int err;
    int err_cnt;

    /* header */
    desc_hdr = queue->vring.avail->ring[
queue->last_avail_idx++ % queue->vring.num];
    …
    desc            = &queue->vring.desc[desc_hdr];
    …
    req         = guest_flat_to_host(self, desc->addr);
    …
    /* status */
    desc_status     = desc_hdr;

    do {
        desc_block_last = desc_status;
        desc_status = queue->vring.desc[desc_status].next;
        …
    } while (queue->vring.desc[desc_status].flags &
VRING_DESC_F_NEXT);

    desc            = &queue->vring.desc[desc_status];
    …
    status          = guest_flat_to_host(self, desc->addr);

    /* block */
    desc_block      = desc_hdr;
    block_cnt       = 0;
    err_cnt         = 0;
    do {
        desc_block  = queue->vring.desc[desc_block].next;

        desc        = &queue->vring.desc[desc_block];
        …
        block       = guest_flat_to_host(self, desc->addr);
        block_len   = desc->len;

        switch (req->type) {
        case VIRTIO_BLK_T_IN:
            err = disk_image__read_sector(self->disk_image,
req->sector, block, block_len);
            break;
        case VIRTIO_BLK_T_OUT:
```

```
            err = disk_image__write_sector(self->disk_image,
  req->sector, block, block_len);
            break;
        …
        }

        if (err)
            err_cnt++;

        req->sector += block_len >> SECTOR_SHIFT;
        block_cnt   += block_len;

        if (desc_block == desc_block_last)
            break;
        …
    } while (true);

    *status = err_cnt ? VIRTIO_BLK_S_IOERR : VIRTIO_BLK_S_OK;

    used_elem = &queue->vring.used->ring[
 queue->vring.used->idx++ % queue->vring.num];
    used_elem->id        = desc_hdr;
    used_elem->len       = block_cnt;

    return true;
}
```

对于当前处理的队列，首先需要确认上次设备消费结束的位置。这个位置记录在队列的结构体变量 last_avail_idx 中。函数 blk_virtio_request 从队列的结构体中取出变量 last_avail_idx，以其为索引，取出准备处理的可用描述符链的头，即第 1 个描述符。同时，变量 last_avail_idx 增加了 1，也就是说，这个描述符链已经被从有效描述符区域中移除了。描述符中指向存储数据的地址 addr 为 GPA，还需要将 GPA 转换为 Host 的虚拟地址 HVA，函数 guest_flat_to_host 就是用来完成这个转换的。

在处理描述符中的数据描述符前，函数 blk_virtio_request 将记录状态的内存地址也取了出来，最后会将 I/O 执行的状态写入这个地址。状态描述符位于描述符链的最后，所以会在代码中一直遍历到最后一个描述符。同样的，也需要调用函数 guest_flat_to_host 将存储状态的地址的 GPA 转换为 HVA。

接下来，代码中循环处理数据描述符。对于每个数据描述符，取出其存储数据的地址，并调用函数 guest_flat_to_host 将存储数据的地址 GPA 转换为 HVA，并取出 I/O 数据的长度。然后调用虚拟机磁盘镜像相关的函数，根据 I/O 命令，将数据写入磁盘镜像文件，或者从磁盘镜像文件读入数据。然后更新下一次 I/O 访问的扇区，即代码中的 req->sector。由于数据描述符中记录数据长度的变量是以字节为单位的，所以需要转换为以扇区为单位。一旦下一个描述符是状态描述符，则结束数据描述符的处理。

最后，根据 I/O 处理的结果，填充状态描述符。至此，一个可用描述符链处理完成。

同时，函数 blk_virtio_request 将这个刚刚处理完的描述符链，记录到已用描述符区域，当 CPU 从 Host 切换回 Guest 后，驱动可以知道哪些 I/O request 已经被设备处理完成。

5.7 驱动侧回收 I/O 请求

当设备处理完 I/O request 后，需要通过向驱动发送中断的方式通知 Guest。事实上，还存在一种驱动阻塞在虚拟机切出的位置同步等待从 Host 返回的方式，这种方式对于设备可以快速处理的场景，在延迟方面要比中断方式有优势，在这节的结尾我们会用一个代码片段进行展示。

设备侧在处理完 I/O request 后，将调用 kvm__irq_line 向 Guest 发起中断：

```
commit a2c8c69686be7bb224b278d4fd452fdc56b52c3c
kvm,virtio: add scatter-gather support

kvmtool.git/blk-virtio.c

static bool blk_virtio_out(struct kvm *self, uint16_t port,
void *data, int size, uint32_t count)
{
    …
    case VIRTIO_PCI_QUEUE_NOTIFY: {
        …
        while (queue->vring.avail->idx != queue->last_avail_idx) {
            if (!blk_virtio_request(self, queue))
                return false;
        }
        kvm__irq_line(self, VIRTIO_BLK_IRQ, 1);
        …
}
```

驱动收到设备通知后，继续后续的操作，比如，之前发起 I/O request 的任务可能挂起等待数据的到来，对于这种情况，驱动需要唤醒等待读数据的任务。为此，通用块层提供了函数 end_dequeued_request 来执行这些 I/O 操作的收尾工作，由于函数 end_dequeued_request 的高版本比较复杂，我们以低版本为例，逻辑一目了然：

```
linux-0.10/kernel/blk_drv/blk.h

extern inline void end_request(int uptodate)
{
    if (CURRENT->bh) {
        CURRENT->bh->b_uptodate = uptodate;
        unlock_buffer(CURRENT->bh);
    }
    …
```

```
    wake_up(&CURRENT->waiting);
    …
}
```

基本上，在收到设备发送的I/O中断后，驱动侧需要做2件事：

1）找到设备已经处理完的I/O request，传递给通用块层的end_dequeued_request通知上层任务。

2）既然I/O request已经处理完了，request对应的描述符链也就需要退出历史舞台了，因此，从已用描述符区域清除描述符链，将其归还到空闲描述符链中。

Virtio PCI设备注册了中断处理函数vp_interrupt：

```
commit 3343660d8c62c6b00b2f15324ef3fcb6be207bfa
virtio: PCI device

drivers/virtio/virtio_pci.c

static int __devinit virtio_pci_probe(struct pci_dev *pci_dev,
                      const struct pci_device_id *id)
{
    …
    err = request_irq(vp_dev->pci_dev->irq, vp_interrupt,
 IRQF_SHARED, vp_dev->vdev.dev.bus_id, vp_dev);
    …
}
```

vp_interrupt会调用具体的Virtio设备提供的具体的中断处理函数。比如，Virtio blk驱动注册的中断处理函数为blk_done：

```
commit 3343660d8c62c6b00b2f15324ef3fcb6be207bfa
virtio: PCI device

linux.git/drivers/block/virtio_blk.c

static void blk_done(struct virtqueue *vq)
{
    struct virtio_blk *vblk = vq->vdev->priv;
    struct virtblk_req *vbr;
    …
    while ((vbr = vblk->vq->vq_ops->get_buf(vblk->vq, &len))
 != NULL) {
        int uptodate;
        switch (vbr->in_hdr.status) {
        case VIRTIO_BLK_S_OK:
            uptodate = 1;
            break;
        …
        }
```

```
            end_dequeued_request(vbr->req, uptodate);
        …
    }
```

函数 blk_done 遍历已用描述符区域，处理每个已用描述符链。对于每个已经消费的 I/O reqeust，blk_done 检查其 I/O 是否执行成功，这里的 status 就是设备负责填充的 in 方向的状态描述符。然后 blk_done 调用通用块层的 end_dequeued_request 唤醒等待 I/O 的任务。函数 vring_get_buf 从有效已用描述符区域的尾部开始，结构体 vring_virtqueue 中的变量 last_used_idx 记录有效已用描述符区域的尾部。在每个已用描述符中，记录了已经处理的描述符链头的 ID。之前在驱动根据 I/O request 组织描述符链时，已经以描述符链头的 ID 为索引，在结构体 vring_virtqueue 的数组 data 中记录了描述符链对应的 I/O request。所以，这里获取描述符链头的 ID 后，以其为索引，可以在结构体 vring_virtqueue 的数组 data 中索引到具体的 I/O request：

```
commit 3343660d8c62c6b00b2f15324ef3fcb6be207bfa
virtio: PCI device

linux.git/drivers/virtio/virtio_ring.c

static void *vring_get_buf(struct virtqueue *_vq,
unsigned int *len)
{
    struct vring_virtqueue *vq = to_vvq(_vq);
    void *ret;
    unsigned int i;
    …
    i = vq->vring.used->ring[vq->last_used_idx%vq->vring.num].id;
    …
    ret = vq->data[i];
    detach_buf(vq, i);
    vq->last_used_idx++;
    END_USE(vq);
    return ret;
}
```

vring_get_buf 将索引到的 I/O request 返回给上层，自增 last_used_idx，去掉这个处理完的已用描述符，然后调用 detach_buf 将处理完的这个 I/O request 对应的描述符链归还到空闲的描述符链的头部：

```
commit 3343660d8c62c6b00b2f15324ef3fcb6be207bfa
virtio: PCI device
linux.git/drivers/virtio/virtio_ring.c

static void detach_buf(struct vring_virtqueue *vq,
unsigned int head)
{
    unsigned int i;
```

```
    ...
    i = head;
    while (vq->vring.desc[i].flags & VRING_DESC_F_NEXT) {
        i = vq->vring.desc[i].next;
        vq->num_free++;
    }

    vq->vring.desc[i].next = vq->free_head;
    vq->free_head = head;
    /* Plus final descriptor */
    vq->num_free++;
}
```

我们刚刚提及了还有不通过设备发送中断的情况，比如网络设备的一些简单命令请求，模拟设备可以很快执行完成。对于 Guest 来讲，在向设备发出 request 后，静待设备完成的代价要小于进程上下文切换的代价，因此适合使用同步回收方式。也就是说，Guest 发出 request 后，一直轮询设备是否执行完毕，而不是切换到其他任务运行。

如果模拟设备端的操作是长耗时的，采用同步的方式会导致 Guest 中的其他任务长时间得不到执行，这样显然不合适。对于这种情况，采用异步的方式更为合理。也就是说，Guest 向设备发出 request 后，不再是当前任务霸占 CPU 轮询设备是否处理完 request，而是把 CPU 让给其他任务，切换到其他任务运行，直到收到设备的中断，才进行回收。下面是同步等待设备处理 request 的例子：

```
commit 2a41f71d3bd97dde3305b4e1c43ab0eca46e7c71
virtio_net: Add a virtqueue for outbound control commands
linux.git/drivers/net/virtio_net.c

static bool virtnet_send_command(…)
{
    ...
    vi->cvq->vq_ops->kick(vi->cvq);
    ...
    while (!vi->cvq->vq_ops->get_buf(vi->cvq, &tmp))
        cpu_relax();
    ...
}
```

5.8 设备异步处理 I/O

前面讨论的模拟设备中的 I/O 处理都是同步的，也就是说，当驱动发起 I/O 通知 VIRTIO_PCI_QUEUE_NOTIFY 后，触发 VM exit，在控制权从 Guest 转换到 kvmtool 中的模拟设备后，一直要等到模拟设备处理完 I/O，模拟设备才调用 kvm__irq_line 向 Guest 发送中断，CPU 才会从模拟设备返回到 Guest 系统。可见，在模拟设备进行 I/O 时，Guest 系统是被 block 住的，如图 5-11 所示。

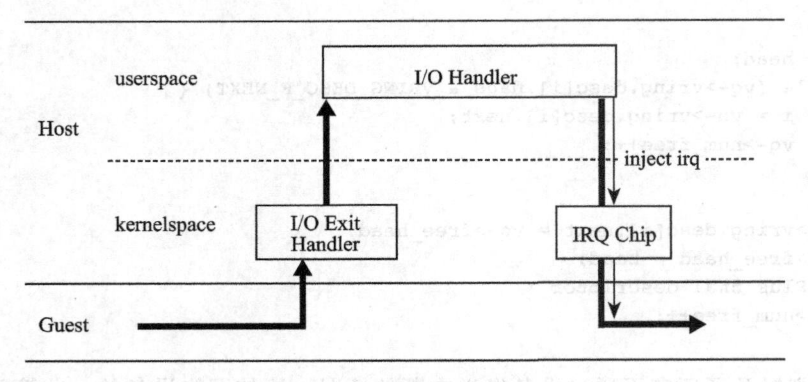

图 5-11 设备同步处理 I/O

而在真实的块设备中，操作系统只是挂起发起 I/O 的任务，继续运行其他就绪任务，而不是把整个系统都 block 住。所以，模拟设备的 I/O 处理过程也完全可以抽象为另外一个线程，和 VCPU 这个线程并发执行。在单核系统上，I/O 处理线程和 VCPU 线程可以分时执行，避免 Guest 系统长时间没有响应；在多核系统上，I/O 处理线程和 VCPU 线程则可以利用多核并发执行。在异步模式下，VCPU 这个线程只需要告知一下模拟设备开始处理 I/O，然后可以迅速地再次切回到 Guest。在模拟设备完成 I/O 处理后，再通过中断的方式告知 Guest I/O 处理完成了。这个过程如图 5-12 所示。

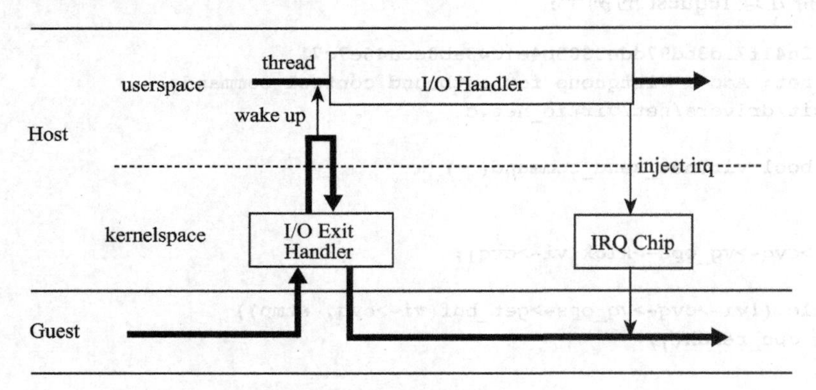

图 5-12 设备异步处理 I/O

起初，Virtio blk 使用了一个单独的线程处理 I/O，后来，kvmtool 增加了一个线程池。每当 I/O 来了之后，会在队列中挂入线程池，然后唤醒线程处理任务。线程池的实现我们就不详细介绍了，我们仅关注 Virtio blk 设备处理 I/O 逻辑的变迁：

```
commit fb0957f29981d280fe890b7aadcee4f3df95ca65
kvm tools: Use threadpool for virtio-blk

kvmtool.git/virtio-blk.c
```

```
static bool virtio_blk_pci_io_out(struct kvm *self, uint16_t port,
 void *data, int size, uint32_t count)
{
    …
    case VIRTIO_PCI_QUEUE_PFN: {
        …
        blk_device.jobs[blk_device.queue_selector] =
          thread_pool__add_jobtype(self, virtio_blk_do_io, queue);

        break;
    }
    …
    case VIRTIO_PCI_QUEUE_NOTIFY: {
        uint16_t queue_index;
        queue_index      = ioport__read16(data);
        thread_pool__signal_work(blk_device.jobs[queue_index]);
        break;
    }
    …
}

static void virtio_blk_do_io(struct kvm *kvm, void *param)
{
    struct virt_queue *vq = param;

    while (virt_queue__available(vq))
        virtio_blk_do_io_request(kvm, vq);

    kvm__irq_line(kvm, VIRTIO_BLK_IRQ, 1);
}
```

当Guest中的Virtio blk驱动初始化Virtqueue时，在将Virtqueue的地址告知模拟设备，即写I/O地址VIRTIO_PCI_QUEUE_PFN时，我们看到模拟设备将创建一个job，job的callback函数就是之前同步处理部分的代码逻辑。每当Guest中的驱动通知设备处理I/O request，模拟设备会将这个job添加到线程池的队列，然后唤醒线程池中的线程处理这个job。通过这种方式，函数virtio_blk_pci_io_out不必再等待I/O处理完成，而是马上再次进入内核空间，切入Guest。在线程池中的某个线程处理完这个job，即函数virtio_blk_do_io的最后，将调用kvm__irq_line向Guest注入中断，告知Guest设备已经处理完了I/O。使用异步的方式，即使执行长耗时I/O，Guest也不会被block，也不会出现不反应的情况，而且对于多核系统，可以充分利用多核的并发，处理I/O的线程和VCPU(Guest)分别在不同核上同时运行。

5.9 轻量虚拟机退出

I/O处理异步化后，模拟设备中的I/O处理将不再阻塞Guest的运行。现在我们再仔细审视一下这个过程，寻找进一步优化的可能。事实上，无论I/O是同步处理，还是异步处理，每次Guest发起I/O request时，都将触发CPU从Guest切换到Host的内核空间（ring 0），然后从Host的内核空间切换到Host的用户空间（ring 3），唤醒kvmtool中的I/O thread，然后再从Host的用户空间，切换到Host的内核空间，最后进入Guest。

我们知道，内核空间和用户空间的切换是有一定开销的，而切换到用户空间后就是做了一次简单的唤醒动作，那么这两次用户空间和内核空间的上下文切换，是否可以避免呢？KVM模块是否可以直接在内核空间唤醒用户空间的I/O处理任务呢？于是KVM的开发者们基于eventfd设计了一个ioeventfd的概念。eventfd是一个文件描述符，目的是快速、轻量地通知事件，可用于内核空间和用户空间，或者用户空间的任务之间的轻量级的通知。

在具体实现上，kvmtool中的模拟设备将创建一个eventfd文件，并将这个文件描述符告知内核中的KVM模块，然后将监听在eventfd上。当Guest因为I/O导致vm exit时，vm exit处理函数将不再返回到用户空间，而是直接唤醒阻塞监听在eventfd等待队列上的kvmtool中的监听线程，然后马上切回到Guest。使用eventfd后，CPU的状态流转过程简化为从Guest到Host的内核空间，然后马上再次流转到Guest，如图5-13所示。

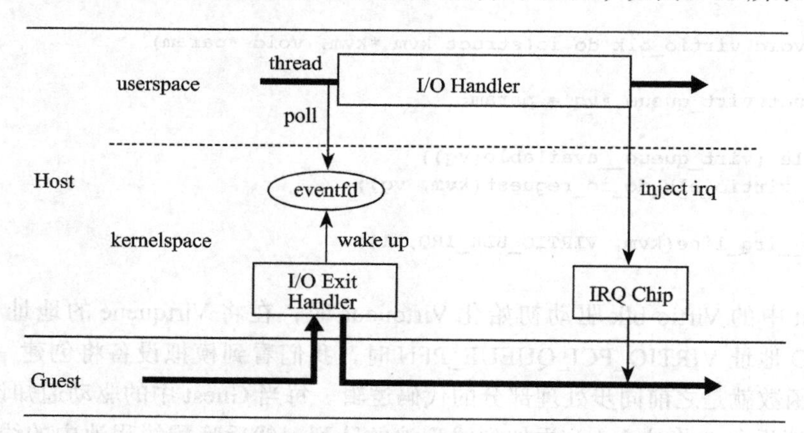

图5-13　轻量虚拟机退出

下面，我们就具体探讨一下各过程的实现。

5.9.1　创建eventfd

以Virtio blk为例，其为每个Virtqueue创建了一个eventfd，并将eventfd和设备及设备中的具体Virtqueue关联起来：

```
commit ec75b82fc0bb17700f09d705159a4ba3c30acdf8
kvm tools: Use ioeventfd in virtio-blk

kvmtool/virtio/blk.c
```

```
void virtio_blk__init(struct kvm *kvm, struct disk_image *disk)
{
  …
  for (i = 0; i < NUM_VIRT_QUEUES; i++) {
    ioevent = (struct ioevent) {
      .io_addr    = blk_dev_base_addr + VIRTIO_PCI_QUEUE_NOTIFY,
      .io_len     = sizeof(u16),
      .fn      = ioevent_callback,
      …
      .fd      = eventfd(0, 0),
    };

        ioeventfd__add_event(&ioevent);
    }
}
```

其中，fd是kvmtool向内核申请创建的用于KVM内核模块和kvmtool进行通信的eventfd文件描述符，io_addr是一个I/O地址，用来告诉内核当Guest写的I/O地址为VIRTIO_PCI_QUEUE_NOTIFY时，唤醒睡眠在这个eventfd等待队列上的任务，fn是kvmtool中等待内核信号的线程，被唤醒后，调用这个回调函数处理I/O。创建好eventfd后，kvmtool调用函数ioeventfd__add_event将eventfd以及与其关联的I/O地址等告知KVM内核模块：

```
commit ec75b82fc0bb17700f09d705159a4ba3c30acdf8
kvm tools: Use ioeventfd in virtio-blk

kvmtool/ioeventfd.c

void ioeventfd__add_event(struct ioevent *ioevent)
{
    …
    if (ioctl(ioevent->fn_kvm->vm_fd, KVM_IOEVENTFD,
 &kvm_ioevent) != 0)
    …
}
```

KVM模块收到用户空间发来的KVM_IOEVENTFD命令后，将在内核空间创建一个I/O设备，并将其挂到I/O总线上。这个I/O设备相当于kvmtool中的模拟设备在内核空间的一个代理，其记录着I/O地址和eventfd实例的关联：

```
commit d34e6b175e61821026893ec5298cc8e7558df43a
KVM: add ioeventfd support

linux.git/virt/kvm/kvm_main.c

static long kvm_vm_ioctl(…)
{
    …
```

```
    case KVM_IOEVENTFD: {
        …
        r = kvm_ioeventfd(kvm, &data);
        break;
    }
    …
}

linux.git/virt/kvm/eventfd.c

int kvm_ioeventfd(struct kvm *kvm, struct kvm_ioeventfd *args)
{
    …
    return kvm_assign_ioeventfd(kvm, args);
}

static int kvm_assign_ioeventfd(struct kvm *kvm, …)
{
    …
    kvm_iodevice_init(&p->dev, &ioeventfd_ops);
    …
    ret = __kvm_io_bus_register_dev(bus, &p->dev);
    …
}
```

当Guest发起地址为VIRTIO_PCI_QUEUE_NOTIFY的I/O操作时，KVM模块中的VM exit处理函数将根据地址VIRTIO_PCI_QUEUE_NOTIFY找到这个代理I/O设备，调用代理I/O设备的写函数，这个写函数将唤醒睡眠在代理设备中记录的与这个I/O地址对应的eventfd等待队列的kvmtool中的任务，处理I/O：

```
commit d34e6b175e61821026893ec5298cc8e7558df43a
KVM: add ioeventfd support

linux.git/virt/kvm/eventfd.c

static const struct kvm_io_device_ops ioeventfd_ops = {
    .write      = ioeventfd_write,
    .destructor = ioeventfd_destructor,
};

static int ioeventfd_write(struct kvm_io_device *this, …)
{
    …
    eventfd_signal(p->eventfd, 1);
    return 0;
}

linux.git/fs/eventfd.c
```

```
int eventfd_signal(struct eventfd_ctx *ctx, int n)
{
    ...
        wake_up_locked_poll(&ctx->wqh, POLLIN);
    ...
}
```

5.9.2 kvmtool 监听 eventfd

在创建好 eventfd 后，kvmtool 创建了一个线程，调用 epoll_wait 阻塞监听 eventfd，接受来自内核 KVM 模块的事件：

```
commit ec75b82fc0bb17700f09d705159a4ba3c30acdf8
kvm tools: Use ioeventfd in virtio-blk

kvmtool/ioeventfd.c

void ioeventfd__add_event(struct ioevent *ioevent)
{
    ...
    if (epoll_ctl(epoll_fd, EPOLL_CTL_ADD, event,
&epoll_event) != 0)
    ...
}

static void *ioeventfd__thread(void *param)
{
  for (;;) {
    int nfds, i;

    nfds = epoll_wait(epoll_fd, events, IOEVENTFD_MAX_EVENTS, -1);
    for (i = 0; i < nfds; i++) {
      ...
      ioevent->fn(ioevent->fn_kvm, ioevent->fn_ptr);
    }
  }
  ...
}
```

当有 POLLIN 事件时，对应的 callback 将被执行（callback 函数是 ioevent_callback）。ioevent_callback 就是用来通知线程池处理 I/O job：

```
commit ec75b82fc0bb17700f09d705159a4ba3c30acdf8
kvm tools: Use ioeventfd in virtio-blk

kvmtool/virtio/blk.c

static void ioevent_callback(struct kvm *kvm, void *param)
{
```

```
  struct blk_dev_job *job = param;

  thread_pool__do_job(job->job_id);
}
```

5.9.3 VM exit 处理函数唤醒 I/O 任务

根据 KVM 内核模块的主体函数 __vcpu_run 中的 while 循环可见，如果函数 vcpu_enter_guest 返回 0，那么代码逻辑将跳出循环，返回到用户空间发起运行虚拟机的指令。如果 vcpu_enter_guest 返回 1，那么将再次进入 while 循环执行 vcpu_enter_guest，直接返回 Guest，即所谓的轻量级虚拟机退出：

```
commit d34e6b175e61821026893ec5298cc8e7558df43a
KVM: add ioeventfd support

linux.git/arch/x86/kvm/x86.c

static int __vcpu_run(…)
{
    …
    r = 1;
    while (r > 0) {
        if (vcpu->arch.mp_state == KVM_MP_STATE_RUNNABLE)
            r = vcpu_enter_guest(vcpu, kvm_run);
        …
    }
    …
}

static int vcpu_enter_guest(struct kvm_vcpu *vcpu, …)
{
    …
    kvm_x86_ops->run(vcpu, kvm_run);
    …
    r = kvm_x86_ops->handle_exit(kvm_run, vcpu);
out:
    return r;
}
```

据函数 vcpu_enter_guest 的代码可见，vcpu_enter_guest 的返回值就是 vm exit handler 的返回值。vm exit handler 返回 0 或者 1，完全依赖于 vm exit handler 是否可以在 Host 内核态处理 VM exit。如果在内核态能处理，那么 vm exit handler 就返回 1，函数 __vcpu_run 中的 while 循环就再次进入下一个循环，重新进入 Guest；如果需要返回用户空间借助 kvmtool 处理，那么 vm exit handler 就返回 0，函数 __vcpu_run 中的 while 循环终止，CPU 返回到用户空间的 kvmtool。

当 Guest 准备好 Virtuqeue 中的可用描述符链后，将通知设备处理 I/O request，通知的方式就是写I/O地址VIRTIO_PCI_QUEUE_NOTIFY。对于因I/O触发的VM exit，其handler是handle_io。handle_io将首先调用函数kernel_io看看这个I/O是否可以在内核空间处理完成：

```
commit d34e6b175e61821026893ec5298cc8e7558df43a
KVM: add ioeventfd support

linux.git/arch/x86/kvm/vmx.c

static int handle_io(struct kvm_vcpu *vcpu, …)
{
    …
    return kvm_emulate_pio(vcpu, kvm_run, in, size, port);
}

linux.git/arch/x86/kvm/x86.c

int kvm_emulate_pio(struct kvm_vcpu *vcpu, struct kvm_run *run, …)
{
    …
    if (!kernel_pio(vcpu, vcpu->arch.pio_data)) {
        complete_pio(vcpu);
        return 1;
    }
    return 0;
}

static int kernel_pio(struct kvm_vcpu *vcpu, void *pd)
{
    int r;

    if (vcpu->arch.pio.in)
        r = kvm_io_bus_read(&vcpu->kvm->pio_bus,
             vcpu->arch.pio.port, vcpu->arch.pio.size, pd);
    else
        r = kvm_io_bus_write(&vcpu->kvm->pio_bus,
 vcpu->arch.pio.port,vcpu->arch.pio.size, pd);
    return r;
}

linux.git/virt/kvm/kvm_main.c

int kvm_io_bus_write(struct kvm_io_bus *bus, gpa_t addr,…)
{
    int i;
    for (i = 0; i < bus->dev_count; i++)
        if (!kvm_iodevice_write(bus->devs[i], addr, len, val))
            return 0;
    return -EOPNOTSUPP;
```

```
}

linux.git/virt/kvm/iodev.h

static inline int kvm_iodevice_write(struct kvm_io_device *dev,…)
{
    return dev->ops->write ? dev->ops->write(dev, addr, l, v)
  : -EOPNOTSUPP;
}
```

前面，为kvmtool中的Virtio blk设备在KVM模块中注册代理设备时，其write函数为ioeventfd_write，当调用这个函数时，在唤醒等待在eventfd的等待队列上的任务后，其返回了0，所以kvm_iodevice_write返回0，接着函数kvm_io_bus_write返回0，进而函数kernel_pio返回1，函数kvm_emulate_pio返回1，所以handle_io返回值也为1。所以函数vcpu_enter_guest也将返回1，那么函数__vcpu_run将再次进入下一次while循环，CPU从Host的内核态直接切回Guest，节省了CPU上下文切换的开销。

第 6 章 Chapter 6

网络虚拟化

云计算的蓬勃发展对网络需求发生了翻天覆地的变化。云服务提供商的数据中心承载着成千上万的不同租户的应用，租户希望快速地部署应用，应用对计算和存储资源的需求按需扩展、弹性伸缩，这意味着连接计算和存储的网络拓扑不断地发生变化。显然，传统网络技术是不可能满足这个需求的。云计算厂商需要以更加高效灵活的方式向租户提供动态变化的网络服务。

为了达到这个目的，需要在通用计算硬件的基础上，使用软件的方式虚拟专用的网络设备，组建虚拟网络提供给租户。每个租户得到的虚拟网络是相互独立、完全隔离的，通过云服务商提供的控制平台，租户可随意配置、管理自己的网络。

本章中，我们首先介绍了基于 Overlay 的虚拟网络的基本原理。然后，基于一个典型的 Overlay 网络的部署方案，我们从虚拟机访问外部主机、外部主机访问虚拟机两个方向，分别探讨了计算节点、网络节点上的网络虚拟化技术。

6.1 基于 Overlay 的虚拟网络方案

在云环境下，多租户共享一个物理网络，因此需要实现多租户网络隔离。我们可以使用 VLAN 技术实现在一个平坦网络结构中的隔离，但受限于 VLAN 标准中定义的 VLAN ID 的位数，最多只能分配 4096 个子网。另外，这种平坦的大二层网络，虚拟机和宿主机在相同的网段，无法为虚拟机划分私有的子网，因此限制了用户自定义网络的能力。基于 Overlay 网络，可以使网络拓扑变得立体，虚拟机网络可以基于 IDC 的物理网络，任意组建与物理机没有任何关系的子网，虚拟机的网络包作为宿主机网络包的 payload，由物理机所在网络承载着在 IDC 网络内穿行。图 6-1 展示了一个典型的 1 台网络节点和 2 台计算节点的网络拓扑结构。

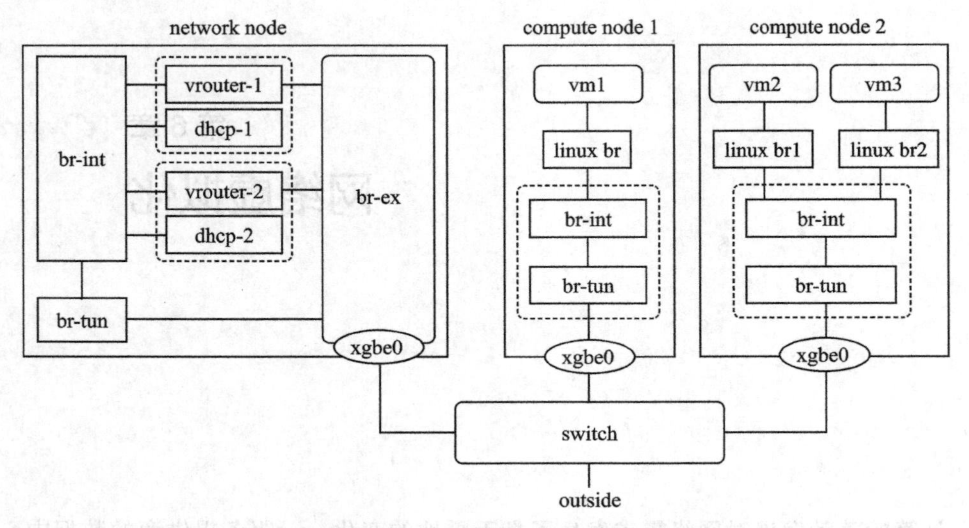

图 6-1　基于 Overlay 网络的虚拟网络方案

在这个例子中，为了展示得典型一些，我们创建了 2 个子网，vm1 和 vm2 属于一个子网，vm3 属于另外一个子网，后面我们将基于这个环境进行讨论：

```
网络节点 ip: 10.73.189.17/25
计算节点 1: 10.76.36.36/25
计算节点 2: 10.76.34.32/25

2 个子网采用完全相同网段：
192.168.0.0/16

第 1 个子网的 router 和 dhcp namespace:
qdhcp-50f681b4-08a2-4915-a22c-d2de968d4928
qrouter-b7daa3e4-a906-4c60-9b48-cef7c88f6f92

第 2 个子网的 router 和 dhcp namespace:
qdhcp-2794f06c-98f2-45d4-8fd5-edd50b78c534
qrouter-a9da6c36-8aca-41d4-8ce6-2aa18feaccfc

vm1 属于子网 1,private ip:192.168.0.3 floating ip:10.75.234.7
vm2 属于子网 1,private ip:192.168.0.2 floating ip:10.75.234.3
vm3 属于子网 2,private ip:192.168.0.4 floating ip:10.75.234.26
```

6.1.1　计算节点

和局域网内的多台计算机需要连接到一台交换机一样，一个计算节点上可能有多个虚拟机属于一个局域网，彼此之间需要通信。而且，这些虚拟机还需要通过宿主机上的网络接口与外部通信，因此，需要有一个交换机将这些虚拟机和宿主机上的网卡连接起来。这里我们通过 Open vSwitch（OVS）创建了一个 integration bridge，简称 br-int。

在网络包传给虚拟机前，宿主机需要对网络包进行过滤。早期 Open vSwitch 的实现不支持内核中的 netfilter，无法通过 iptables 配置防火墙。而 Linux 内核中实现的桥支持 netfilter，云计算中通常称 netfilter 规则的集合为安全组（security group）。我们的示例采用了 Linux 桥方案，即在虚拟机和 br-int 之间增加一个 Linux 桥。为了连接 Linux 桥和 OVS 桥 br-int，计算节点创建了 veth 类型的网络设备，一端添加到 Linux 桥，另外一端添加到 OVS 桥 br-int。这两个桥不是 OVS 同类型的桥，所以不能使用连接 OVS 桥的 patch 类型的接口。较新的 Open vSwitch 在 openflow 层面支持了防火墙的功能。

那么为什么 OVS 不支持 netfilter 呢？软件虚拟的交换机的原理，是在安装其上的网络设备的接收路径上安插了一个 hook，从而将接收到的网络包劫持到网桥中，而不是向上进入 3 层协议栈。下面是 OVS 在网络设备上安插 hook 的代码：

```
commit 58264848a5a7b91195f43c4729072e8cc980288d
openvswitch: Add vxlan tunneling support.
linux.git/net/openvswitch/vport-netdev.c
static struct vport *netdev_create(…)
{
  …
  err = netdev_rx_handler_register(netdev_vport->dev,
netdev_frame_hook, vport);
  …
}

static rx_handler_result_t netdev_frame_hook(…)
{
  …
  netdev_port_receive(vport, skb);
  …
}

static void netdev_port_receive(struct vport *vport, …)
{
  …
  ovs_vport_receive(vport, skb);
}
```

我们看到，函数 netdev_frame_hook 将调用 ovs_vport_receive，进入 Open vSwitch 处理流程，在 skb 中提取信息，进行流表匹配等处理流程，之后并没有再次调用 NF_HOOK 函数，从而避开了 netfilter，也就绕开了 iptables 设置的这些规则。但是 Linux 桥则不是这样，在其执行网桥的逻辑时，会继续应用 NF_HOOK，因此，通过 iptables 设置的 netfiler 规则依然会生效：

```
commit 58264848a5a7b91195f43c4729072e8cc980288d
```

```
openvswitch: Add vxlan tunneling support.
linux.git/net/bridge/br_if.c
int br_add_if(struct net_bridge *br, struct net_device *dev)
{
  …
  err = netdev_rx_handler_register(dev, br_handle_frame, p);
  …
}
linux.git/net/bridge/br_input.c
rx_handler_result_t br_handle_frame(struct sk_buff **pskb)
{
  …
    NF_HOOK(NFPROTO_BRIDGE, NF_BR_PRE_ROUTING, skb, skb->dev,
            NULL, br_handle_frame_finish);
  …
}
```

如果使用的是平坦网络，那么网络包经过 Open vSwitch 桥 br-int 后，就可以进入计算节点的网络协议栈，如同一个正常的网络包一样查找路由表，通过宿主机的物理网络接口进行发送。如果使用的是 Overlay 网络，那么就需要再增加一个 Open vSwitch 桥 br-tun，负责完成隧道封装的功能。因为 br-int 桥和 br-tun 桥都属于 Open vSwitch 桥，为了传输更加高效，Open vSwitch 实现了用于连接 Open vSwitch 桥的 patch 类型的接口。综上，计算节点 2 的网络部署方案如图 6-2 所示。

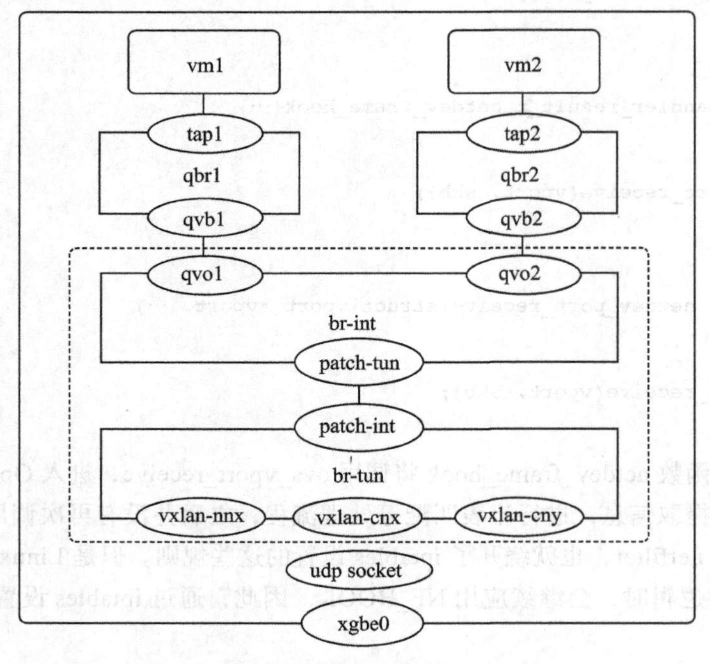

图 6-2 计算节点的网络部署

我们看到很多网络设备命名都以字母 q 开头，比如 qvb-xxx、qvo-xxx、qrouter-xxx、qdhcp-xxx，这是因为在 Openstack 的 Havana 版之前，网络项目的代号（code name）为 Quantum，q 就来自这里。但是，由于 Quantum 与一个基于磁带的数据备份系统的商标有冲突，于是项目代号改为现在的 Neutron。qbr 中的 br，就是 bridge 的简写。qvb 和 qvo 是一对 veth 设备，名字中的 v 就来自 veth，b 表示接在 Linux 桥这一侧，o 表示接在 Open vSwitch 桥一侧。在网络节点上还会看到 qr 和 qg 开头的名字，其中 r 表示 router 一侧，字母 g 表示 gateway 一侧。

1. 虚拟机和网桥的连接

从宿主机的角度，虚拟机就是一个普通的进程，那么如何将这个普通进程发出的网络包送到 Linux 桥呢？内核中实现了一个 TUN/TAP 模块，其为用户空间的程序提供一种虚拟网卡，类似于物理网卡，但是物理网卡是通过从网线收发数据包，而 TUN/TAP 虚拟的网络接口收发来自用户空间程序的网络包。这个模块的内部实现了两种类型的接口，一种是文件类型的接口，与用户空间程序交互；另外一种是网络设备类型的接口，与内核协议栈交互：

```
commit 58264848a5a7b91195f43c4729072e8cc980288d
openvswitch: Add vxlan tunneling support.
linux.git/drivers/net/tun.c
static int __init tun_init(void)
{
  …
  ret = misc_register(&tun_miscdev);
  …
}
static int tun_set_iff(struct net *net, struct file *file, …)
{
  …
    err = register_netdevice(tun->dev);
  …
}
```

TUN/TAP 模块注册的网络设备可以分别工作在 2 层和 3 层模式。对于我们这里的情景，虚拟机发出的是 2 层以太网包，因此 TUN/TAP 这个虚拟网卡需要工作在 2 层，即 TAP 模式。如果读者留意过传给 Qemu 的命令行参数，就会发现下面的参数，其目的就是设置 TUN/TAP 设备工作在 2 层模式：

```
-netdev tap
```

当 VM 所在的进程通过 TAP 的普通文件接口向 TAP 写入以太网包时，TAP 模块如同从网卡收到以太网包一样处理，创建并组织接收数据的 sk_buffer，然后调用内核协议栈的接口 netif_rx_ni 向协议栈发送这个 sk_buffer。显然，这里需要将网络包装扮为 attach 在 Linux 桥上的 TAP 设备接收到的，这样才能在向上层协议栈传递时，进入 Linux 桥的 hook

函数的处理逻辑。那么如何做到这一点呢？秘密就在设置 skb 中的 dev 字段，见下面代码中的函数 eth_type_trans：

```
commit 58264848a5a7b91195f43c4729072e8cc980288d
openvswitch: Add vxlan tunneling support.
linux.git/drivers/net/tun.c
static ssize_t tun_chr_aio_write(struct kiocb *iocb, …)
{
  …
  result = tun_get_user(tun, tfile, NULL, iv, …);
  …
}
static ssize_t tun_get_user(struct tun_struct *tun, …)
{
  …
  skb = tun_alloc_skb(tfile, align, copylen, linear, noblock);
  case TUN_TAP_DEV:
    skb->protocol = eth_type_trans(skb, tun->dev);
  …
  netif_rx_ni(skb);
  …
}
linux.git/net/ethernet/eth.c
__be16 eth_type_trans(struct sk_buff *skb, struct net_device *dev)
{
  …
  skb->dev = dev;
  …
}
```

2. br-int 桥上不同子网虚拟机的隔离

运行于同一计算节点上的虚拟机可能属于不同的租户，或者属于同一个租户的不同子网，而不同子网可能使用相同的网段，比如两个子网都使用 192.168.1.0/24。在这种情况下，可能会出现不同子网的虚拟机 IP 相同的情况，为了避免 IP 冲突，需要采用技术手段对子网进行隔离。从 br-int 的角度看，这是一个平坦网络，需要使用 VLAN 隔离不同的子网。VLAN 是 802.1Q 的标准定义的，格式如图 6-3 所示。

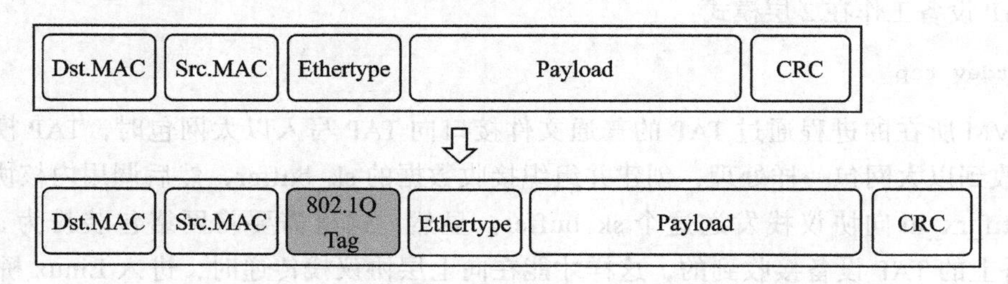

图 6-3　VLAN Tag (802.1Q) 格式

802.1Q 定义 Tag 安插在源 MAC 和 Ethertype 之间，Tag 中 0 ～ 11 位作为 VLAN ID，可见，一个 VLAN 最多可以有 4096 个子网，4096 个子网显然是不足以支撑云计算这种拥有大量租户的环境，但是在一个计算节点范围内，我们可以使用其作为隔离方案。事实上，这个 802.1Q Tag 应用于控制层面，OVS 在控制面进行转发逻辑判断时使用，OVS 内核的 datapath 中并不会在数据包中安插 802.1Q Tag。

3. br-tun 桥上 Overlay 网络实现

如果使用的是平坦网络，那么经过 Open vSwitch 桥 br-int 后，就可以进入计算节点的网络协议栈，如同一个正常的网络包一样，查找路由表，通过物理网络设备进行发送。如果使用的是 Overlay 网络，那么就要再增加一个 Open vSwitch 桥，负责完成隧道的封装。

br-tun 桥只是一个载体，依据采用 GRE 方案或者是 VXLAN 方案，向 br-tun 上添加相应类型的端口，由这个端口完成实际的隧道封装。我们的示例中使用的是 VXLAN 方案。VXLAN 标准定义了一个所谓的 MAC-in-UDP 封装，即在原来子网的 2 层以太网帧外层，增加一个 VXLAN 头，然后作为 UDP 的 payload，如图 6-4 所示。

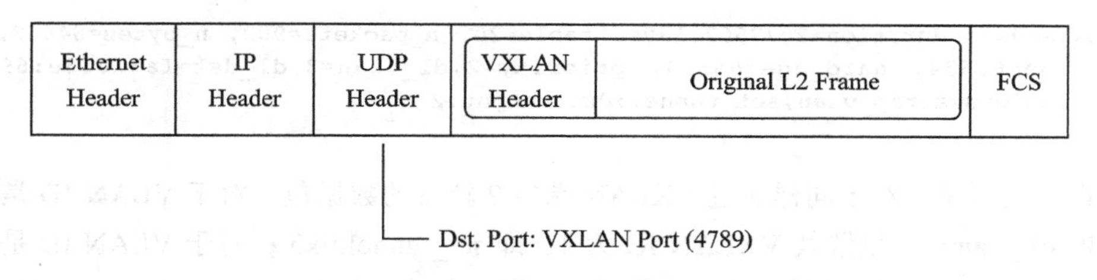

图 6-4 VXLAN 封装格式

IANA（The Internet Assigned Numbers Authority）已经为 VXLAN 分配了端口号 4789，所以 UDP 头中的目的端口需要设置为 4789。VXLAN 头使用了 4 个字节来表示 VXLAN Network ID，所以最多可以表示 16M 个子网。下面是计算节点 1（10.76.36.36）中 br-tun 桥上的一个 VXLAN 端口的信息：

```
[root@10.76.36.36 ~]# ovs-vsctl show
    Bridge br-tun
        Port "vxlan-0a49bd11"
            Interface "vxlan-0a49bd11"
                type: vxlan
                options: {csum="true", in_key=flow,
local_ip="10.76.36.36", out_key=flow,
remote_ip="10.73.189.17"}
        ...
```

根据 VXLAN 端口 vxlan-0a49bd11 信息可见，其将在计算节点 1（10.76.36.36）和网络节点（10.73.189.17）之间建立起一条隧道，虚拟机的以太网数据包作为隧道的 payload，在其上传输。计算节点 1（10.76.36.36）和网络节点（10.73.189.17）的 br-tun 桥上的

VXLAN 端口可以看作是 VXLAN Tunneling Endpoint，简称 VTEP，完成网络包的封装与解封。

4. VLAN ID 和 VXLAN ID 的转换

br-int 桥是一个平坦网络，使用 VLAN 方式隔离子网。br-tun 桥是一个 Overlay 网络，使用 VXLAN 隔离。VLAN 是宿主机范围的，VXLAN 是全局范围的。因此网络包在 br-int 和 br-tun 之间穿行时，需要转换一下 VLAN ID 和 VXLAN ID。那么 VLAN ID 和 VXLAN ID 是怎么映射的呢？假设 VXLAN ID 5001 ～ 5010 落在同一计算节点，那么只需要 10 个 VLAN ID 就足够了，比如分配 VLAN ID 1 对应 VXLAN ID 5001，VLAN ID 10 对应 VXLAN ID 5010。下面就是计算节点 2（10.76.34.32）上的 br-tun 桥上的部分流表片段：

```
[root@10.76.34.32 ~]# ovs-ofctl dump-flows br-tun
…
cookie=0x0, duration=5140243.744s, table=20, n_packets=3170864, n_
    bytes=256569702, idle_age=0, hard_age=65534, priority=2,dl_vlan=1,dl_
    dst=fa:16:3e:d0:4d:04 actions=strip_vlan,set_tunnel:0x3,output:2
…
cookie=0x0, duration=2077502.190s, table=20, n_packets=902, n_bytes=84648, idle_
    age=65534, hard_age=65534, priority=2,dl_vlan=3,dl_dst=fa:16:3e:69:9a:50
    actions=strip_vlan,set_tunnel:0x4,output:2
…
```

根据流表可见，对于同样通过 VXLAN 端口 2 转发的数据包，对于 VLAN ID 是 1 的网络包，即 dl_vlan=1，设置其 VXLAN ID 为 3，即 set_tunnel:0x3 ；对于 VLAN ID 是 3 的网络包，即 dl_vlan=3，设置其 VXLAN ID 为 4，即 set_tunnel:0x4。

5. UDP socket - 4789

从虚拟机向外发送网络包时，经过 br-tun 上的 VXLAN 端口进行隧道包装后，网络包摇身一变，就如同宿主机发出的网络包一样，可以任由其在网络世界中穿行。那么对于宿主机接收的网络包，如何将其引入 br-tun 桥？注意创建 VXLAN 端口的函数 vxlan_tnl_create，当创建 VXLAN 端口时，其创建了一个端口号为 4789 的 UDP socket，这个 socket 就是为接收网络包准备的。vxlan_tnl_create 设置这个 socket 的回调函数为 vxlan_rcv，当端口收到网络包时，其将调用 VXLAN 模块中实现的回调函数 vxlan_rcv 处理网络包，而 vxlan_rcv 最终调用 ovs_vport_receive 将接收到的网络包传递给 OVS 的 datapath 进行处理，从而将宿主系统协议栈中收到的网络包劫持进了 OVS 交换机，网络包从此开始向目标虚拟机进发：

```
commit 58264848a5a7b91195f43c4729072e8cc980288d
openvswitch: Add vxlan tunneling support.
linux.git/net/openvswitch/vport-vxlan.c
const struct vport_ops ovs_vxlan_vport_ops = {
   .type    = OVS_VPORT_TYPE_VXLAN,
```

```
  .create    = vxlan_tnl_create,
  …
};
static struct vport *vxlan_tnl_create(…)
{
  …
  vs = vxlan_sock_add(net, htons(dst_port), vxlan_rcv, …);
  …
}
static void vxlan_rcv(struct vxlan_sock *vs, …)
{
  …
  ovs_vport_receive(vport, skb, &tun_key);
}
```

6.1.2　网络节点

虚拟机所在子网和外部网络之间属于不同网段，不同网段之间通信需要有一个路由器。所以，对于每个虚拟机所在的子网，在网络节点上需要为其创建一个软件模拟的路由器。这个路由器有 2 个网络接口，一面对接虚拟机子网，一面对接外网。在对接外网一侧，路由器接口（以 qg 开头）和网络节点的物理网卡连接在一个交换机 br-ex 上，虚拟机向外网发送的数据包可以直接经由宿主机的网络接口发送出去。在对接虚拟机子网一侧，路由器接口（以 qr 开头）连接在交换机 br-int 上。除了 router，虚拟网络还需要为每个虚拟机子网提供 DHCP 服务器，DHCP 服务器也连接在 br-int 桥上。虚拟机的网络数据包封装在隧道中，所以，对接虚拟机一侧，在 br-int 之后，还需要一个 br-tun，其上创建了 VXLAN 端口，负责隧道的封装、解封操作。综上，网络节点上虚拟网络组件如图 6-5 所示。

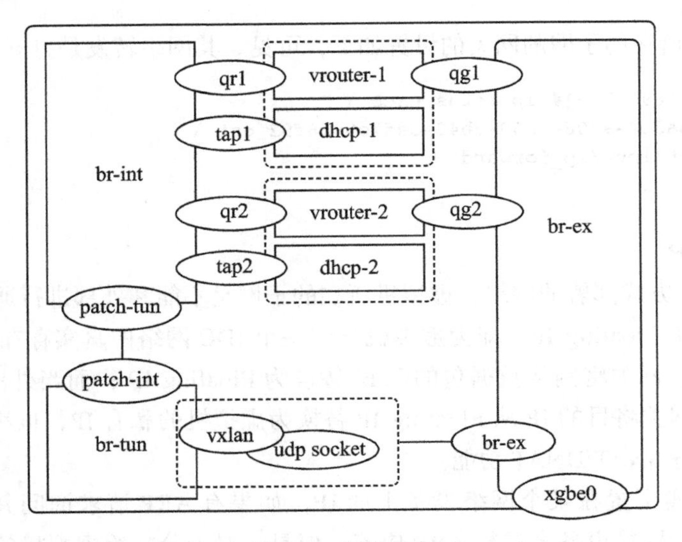

图 6-5　网络节点

1. 网络命名空间

每个子网有自己的路由器和DHCP服务器，因此，我们在网络节点上分别创建了2个路由器和2个DHCP服务器。不同子网使用的可能是相同的网段，因此为了避免网段冲突，将路由器和DHCP服务器都放在单独的网络命名空间中以达到隔离的目的。在这个示例网络中，我们故意将2个子网配置为相同的网段192.168.0.0/16，这2个子网的网关都是192.168.0.1，如果不使用网络命名空间进行隔离，同一个协议栈内2个不同的网络设备不允许配置相同的网络地址。类似的，如果不使用网络命名空间进行隔离，在同一个网络中存在2个提供同一网段的DHCP服务器也会发生冲突。下面就是这2个子网的网关和DHCP服务器所在的网络命名空间：

```
[root@10.73.189.17 ~]# ip netns
qdhcp-2794f06c-98f2-45d4-8fd5-edd50b78c534
qrouter-a9da6c36-8aca-41d4-8ce6-2aa18feaccfc

qdhcp-50f681b4-08a2-4915-a22c-d2de968d4928
qrouter-b7daa3e4-a906-4c60-9b48-cef7c88f6f92
```

网络命名空间的思想很像面向对象。我们可以把协议栈比作一个类，基于这个类可以实例化很多对象，每个对象是一个网络命名空间，每个命名空间有自己的网络设备、路由表、netfilter规则等。一个典型的例子是，因为各虚拟机子网对应的网关需要支持转发，所以网关所在的命名空间打开了IP转发，而网络节点本身则不必打开IP转发。下面是网络节点本身的转发设置，我们可以看到，其网络转发是关闭的：

```
[root@10.73.189.17 ~]# cat /proc/sys/net/ipv4/ip_forward
0
```

vm1和vm2所在的子网的网关的设置如下，可见，其网络转发是打开的：

```
[root@10.73.189.17 ~]# ip netns exec \
qrouter-b7daa3e4-a906-4c60-9b48-cef7c88f6f92 cat \
/proc/sys/net/ipv4/ip_forward
1
```

2. Floating IP

采用Overlay方式部署的网络，虚拟机所在的子网是不能和外部进行通信的。为了解决这个问题，出现了Floating IP，即为虚拟机分配一个IDC网络中真实存在的IP，当虚拟机访问外部网络时，网关将网络数据包的源IP替换为Floating IP；而当外网访问虚拟机时，在通过网关时，网关将目的IP从Floating IP替换为虚拟机的私有IP，也称为Fixed IP。因此，网关需要具备SNAT/DNAT功能。

对于一个真实配置在某个网络设备上的IP，如果有ARP请求询问其对应的MAC地址，那么其所在的网络设备会进行ARP应答。但是，对于分配给虚拟机的Floating IP，其并没有一个真实对应的网络设备，那么谁来负责应答 Floating IP 的 ARP 请求？我们换个角度思考这个问题，发往虚拟机子网的网络数据包，都需要发到虚拟路由器连接在 br-ex 桥上的 qg 接口，这也就意味着 qg 接口需要对其管辖的虚拟机子网的全部 Floating IP 的 ARP 请求做出 ARP 应答。我们可以通过设置 qg 接口的辅 IP（Secondary IP），将所有属于其管辖的子网内的虚拟机的 Floating IP 全部配置到 qg 设备上，下面就是虚拟机 vm1 和 vm2 所在子网网关 qg 接口辅 IP 的设置：

```
  [root@10.73.189.17 ~]# ip netns exec \
qrouter-b7daa3e4-a906-4c60-9b48-cef7c88f6f92 ip a
…
17: qg-2181253a-17: <BROADCAST,MULTICAST,UP,LOWER_UP> mtu …
    link/ether fa:16:3e:58:f4:93 brd ff:ff:ff:ff:ff:ff
    inet 10.75.234.6/23 brd 10.75.235.255 scope global …
    inet 10.75.234.7/32 brd 10.75.234.7 scope global …
    inet 10.75.234.26/32 brd 10.75.234.26 scope global …
…
```

当其他主机通过 ARP 询问 Floating IP 10.75.234.7 的 MAC 地址时，ARP 广播包通过网络节点的 xgbe0 进入 br-ex 桥，qg-2181253a-17 就会给出 ARP 应答。因此，为了使虚拟路由器上的 qg 接口可以收到 ARP 包，需要将宿主机的物理网络接口设置为混杂模式（promiscuous mode），将流经其的网络数据包照单全收，而不管网络包的目的 MAC 是否指向自身。这也是为什么将网络接口的物理网络接口、虚拟路由器的 qg 接口都连接在 br-ex 桥上的原因。

3. br-ex 桥上的内部接口 br-ex

除了开启网络节点物理网卡（xgb0）的混杂模式外，还需要移除 xgb0 的 IP，否则从虚拟机子网发往本机的数据包将不能正确地进入本机协议栈。当 xgbe0 安插到 br-ex 上后，会被 OVS 赋予一个钩子函数 rx_hander（即 netdev_frame_hook），当 xgbe0 收到网络包并向上层协议栈传递数据包前，将会首先调用这个 rx_nandler。netdev_frame_hook 收到包后，将截取数据包再次进入 br-ex 桥的转发流程，因为数据包的目的 MAC 是 xgbe0，所以 br-ex 会将数据包转发到 xgbe0 所在的端口，进而通过 xgbe0 南辕北辙地将数据包发送出去。那么谁来负责将虚拟机发来的、通过物理机网卡 xgbe0 进入交换机 br-ex 的数据包送达网络节点的 VTEP，也就是 VXLAN 端口呢？在我们的示例方案中，在 br-ex 上增加了一个 OVS internel 类型的接口 br-ex：

```
[root@10.73.189.17 ~]# ip a
…
4: xgbe0: <BROADCAST,MULTICAST,UP,LOWER_UP> mtu 1500 …
    link/ether 00:25:90:8b:6e:9e brd ff:ff:ff:ff:ff:ff
    inet6 fe80::225:90ff:fe8b:6e9e/64 scope link
       valid_lft forever preferred_lft forever
…
```

```
7: br-ex: <BROADCAST,MULTICAST,UP,LOWER_UP> mtu 1500 …
    link/ether 00:25:90:8b:6e:9e brd ff:ff:ff:ff:ff:ff
    inet 10.73.189.17/25 brd 10.73.189.127 scope global …
…
```

我们看到 internal 类型的端口 br-ex 几乎具备了物理网卡的全部属性，IP、MAC 等都配置到了端口 br-ex 上。如此，当 ARP 请求通过物理网卡 xgbe0 进入 br-ex 桥时，端口 br-ex 将对发往网络节点的数据包做出应答。换句话说，即通过 xgbe0 进入 br-ex 桥的数据包，如果目的 IP 是网络节点的，都将转发到端口 br-ex。Open vSwitch 不会为 internal 类型的接口设置 rx_handler，所以这样就避免 xgbe0 南辕北辙的问题。internel 类型的接口并没有注册钩子函数，所以在调用 netif_rx 向上层传递时，网络包将会顺利地进入上层协议栈。

4. 虚拟机访问外部网络

图 6-6 展示了从虚拟机来的网络包如何经过网络节点发送到外部网络，这里展示的是控制层面逻辑意义上的网络包的流动，后面我们会看到，实际上在 OVS 的数据面不是这样一板一眼地转发的，所以图 6-6 中使用了虚线。

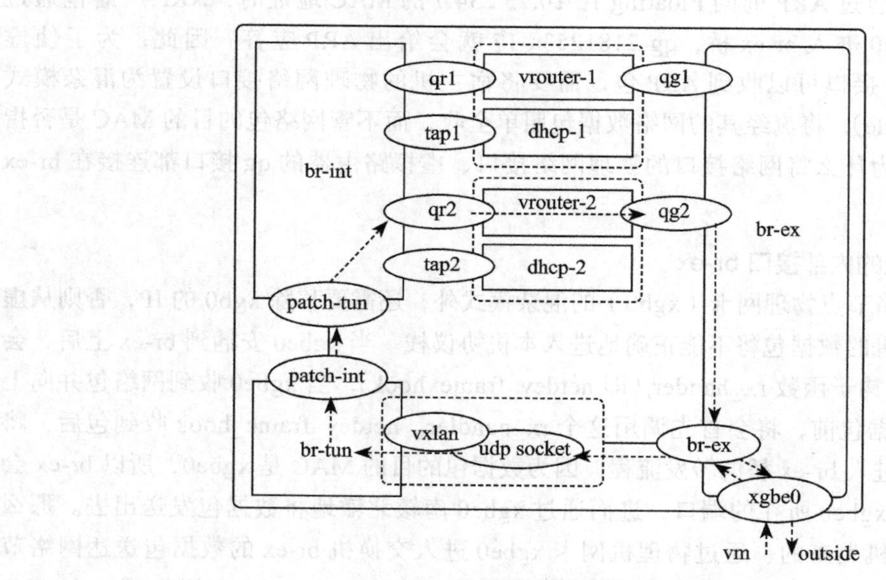

图 6-6　虚拟机访问外部网络

来自虚拟机方面的网络包到达网络节点网卡 xgbe0，br-ex 桥将其转发到端口 br-ex。这个 OVS internel 类型的端口 br-ex 调用 3 层（网络层）的接收函数向本机协议栈传递网络数据包。

因为外层隧道是 UDP 协议，并且目标 UDP 端口是 4789，所以经过 3 层后，网络包将进入 UDP 层的 VXLAN 端口。VXLAN 端口的回调函数 xlan_rcv 将网络包送到 OVS 的数据面。

br-tun 桥通过连接 br-int 和 br-tun 的 patch 类型的接口，将网络包送到 br-int 桥。br-int

桥将接收自patch-tun端口的网络包转发到端口qr，网络包进入vrouter。vrouter执行SNAT操作，即使用Floating IP修改网络包的源IP，然后通过qg接口将网络包发送到br-ex桥。br-ex将网络包转发到xgbe0，此后，虚拟机的网络包将按需发送到外网或IDC网络的其他子网。

5. 外部网络访问虚拟机

图6-7展示了从外部来的网络包如何经过网络节点发往虚拟机，与图6-6类似，这里展示的也是控制层面逻辑意义上的网络包的流动，所以图中也使用了虚线。

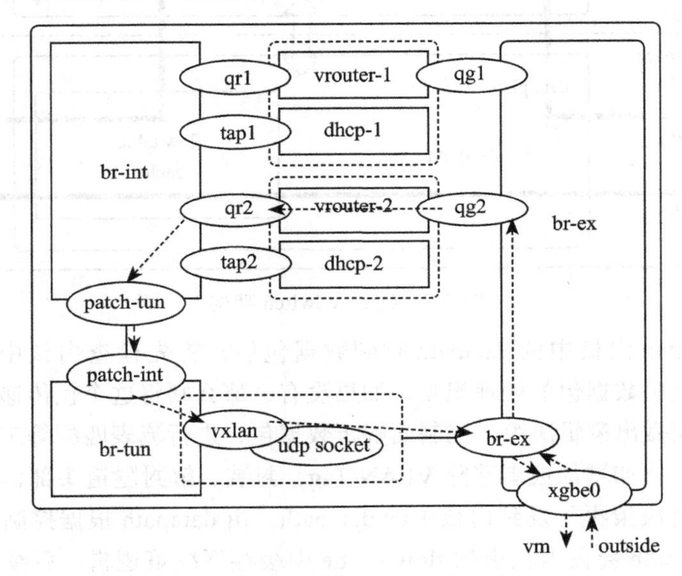

图6-7 外部网络包访问虚拟机

来自外部的网络包到达网络节点的网卡xgbe0后，br-ex桥将其转发到端口qg，从而进入vrouter。vrouter进行DNAT操作，即使用fixed IP修改网络包的目的IP，然后通过接口qr将网络包送上br-int桥。br-int桥通过连接br-int和br-tun的patch类型的接口，将网络包送到br-tun桥。br-tun桥将网络包转发到vxlan端口，vxlan端口对虚拟机的网络包进行隧道封装。封装后的网络包目的IP就是目的虚拟机所在宿主机的IP地址，因此网络包摇身一变，成为普通IDC中的网络包，通过网络节点的协议栈向外发送就可以了。因为br-ex桥上的内部类型接口br-ex现在配置的是原xgbe0的IP，因此，网络节点的3层协议栈将选择br-ex接口向外发送网络包。br-ex桥将来自br-ex接口的网络包转发给xgbe0，网络包将进入IDC机房的物理交换机，最终到达目标虚拟机所在的计算节点。

6.1.3 Open vSwitch

在虚拟网络中，我们使用了多种技术支持软件定义网络架构，其中有一个核心的组件就是 Open vSwitch。Open vSwitch 可以分为 2 部分，一部分是用户空间的控制面，另外一个是内核空间的数据面，如图 6-8 所示。

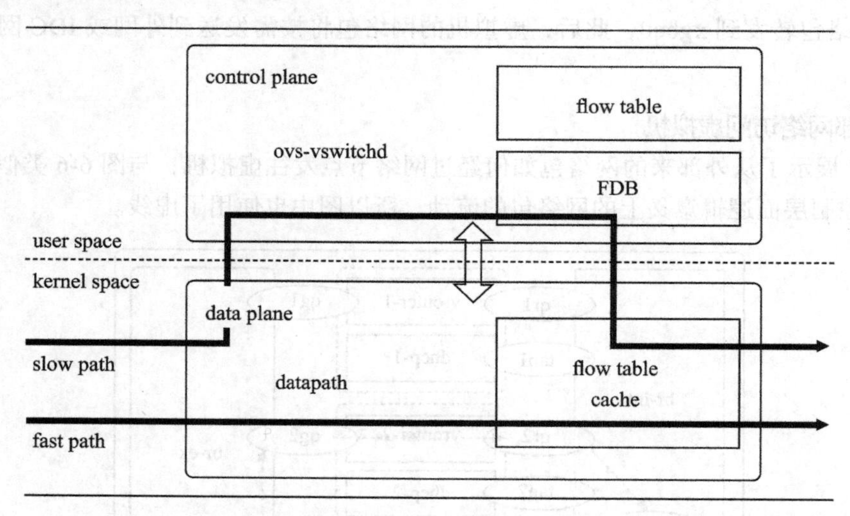

图 6-8　Open vSwitch 架构

当 Open vSwitch 内核中的 datapath 收到数据包后，首先检查内核中的 flow cache 中是否已经有针对这类数据包的处理规则，如果没有，那么则将这个包传递给用户空间的控制面，请求控制面做出逻辑决策。控制面解析数据包，进行流表匹配等工作，决策出如何处理这个数据包，比如增加或者移除 VLAN Tag，封装、解封隧道头部信息，通过哪个端口转发等。然后将决策再下发到内核中的 datapath，由 datapath 根据控制面的决策处理数据包。同时，datapath 会在内核中的 flow cache 中缓存下决策逻辑，后续同类型的数据包到达时，就不必再传递到用户空间的控制面进行决策，而是直接在内核的 datapath 中直接处理。

1. OpenFlow 协议

起初，2 层交换机采用 MAC Learning 的方式控制包的转发，决策逻辑和转发过程都烧写到交换机硬件中。然后，对外提供一些工具或协议可以进行控制，但大都只是一些基础配置而已。如果要进行功能的开发和升级，要么更换交换机，要么重新烧写软件，成本高昂，而且极不灵活。

随着云计算的发展，对于 SDN 的要求越来越高，人们已经不再满足于可配置的交互机制，而是需要根据需求对交换机进行编程，此时传统的交换机已经无法满足要求了。于是，交换机的开发者们将交换机的复杂逻辑，即控制逻辑，从交换机中剥离出来，通过软件实现，解决了新增功能的开发和升级问题，只将转发功能，即数据面，留在交换机中。为了支持控制面和数据面分离，出现了 OpenFlow 交换协议。OpenFlow 协议支持决策逻辑和数据包转发分离，控制逻辑完全运行在软件中，做出决策后，下发到交换机中的数据平面，控制数据包的转发。

OpenFlow 的核心数据结构是流表（flow tables）。顾名思义，流表就是一系列表项的组合，每一个流表项包含 2 个主要部分，一个是匹配项（match fields），如源 MAC、目的 MAC、VLAN ID、VXLAN ID 等；另外一个是匹配成功后采取的动作，OpenFlow 的 Spec 中称为 instructions 或 Action，如重定向到某个表项继续进行匹配、修改 VXLAN ID，或者转发到某个端口等。此外，还有一些辅助信息，如优先级信息，当多个流表项存在时，按优先级的顺序进行匹配；以及统计信息，例如这个流表已经命中了多少个包等。

2. Open vSwitch 控制面

我们以 Open vSwitch 控制面的流表项为例，直观地认识一下：

```
1.cookie=0x0, duration=3643751.681s, table=20, n_packets=977844, n_
    bytes=94666091, idle_age=0, hard_age=65534, priority=2,dl_vlan=6,dl_
    dst=fa:16:3e:69:9a:50 actions=strip_vlan,set_tunnel:0x4,output:2
2.cookie=0x0, duration=612965.595s, table=20, n_packets=0, n_bytes=0,
    hard_timeout=300, idle_age=65534, hard_age=0, priority=1,vlan_
    tci=0x0006/0x0fff,dl_dst=fa:16:3e:69:9a:50 actions=load:0->NXM_OF_VLAN_
    TCI[],load:0x4->NXM_NX_TUN_ID[],output:2
```

我们故意列出了这 2 条流表项，它们大同小异，实现的功能完全相同，第 1 项是通过控制平面直接添加的，第 2 项是通过 Open vSwitch 中的 learn 动作自学习的。但是，因为优先级不同，第 1 项的优先级 priority=2，而第 2 项的优先级 priority=1，所以第 1 项优先匹配，匹配成功后的动作是通过端口 2 转发出去，所以第 2 项不会匹配成功，根据第 2 个流表项的 n_packets=0 和 n_bytes=0 也可见这一点。

流表项中的 dl_vlan=6,dl_dst=fa:16:3e:69:9a:50 是属于匹配部分，表示如果数据包的 VLAN ID 是 6，并且目的 MAC 是 fa:16:3e:69:9a:50，则执行的动作是 actions=strip_vlan,set_tunnel:0x4,output:2，即移除数据包中的 VLAN 字段，添加 VXLAN 字段，并设置 VXLAN ID 是 4，然后通过端口 2 转发出去。

其余的是一些辅助信息，cookie 表示传给控制平面的参数；duration 表示这条流表持续的时间；table=20 表示这条项目属于第 20 张流表；n_packets 和 n_bytes 表示分别命中了多少个包和多少个字节；idle_age 表示流表项已经有多久没有命中数据包了；hard_age 表示该流表项被添加或者修改已经过去了多少秒。

以图 6-9 的网络拓扑为例，当数据包从端口 qvo-a 进入时，控制平面的决策过程如图所示。

3. Open vSwitch 数据面

以图 6-9 为例，如果真实的物理交换机如此连接，那么数据包从端口 qvo 进入，从端口 vxlan-cny 发送出去的过程中，数据包依次经过端口 patch-tun、patch-int，最后到达 vxlan-nnx。但是，如果是在软件实现的 2 个交换机中，实际上数据包毫无必要经过端口

patch-tun 和 patch-int。数据包从端口 qvo-a 进入后，应该直接由端口 vxlan-cny 转发出去。

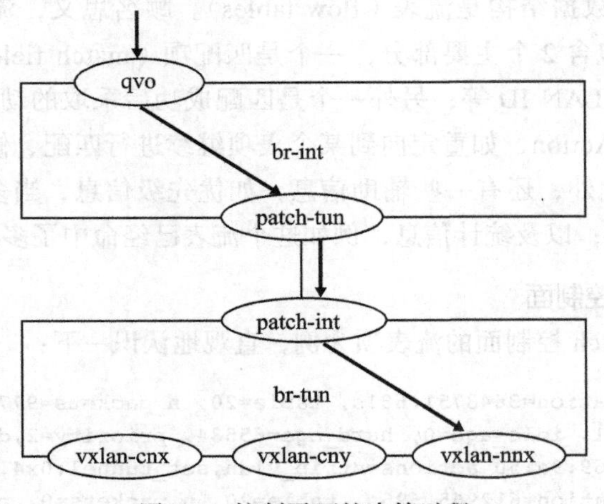

图 6-9 控制平面的决策过程

软件定义网络的方式显然要比硬件灵活得多，控制面为了决策，必须要经过一步一步推理，而在决策结果出来后，完全可以更简单直接一点。因此，最终 Open vSwtich 的决策结果如图 6-10 所示。

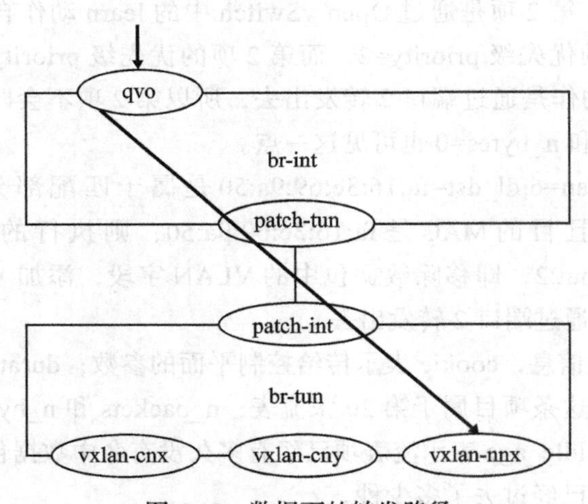

图 6-10 数据面的转发路径

下面是截取自计算节点 1（10.76.36.36）上的 Open vSwitch 的 datapath 中的 flow table cache 片段：

```
[root@10.76.36.36 ~]# ovs-dpctl dump-flows
…
recirc_id(0),in_port(5),eth(src=fa:16:3e:1c:bd:25,dst=fa:16:3e:69:9a:50),eth_
    type(0x0800),ipv4(dst=0.0.0.0/1.0.0.0,tos=0/0x3,frag=no), packets:379,
    bytes:37142, used:0.443s, actions:set(tunnel(tun_id=0x4,src=10.76.36.36,dst=
```

```
    10.73.189.17,ttl=64,flags(df|csum|key))),6
...
```

结合 Open vSwitch 的 datapath 的 port:

```
[root@10.76.36.36 ~]# ovs-dpctl show
system@ovs-system:
...
port 5: qvo03247d72-8f
port 6: vxlan_sys_4789 (vxlan)
```

我们看到，在 datapath 缓存的流表中，确实是从端口 qvo 进来的数据包，直接转发到端口 VXLAN，根本没有经过 patch-tun 和 patch-int 端口。类似的，当数据包从端口 VXLAN 进入，从 qvo 发出时，决策过程和决策结果也类似如上过程。

数据面的 flow 的 actions 稍微晦涩一点，我们解释一下：

```
actions:set(tunnel(tun_id=0x4,src=10.76.36.36,dst=10.73.189.17,ttl=64,flags(df|
    csum|key))),6
```

这个 actions 包含两个动作：一是设置隧道封装，即 set 这个动作；另外一个就是 output，不像控制层面的 flow，在 port 前会有个 output 关键字，比如 output：6，数据层面的 flow 没有 output 这个关键字。从实现角度来讲，output 这个动作就是调用最终 port 的发送函数。

为了提升数据包交换的效率，业界其实一直在迭代探索，一种方案是把转发的逻辑下沉到硬件中，提升效率，解放 CPU 算力；二是把转发逻辑实现在用户空间，绕开内核，减少用户空间和内核空间的切换开销，比如典型的 ovs-dpdk，网卡的收发、交换全部在用户空间完成，如图 6-11 所示。

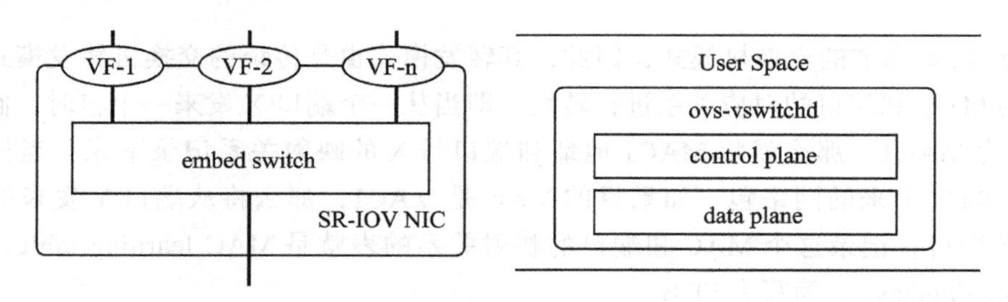

图 6-11　数据面下沉和上浮

6.2　虚拟机访问外部主机

我们以从 vm1 访问外部主机 10.48.33.67/24，探讨从虚拟机访问 IDC 中的主机的过程。因为有些表，比如 FDB、arp 中的条目会老化，所以，要持续从虚拟机访问外部主机，比如笔者在虚拟机 vm1 中持续 ping IDC 中的主机 10.48.33.67/24，读者在实践中也请注意这点。

6.2.1 数据包在计算节点 Linux 网桥中的处理

虚拟机的网络模拟设备通过 tap 设备连接到 Linux 网桥上。前面我们已经讨论了，因为 Open vSwitch 的收包路径绕过了内核的 netfiler 模块，所以需要在 Open vSwitch 桥和虚拟机之间增加一个 Linux 桥，来支持安全组功能。在计算节点 1（10.76.36.36）上，为了简洁，笔者仅创建了一台虚拟机 vm1，因此计算节点上也只创建了一个 Linux 桥：

```
[root@10.76.36.36 ~]# brctl show
bridge name     bridge id           …    interfaces
qbr03247d72-8f  8000.8ac05ea06309   …    qvb03247d72-8f
                                          tap03247d72-8f
```

Linux 桥的名字是 qbr03247d72-8f。显然，tap03247d72-8f 是连接虚拟机 vm1 的 tap 设备。为了连接 Linux 桥和 Open vSwitch 网桥，计算节点创建了一对 veth 网络设备：

```
[root@10.76.36.36. ~]# ip -d link show
59: qvo03247d72-8f@qvb03247d72-8f: <BROADCAST,…
master ovs-system …
    link/ether 9a:1d:7e:da:99:08 brd ff:ff:ff:ff:ff:ff
    veth
60: qvb03247d72-8f@qvo03247d72-8f: <BROADCAST,…
master qbr03247d72-8f …
    link/ether 8a:c0:5e:a0:63:09 brd ff:ff:ff:ff:ff:ff
    veth
```

qvb03247d72-8f 和 qvo03247d72-8f 是一对 veth 设备，qvb03247d72-8f 连接 Linux 桥一侧，qvo03247d72-8f 连接 Open vSwitch 桥 br-int 一侧。命令 ip 的输出也可以看到这一点，qvb03247d72-8f 的 master 设备是 qbr03247d72-8f，qvo03247d72-8f 的 master 设备是 ovs-system。

Linux 桥是标准的交换机模式，因此，其转发模式也是传统的交换机转发模式，根据学习到的 MAC 和端口的对应关系进行转发，即当从一个端口 X 发来一个包时，假设包的源 MAC 为 MAC1，那么就将 MAC1 地址和端口号 X 的映射关系记录下来。当从其他端口，比如端口 Y 来的网络包，如果目的 MAC 是 MAC1，那么将从端口 Y 发来的包转发到端口 X 即可，记录这个 MAC 和端口的映射关系的表就是 MAC learning table，也称为 forwarding database，简写为 FDB。

因为虚拟机和外部主机在不同的子网，所以毫无疑问，访问外部主机的网络包将会发到虚拟机所在子网的网关，我们看一下虚拟机所在子网的网关的 MAC 地址：

```
[root@vm2 ~]# arp -n 192.168.0.1
Address          HWtype   HWaddress            Flags Mask      Iface
192.168.0.1      ether    fa:16:3e:69:9a:50    C               eth0
```

事实上，在网络节点（10.73.189.17）上的 vm1 所在的子网的网关中，也可以看到连接虚拟机所在子网一侧网络接口的 MAC 地址：

```
[root@10.73.189.17 ~]# ip netns exec
qrouter-b7daa3e4-a906-4c60-9b48-cef7c88f6f92 ip a
…
16: qr-db4752ad-ef: <BROADCAST,MULTICAST,UP,LOWER_UP> mtu …
    link/ether fa:16:3e:69:9a:50 brd ff:ff:ff:ff:ff:ff
    inet 192.168.0.1/16 brd 192.168.255.255 scope …
…
```

结合 Linux 桥的 FDB：

```
 [root@10.76.36.36 ~]# brctl showmacs qbr03247d72-8f
port no    mac addr              is local?    ageing timer
  1        8a:c0:5e:a0:63:09     yes           0.00
  1        fa:16:3e:0d:14:18     no            0.05
  2        fa:16:3e:1c:bd:25     no            0.05
  1        fa:16:3e:69:9a:50     no            0.78
  1        fa:16:3e:b1:ed:13     no            0.32
```

可见，发往网关的数据包，即目的 MAC 是 fa:16:3e:69:9a:50 的数据包将被 Linux 网桥 qbr03247d72-8f 转发到端口 1，这个端口是 qvb03247d72-8f：

```
[root@10.76.36.36 ~]# brctl show
bridge name        bridge id             …    interfaces
qbr03247d72-8f     8000.8ac05ea06309     …    qvb03247d72-8f
                                               tap03247d72-8f
```

因为 qvb03247d72-8f 是 veth 类型的设备，因此，Linux 网桥 qbr03247d72-8f 转发给端口 qvb03247d72-8f 的数据包自然就到达了 veth 类型设备的另外一端 qvo03247d72-8f。而 qvo03247d72-8f 是连接在 OVS 桥 br-int 上的：

```
[root@10.76.36.36 ~]# ovs-vsctl show
   Bridge br-int
       …
       Port "qvo03247d72-8f"
           tag: 6
           Interface "qvo03247d72-8f"
       …
```

至此，数据包从 Linux 网桥 qbr03247d72-8f 进入了 Open vSwitch 网桥 br-int。

6.2.2 数据包在计算节点的 Open vSwitch 中的处理

在这一小节中，我们探讨计算节点上的 Open vSwitch 中数据包的处理过程。我们首先从 Open vSwitch 的控制层面探讨数据包处理的决策过程，然后从数据层面观察一下最终的转发决策结果。

1. br-int 桥中的决策过程

前面，Linux 网桥将虚拟机发送的数据包转发到 qvb03247d72-8f，这是一个 veth 类型的设备，所以数据包自然就到达了veth设备另外一端qvo03247d72-8f。qvo03247d72-8f连接在Open vSwitch桥br-int上，因此，数据包进入br-int桥。数据包从端口qvo03247d72-8f进入时，会给这个数据包打上这个端口对应的VLAN Tag。一是为了隔离连接在同一个交换机br-int上不同子网的虚拟机。二是为了在到达br-tun桥后，根据VLAN ID转换为对应的VXLAN ID。

如果是同一子网的不同虚拟机，都连接在br-int桥上，那么它们通过br-int桥即可进行互访。但是如果是发往外部主机或者其他计算节点上的虚拟机的数据包，那就需要将数据包送达负责封装隧道的br-tun桥。

Open vSwitch实现了patch类型的接口，用于连接Open vSwitch桥之间的互联，patch类型的接口类似Linux系统中的veth类型的设备，也是一个peer类型的设备。在我们示例的部署方案中，Open vSwitch桥br-int和br-tun即使用patch类型的接口连接起来，patch-tun一端连接在br-int桥上，另一端patch-int连接在br-tun桥上，从而将2个Open vSwitch交换机连接起来：

```
[root@10.76.36.36 ~]# ovs-vsctl show
   Bridge br-int
       Port patch-tun
           Interface patch-tun
               type: patch
               options: {peer=patch-int}
       Port "qvo03247d72-8f"
           tag: 6
           Interface "qvo03247d72-8f"
   …
   Bridge br-tun
       Port patch-int
           Interface patch-int
               type: patch
               options: {peer=patch-tun}
       …
```

因此，对于br-int桥来讲，其转发决策就很明了了，就是将通过qvo端口进来的数据包转发到端口patch-tun。我们观察br-tun桥的流表：

```
[root@10.76.36.36 ~]# ovs-ofctl dump-flows br-int
 cookie=0x0, duration=4674730.339s, table=0, n_packets=8,
     n_bytes=648, idle_age=65534, hard_age=65534, priority=0
     actions=NORMAL
 cookie=0x0, duration=4668443.712s, table=0, n_packets=22260582,
     n_bytes=2088361378, idle_age=0, hard_age=65534, priority=1
     actions=NORMAL
 cookie=0x0, duration=4668443.693s, table=128, n_packets=0,
     n_bytes=0, idle_age=65534, hard_age=65534, priority=0
     actions=drop
```

可见，除了不能处理的数据包被丢弃外，其他流表项的动作都是NORMAL，这个NORMAL表示桥的控制平面使用传统的2层交换机的MAC和端口映射的方式进行包转发的决策。我们来看一下br-int桥的转发数据库FDB：

```
[root@10.76.36.36 ~]# ovs-appctl fdb/show br-int
port  VLAN  MAC                Age
   1     6  fa:16:3e:0d:14:18    6
  13     6  fa:16:3e:1c:bd:25    1
   1     6  fa:16:3e:69:9a:50    1
  ...
```

根据br-int的FDB可见，发往vm1所在子网的网关的数据包，即目的MAC是fa:16:3e:69:9a:50的数据包，转发到端口1，而端口1对应的正是端口patch-tun：

```
[root@10.76.36.36 ~]# ovs-ofctl show br-int
1(patch-tun): addr:5e:4f:b3:75:13:8f
     config:     0
     state:      0
     speed: 0 Mbps now, 0 Mbps max
 13(qvo03247d72-8f): addr:9a:1d:7e:da:99:08
     config:     0
     state:      0
     current:    10GB-FD COPPER
     speed: 10000 Mbps now, 0 Mbps max
 LOCAL(br-int): addr:4a:df:bb:3e:eb:48
     config:     0
     state:      0
     speed: 0 Mbps now, 0 Mbps max
```

至此，数据包将转发进入处理与隧道相关的br-tun桥，我们将在下一节讨论。

2. br-tun桥中的决策过程

我们先来直观地感受一下br-tun桥，尤其留意其上与隧道相关的那些VXLAN端口：

```
[root@10.76.36.36 ~]# ovs-vsctl show
    Bridge br-tun
        Port patch-int
            Interface patch-int
                type: patch
                options: {peer=patch-tun}
        Port "vxlan-0a49bd11"
            Interface "vxlan-0a49bd11"
                type: vxlan
                options: {csum="true", in_key=flow,
local_ip="10.76.36.36", out_key=flow,
remote_ip="10.73.189.17"}
        Port "vxlan-0a4c2220"
            Interface "vxlan-0a4c2220"
                type: vxlan
```

```
                options: {csum="true", in_key=flow,
local_ip="10.76.36.36", out_key=flow,
remote_ip="10.76.34.32"}
        Port "vxlan-0a4c221d"
            Interface "vxlan-0a4c221d"
                type: vxlan
                options: {csum="true", in_key=flow,
local_ip="10.76.36.36", out_key=flow,
remote_ip="10.76.34.29"}
        …
```

除连接 br-int 桥的端口 patch-tun 外，我们看到 br-tun 桥上的端口基本都是 VXLAN 类型的。对于从虚拟机访问外部主机这个场景来说，数据包需要通过虚拟机所在子网的网关进入外部网络，因为网关在网络节点上，所以，发往子网网关的数据包应该发往网络节点 10.73.189.17，即转发到端口 vxlan-0a49bd11。当然，对于虚拟机发往与其属于同一子网的其他计算节点的虚拟机的场景，比如 vm1 发往位于计算节点 2（10.76.34.32）上的 vm2 的数据包，br-tun 桥应该将数据包转发到端口 vxlan-0a4c2220。

通过上面的讨论，我们可以看出，数据包转发到哪里，完全依赖其目的 MAC。如果目的 MAC 是子网网关，那么就转发到对应网络节点的 VXLAN 端口；如果目的 MAC 是 vm2，那么就转发到对应计算节点 2（10.76.34.32）的 VXLAN 端口。这就是 br-tun 的转发数据包的决策逻辑。那么，Open vSwitch 的流表怎么知道哪个 MAC 在哪个节点？与普通的 2 层交换机完全相同，即通过 ARP 广播。

br-tun 桥数据包转发的决策是基于流表的，接下来我们就结合流表来探讨这个决策过程。在查看具体的流表前，我们还需要做一个准备，查看与涉及的流表项有关的端口对应的端口号：

```
[root@10.76.36.36 ~]# ovs-ofctl show br-tun
1(patch-int): addr:56:71:ea:11:76:48
     config:     0
     state:      0
     speed: 0 Mbps now, 0 Mbps max
2(vxlan-0a49bd11): addr:5e:3a:73:91:02:a9
     config:     0
     state:      0
     speed: 0 Mbps now, 0 Mbps max
…
5(vxlan-0a4c2220): addr:7a:bf:5f:6b:43:b5
     config:     0
     state:      0
     speed: 0 Mbps now, 0 Mbps max
…
```

回到我们的这个场景，vm1 所在子网网关连接虚拟机一侧的网络接口的 MAC 是 fa:16:3e:69:9a:50，也就是说，用于进行转发决策的输入条件，即数据包的目的 MAC

是 fa:16:3e:69:9a:50。而子网网关在网络节点，对应 br-tun 上的 VXLAN 端口是 vxlan-0a49bd11。结合起来，br-tun 的决策逻辑就是：从端口 1，即 patch-int，进来的目的 MAC 是 fa:16:3e:69:9a:50 的数据包应该转发到端口 2，即 vxlan-0a49bd11。下面，我们结合 br-tun 的流表，具体讨论一下这个决策过程：

```
[root@10.76.36.36 ~]# ovs-ofctl dump-flows br-tun
T0-1)cookie=0x0, duration=3441611.456s, table=0, n_packets=6877290, n_
    bytes=651167124, idle_age=0, hard_age=65534, priority=1,in_port=1
    actions=resubmit(,1)
…
T1-1)cookie=0x0, duration=3441611.418s, table=1, n_packets=6877000, n_
    bytes=651137036, idle_age=0, hard_age=65534, priority=0,dl_dst=00:00:00:00:
    00:00/01:00:00:00:00:00 actions=resubmit(,20)
T1-2)cookie=0x0, duration=3441611.399s, table=1, n_packets=290, n_bytes=30088,
    idle_age=65534, hard_age=65534, priority=0,dl_dst=01:00:00:00:00:00/01:00:00
    :00:00:00 actions=resubmit(,21)
…
T20-1)cookie=0x0, duration=2770796.333s, table=20, n_packets=4579276, n_
    bytes=457703304, idle_age=10, hard_age=65534, priority=15,ip,dl_vlan=6,nw_
    dst=169.254.169.254 actions=strip_vlan,mod_dl_dst:fa:16:3e:0d:14:18,set_
    tunnel:0x4,output:2
T20-2)cookie=0x0, duration=2770796.333s, table=20, n_packets=1330540, n_
    bytes=109233792, idle_age=9, hard_age=65534, priority=2,dl_vlan=6,dl_
    dst=fa:16:3e:0d:14:18 actions=strip_vlan,set_tunnel:0x4,output:2
T20-3)cookie=0x0, duration=2770796.332s, table=20, n_packets=81214, n_
    bytes=8456007, idle_age=0, hard_age=65534, priority=2,dl_vlan=6,dl_
    dst=fa:16:3e:69:9a:50 actions=strip_vlan,set_tunnel:0x4,output:2
T20-4)cookie=0x0, duration=1657157.999s, table=20, n_packets=29, n_bytes=2506,
    idle_age=65534, hard_age=65534, priority=2,dl_vlan=6,dl_dst=fa:16:3e:b1:ed:13
    actions=strip_vlan,set_tunnel:0x4,output:5
T20-5)cookie=0x0, duration=1468511.296s, table=20, n_packets=0, n_
    bytes=0, hard_timeout=300, idle_age=65534, hard_age=9, priority=1,vlan_
    tci=0x0006/0x0fff,dl_dst=fa:16:3e:0d:14:18 actions=load:0->NXM_OF_VLAN_
    TCI[],load:0x4->NXM_NX_TUN_ID[],output:2
T20-6)cookie=0x0, duration=64785.453s, table=20, n_packets=0, n_bytes=0,
    hard_timeout=300, idle_age=64785, hard_age=0, priority=1,vlan_
    tci=0x0006/0x0fff,dl_dst=fa:16:3e:69:9a:50 actions=load:0->NXM_OF_VLAN_
    TCI[],load:0x4->NXM_NX_TUN_ID[],output:2
T20-7)cookie=0x0, duration=3441611.326s, table=20, n_packets=0, n_bytes=0, idle_
    age=65534, hard_age=65534, priority=0 actions=resubmit(,21)
…
```

从端口 patch-int 进来的数据包，从第 0 个流表的第 1 条规则开始匹配。因为 patch-int 为 br-tun 上的 1 号端口即“in_port=1”，所以表 0 的第 1 条规则 T0-1 匹配成功，匹配成功后的动作是到表 1 继续进行处理。

目的 MAC 地址为 00:00:00:00:00:00/01:00:00:00:00:00 代表单播地址，在本节中，我们仅讨论 vm1 已经获取了网关 MAC 的场景，属于单播，因此，表 1 的第 1 条规则 T1-1 匹配成功，其 action 是到 Table 20 继续处理。

我们在表 20 中搜索目的 MAC 地址为 fa:16:3e:69:9a:50 的流表项，有 2 条流表项匹配成功，分别是 T20-3 和 T20-6。仔细观察这 2 个流表项，其表达的功能完全相同，只不过 T20-3 更接近自然语言，T20-6 更形式化一些。为什么会有 2 条同样的流表项？因为这 2 条流表项中，有 1 条是多余的。其中 T20-6 是 br-tun 自己学来的，T20-3 是通过控制层面下发的。那为什么下发呢？我们所建的环境是控制层面为了避免 Open vSwitch 因为种种原因而学习失败，所以云平台管理层面主动下发了流表项。我们看一下匹配成功的流表项的 action，包括以下三项。

- strip_vlan 或者 load:0->NXM_OF_VLAN_TCI[]：VLAN Tag 在交换机 br-int 中隔离子网的任务已经完成，所以应该将以太网帧头中额外安插的 802.1Q 的 4 字节剥离。
- set_tunnel:0x4 或者 load:0x4->NXM_NX_TUN_ID[]：根据虚拟机属于的子网，为其设置 VXLAN ID，对于 vm1 来说，其子网对应的 VXLAN ID 是 4。
- output:2：转发到端口 2，即 vxlan-0a49bd11，也就是使用到网络节点隧道承载。

我们再以更典型的计算节点 2（10.76.34.32）为例，其上有两台 vm：vm2 和 vm3。vm2 和 vm3 分属于不同的子网，vm2 与 vm1 属于同一子网，VXLAN ID 是 4，vm2 属于另一子网，VXLAN ID 是 3，但是它们都通过一条隧道，即计算节点 2（10.76.34.32）和网络节点（10.73.189.17）之间的隧道，到达网络节点。到达网络节点后，由同一个 VXLAN 端口接收。显然，因为不同子网完全可能使用相同的网段，因此，VXLAN 端口不可能通过数据包的 IP 来区分，而只能通过 VLAN ID 来区分数据包属于哪个虚拟机。下面就是计算节点 2（10.76.34.32）上的 br-tun 桥上的部分流表片段：

```
[root@10.76.34.32 ~]# ovs-ofctl dump-flows br-tun
…
cookie=0x0, duration=5140243.744s, table=20, n_packets=3170864,
  n_bytes=256569702, idle_age=0, hard_age=65534,
  priority=2,dl_vlan=1,dl_dst=fa:16:3e:d0:4d:04
  actions=strip_vlan,set_tunnel:0x3,output:2
…
cookie=0x0, duration=2077502.190s, table=20, n_packets=902,
n_bytes=84648, idle_age=65534, hard_age=65534,
priority=2,dl_vlan=3,dl_dst=fa:16:3e:69:9a:50
actions=strip_vlan,set_tunnel:0x4,output:2
…
```

根据流表可见，对于同样通过 VXLAN 端口 2 转发的数据包，会根据这个虚拟机属于的子网，设置其对应的 VXLAN ID，对于 VLAN ID 是 1 的网络包，即 dl_vlan=1，设置其 VXLAN ID 是 3，即 set_tunnel:0x3；对于 VLAN ID 是 3 的网络包，即 dl_vlan=3，设置其 VXLAN ID 是 4，即 set_tunnel:0x4。

对于广播的包，对于基于流表的 br-tun 桥也与传统的 2 层交换机使用的泛洪的方式类似，在 br-tun 桥中对于目的 MAC 是广播类型的数据包，需要向与发出广播的虚拟机所在子网的全部虚拟机和网关广播。以计算节点 2（10.76.34.32）为例，下面是其广播相关部分的流表：

```
[root@10.76.34.32 ~]# ovs-ofctl dump-flows br-tun
…
T1-1)cookie=0x0, duration=5958258.954s, table=1, n_packets=331, n_bytes=31942,
    idle_age=65534, hard_age=65534, priority=0,dl_dst=01:00:00:00:00:00/01:00:00
    :00:00:00 actions=resubmit(,21)
…
T21-1)cookie=0x0, duration=5947867.432s, table=21, n_packets=184, n_bytes=18068,
    idle_age=65534, hard_age=65534, dl_vlan=1 actions=strip_vlan,set_
    tunnel:0x3,output:2,output:5,
output:4,output:7,output:6
T21-2)cookie=0x0, duration=2885050.118s, table=21, n_packets=34, n_bytes=3144,
    idle_age=65534, hard_age=65534, dl_vlan=3 actions=strip_vlan,set_
    tunnel:0x4,output:3,output:2
…
```

我们看到，对于来自 VLAN ID 是 1 的虚拟机，广播包被发往了端口 2、5、4、7、6 端口。对于来自 VLAN ID 是 3 的虚拟机，广播包则被发往了端口 3、2。也就是说，2、5、4、7、6 这几个端口对应的 VTEP 中，有与 VLAN ID 是 1 的虚拟机属于同一子网的虚拟机。而端口 3、2 对应 VTEP 中，有与 VLAN ID 是 3 的虚拟机属于同一子网的虚拟机。因为这 2 个子网的网关都在端口 2 对应的 VTEP，即网络节点，所以它们的广播“域”中都包括这个端口。

3. VXLAN 端口进行隧道封装

显然，br-tun 上的 VXLAN 端口充当了一个 VTEP（VXLAN tunnel endpoint）的角色，其需要对准备通过隧道的数据包进行封装和解封。Open vSwitch 的隧道部分的实现为基于 flow 的（Flow-based Tunneling），即仅创建一个通用的 VXLAN 端口，这个端口不与具体的隧道绑定，而是根据当前传输的 flow 的信息，进行灵活控制，比如 QoS、分片等。对应到我们的场景，每个虚拟机即对应一个 flow。在 Open vSwitch 的数据层面，可以清楚地看到 VXLAN 类型的端口只创建了一个：

```
[root@10.76.36.36 ~]# ovs-dpctl show
system@ovs-system:
        …
        port 6: vxlan_sys_4789 (vxlan)
      …
```

Open vSwitch 的内核模块为每个流抽象了一个保存隧道相关信息的数据结构，包括 VXLAN 的各种封装信息，以及 tun_flags、ipv4_tos、ipv4_ttl 等对流进行控制的信息：Open vSwitch 用户空间程序负责提取隧道相关信息并下发给内核中的 datapath，datapath 将缓存这些信息并用于对包进行封装以及流控。

当流表项动作为 output 时，其对应的处理函数 do_output 将调用端口的 send 函数将数据包从指定接口发送出去。IP 头部封装完成后，就是一个标准的 IP 包了，同本地数据一样，进行选路，由 2 层协议封装以太网头部。对于我们这个场景来说，外层 IP 头部的目的 IP 是网络节点的 IP，即 10.73.187.40，源 IP 是本计算节点的，封装后的包从外面看就是一个 IDC 网络中的包，由 IDC 的网络负责传输。

如果虚拟机访问的不是外部主机，而是访问同一子网中的运行在其他计算节点上的虚拟机，那么将另外一台计算节点作为 VTEP 即可，无须绕道网络节点的网关。比如从 vm1 访问位于计算节点 2（10.76.34.32）上的虚拟机 vm2，那么 br-tun 就不会转发到端口 vxlan-0a49bd11 了，而是转发到端口 vxlan-0a4c2220：

```
[root@10.76.36.36 ~]# ovs-vsctl show
    Bridge br-tun
        Port "vxlan-0a49bd11"
            Interface "vxlan-0a49bd11"
                type: vxlan
                options: {csum="true", in_key=flow,
local_ip="10.76.36.36", out_key=flow,
remote_ip="10.73.189.17"}
        Port "vxlan-0a4c2220"
            Interface "vxlan-0a4c2220"
                type: vxlan
                options: {csum="true", in_key=flow,
local_ip="10.76.36.36", out_key=flow,
remote_ip="10.76.34.32"}
            ...
```

4. OVS 最终决策结果

在前面的分析过程中，我们看到，一个数据包从 qvo 端口进入 br-int 桥，经过 patch-tun、patch-int 到达 br-tun 桥，然后被转发到 VXLAN 端口。但是如果我们从纷繁复杂的流表匹配过程中跳出来，是否可以发现，数据包完全没必要经过 patch-tun、patch-int，而是直接由 qvo 到达 VXLAN 端口，包括其间在 br-int 桥上打上以及删除 VLAN Tag。显然，如果是两个真实的物理交换机如此连接，那么数据包如果从端口 qvo 进入，从端口 VXLAN 发送出去，那么只能一板一眼地依次经过端口 patch-tun、patch-int，最后到达端口 VXLAN。但是，软件实现的交换机可以做到，这就是 SDN 的魅力。

回到我们具体的场景，vm1 在 br-int 桥上对应的 qvo 端口是 qvo03247d72-8f，即从 qvo03247d72-8f 进来的数据，我们希望 Open vSwitch 直接转发到 VLAN 端口。观察 datapath 中的流表项，可以发现有下面一条规则：

```
[root@10.76.36.36 ~]# ovs-dpctl dump-flows
...
recirc_id(0),tunnel(),in_port(5),eth(src=fa:16:3e:1c:bd:25,dst=fa:16:3e:69:9a:
    50),eth_type(0x0806), packets:0, bytes:0, used:never, actions:set(tunnel
```

```
    (tun_id=0x4,src=10.76.36.36,dst=10.73.189.17,ttl=64,flags(df|csum|key))),6
...
```

而输入端口 5 和输出端口 6 正是 qvo03247d72-8f 和 VXLAN 端口在 Open vSwitch 的 datapath 上的端口号：

```
[root@10.76.36.36 ~]# ovs-dpctl show
system@ovs-system:
    ...
        port 5: qvo03247d72-8f
        port 6: vxlan_sys_4789 (vxlan)
    ...
```

这个流表项表示，从端口 5，即 qvo03247d72-8f 进入的虚拟机的数据包，如果目的 IP 是 fa:16:3e:69:9a:50，即发往其所在子网的网关的，那么赋予其隧道相关的信息，包括 VTEP 的 IP、VXLAN ID 等，直接送达 VXLAN 端口进行封装。

6.2.3　数据包在网络节点的 Open vSwitch 中的处理

1.br-ex 桥中的处理过程

网络节点是虚拟机子网与外部世界互通的枢纽，除了对内需要暴露 VTEP 的 IP 外，还需要对外宣称自己是那些 Floating IP 的 endpoint，因此，网络节点上建立一个 Open vSwitch 桥 br-ex，将 qg 开头的设备和 xgbe0 都连接起来。

之前我们讨论过，br-ex 桥上有一个桥同名的 internal 类型的端口 br-ex，其 internal 几乎具备了物理网卡的全部属性，IP、MAC 等都配置到了端口 br-ex 上。如此，发往网络节点的，即目的 IP 是 10.73.189.17 的包，当 ARP 请求通过物理网卡 xgbe0 进入 br-ex 桥时，端口 br-ex 将做出应答。换句话说，即通过 xgbe0 进入 br-ex 桥的数据包，如果目的 IP 是网络节点的，都将转发到端口 br-ex：

```
[root@10.73.189.17 ~]# ip a
...
4: xgbe0: <BROADCAST,MULTICAST,UP,LOWER_UP> mtu 1500 …
    link/ether 00:25:90:8b:6e:9e brd ff:ff:ff:ff:ff:ff
    inet6 fe80::225:90ff:fe8b:6e9e/64 scope link
       valid_lft forever preferred_lft forever
...
7: br-ex: <BROADCAST,MULTICAST,UP,LOWER_UP> mtu 1500 …
    link/ether 00:25:90:8b:6e:9e brd ff:ff:ff:ff:ff:ff
    inet 10.73.189.17/25 brd 10.73.189.127 scope global …
...
```

我们查看一下 br-ex 桥的 FDB：

```
[root@10.73.189.17 ~]# ovs-appctl fdb/show br-ex
 port  VLAN  MAC                 Age
```

```
    1      0  a0:36:9f:2f:51:54  296
    2      0  fa:16:3e:45:42:bc  191
    …
LOCAL      0  00:25:90:8b:6e:9e    0
```

观察FDB中的最后一条，其MAC地址00:25:90:8b:6e:9e正是xgbe0的MAC地址。也就是说，br-ex桥会将发往网络节点的数据包将会转发到端口LOCAL，而这个LOCAL正是br-ex桥上的internal类型的br-ex端口：

```
[root@10.73.189.17 ~]# ovs-ofctl show br-ex
1(xgbe0): addr:00:25:90:8b:6e:9e
    config:     0
    state:      0
    current:    10GB-FD FIBER
    advertised: 10GB-FD FIBER
    supported:  10GB-FD FIBER
    speed: 10000 Mbps now, 10000 Mbps max
2(qg-a22ee26a-fb): addr:00:00:00:00:00:00
    config:     PORT_DOWN
    state:      LINK_DOWN
    speed: 0 Mbps now, 0 Mbps max
LOCAL(br-ex): addr:00:25:90:8b:6e:9e
    config:     0
    state:      0
    speed: 0 Mbps now, 0 Mbps max
```

最后再来看一下Open vSwitch的datapath中的流表项：

```
[root@10.73.189.17 ~]# ovs-dpctl dump-flows
…
recirc_id(0),in_port(3),eth(src=14:14:4b:74:a4:9c,dst=00:25:90:8b:6e:9e),
    eth_type(0x0800),ipv4(frag=no), packets:940342582, bytes:177368552722,
    used:0.004s, flags:SFPR., actions:2
recirc_id(0),in_port(3),eth(src=00:25:90:8b:f1:61,dst=00:25:90:8b:6e:9e),eth_
    type(0x0800),ipv4(frag=no), packets:153, bytes:112263, used:0.772s, flags:P.,
    actions:2
…
```

结合xgbe0和端口br-ex在datapath上对应的端口号：

```
[root@10.73.189.17 ~]# ovs-dpctl show
system@ovs-system:
    …
    port 2: br-ex (internal)
    port 3: xgbe0
    …
```

可见，凡是发往网络节点的数据包，即目的MAC是00:25:90:8b:6e:9e的数据包，从物理网卡xgbe0进入br-ex桥后，都转发给了internal类型的端口br-ex，通过端口br-ex向本机上层协议栈传递。

2.VXLAN 解封隧道

为了进行封装、解封 VXLAN 数据包，Open vSwitch 在 br-tun 桥上创建 VXLAN 类型的端口，我们在 Open vSwitch 的 datapath 中可以看到这个 VXLAN 端口：

```
[root@10.73.189.17 ~]# ovs-dpctl show
system@ovs-system:
    …
    port 6: vxlan_sys_4789 (vxlan)
    …
```

Open vSwitch 的内核模块在创建 VXLAN 类型的端口时，将会为这个端口创建一个端口号为 4789 的 UDP socket 用于 VXLAN 数据包的收发。当收到网络包后，4789 socket 会将解封后的网络包送达 OVS 的数据平面，从而进入 br-tun 桥。

3. br-tun 桥中的决策过程

经过 VXLAN 端口剥离隧道信息后，br-tun 桥需要将 VXLAN ID 转换为 VLAN ID，然后将虚拟机的数据包转发到端口 patch-tun，通过 patch 类型的接口，送达 br-int 桥。总结起来，br-tun 主要做两件事，一是将 VXLAN ID 转换为 VLAN ID；二是将数据包转发到端口 patch-int。

我们先来直观地认识一下 br-tun 桥以及其上的端口：

```
[root@10.73.189.17 ~]# ovs-vsctl show
    Bridge br-tun
        Port patch-int
            Interface patch-int
                type: patch
                options: {peer=patch-tun}
        Port "vxlan-0a4c2424"
            Interface "vxlan-0a4c2424"
                type: vxlan
                options: {csum="true", in_key=flow,
local_ip="10.73.189.17", out_key=flow,
remote_ip="10.76.36.36"}
        Port "vxlan-0a4c2220"
            Interface "vxlan-0a4c2220"
                type: vxlan
                options: {csum="true", in_key=flow,
local_ip="10.73.189.17", out_key=flow,
remote_ip="10.76.34.32"}
        …
```

其中，patch-int 是 patch 类型的端口，用来连接 br-int 桥。vxlan-0a4c2424 是对应于计算节点 1（10.76.36.36）的 VXLAN 端口。vxlan-0a4c2220 是对应于计算节点 2（10.76.34.32）的 VXLAN 端口。当网络节点收的数据包源 IP 是 10.76.36.36，就认为其是从端口 vxlan-

0a4c2424 接收的。如果源 IP 是 10.76.34.32，那么就认为这个数据包接收自端口 vxlan-0a4c2220。这几个端口对应的端口号如下：

```
[root@10.73.189.17 ~]# ovs-ofctl show br-tun
1(patch-int): addr:ba:fc:0a:cc:b6:1b
    config:     0
    state:      0
    speed: 0 Mbps now, 0 Mbps max
 2(vxlan-0a4c2220): addr:26:d1:6b:f5:a1:86
    config:     0
    state:      0
    speed: 0 Mbps now, 0 Mbps max
 3(vxlan-0a4c2424): addr:aa:a2:4e:43:e6:ad
    config:     0
    state:      0
    speed: 0 Mbps now, 0 Mbps max
 ...
```

下面我们就以 vm1 访问外部主机的场景为例，结合 br-tun 桥的流表来探讨 br-tun 桥的决策过程：

```
[root@10.73.189.17 ~]# ovs-ofctl dump-flows br-tun
T0-1)cookie=0x0, duration=1987772.639s, table=0, n_packets=12456597, n_
    bytes=1359781655, idle_age=1, hard_age=65534, priority=1,in_port=1
    actions=resubmit(,1)
...
T0-2)cookie=0x0, duration=888456.366s, table=0, n_packets=1184288, n_
    bytes=104362655, idle_age=1, hard_age=65534, priority=1,in_port=3
    actions=resubmit(,3)
...
T3-1)cookie=0x0, duration=1977444.567s, table=3, n_packets=13727824, n_
    bytes=1207738324, idle_age=1, hard_age=65534, priority=1,tun_id=0x3
    actions=mod_vlan_vid:1,resubmit(,10)
T3-2)cookie=0x0, duration=31930.668s, table=3, n_packets=60152, n_bytes=5770292,
    idle_age=1, priority=1,tun_id=0x4 actions=mod_vlan_vid:3,resubmit(,10)
...
T10-1)cookie=0x0, duration=1987772.517s, table=10, n_packets=13787976,
    n_bytes=1213508616, idle_age=1, hard_age=65534, priority=1
    actions=learn(table=20,hard_timeout=300,priority=1,NXM_OF_VLAN_
    TCI[0..11],NXM_OF_ETH_DST[]=NXM_OF_ETH_SRC[],load:0->NXM_OF_VLAN_
    TCI[],load:NXM_NX_TUN_ID[]->NXM_NX_TUN_ID[],output:NXM_OF_IN_
    PORT[]),output:1
...
```

因为 vm1 运行在计算节点 1（10.76.36.36），因此网络节点收到的数据包的源 IP 是 10.76.36.36，对应的 VXLAN 端口是 vxlan-0a4c2424，端口号是 port 3，即 in_port=3，所以流表 0 的流表项 T0-2 匹配成功，其对应的动作是到流表 3 中继续匹配。

因为 vm1 所在的子网的 VXLAN ID 是 4，即 tun_id=0x4，所以流表 3 中的流表项 T3-2

匹配成功，其采取的动作是将 VXLAN ID 为 4 的数据包打上 VLAN Tag 3，即 mod_vlan_vid:3，然后送到流表 10 继续匹配。类似的，对于 vm3 所在的子网的 VXLAN ID 是 3，我们看到这个 VXLAN ID 在这个网络节点上对应的 VLAN Tag 是 1。

在流表项 10 中，核心的一件事就是将数据包送往 1 号端口，也就是 patch-int 端口，目的是将数据包送往 br-int 桥，从而进入各自的网关。除此之外，在 table 10 中我们看到流表还进行了学习，将学习到的规则添加到 table 20。这个过程类似常规的 2 层交换机的 MAC 学习过程，即记录 VXLAN 端口和 MAC 的映射关系，等到反向发送时，根据目的 MAC 就可以知道转发到哪个 VXLAN 端口。

4. br-int 桥中的决策过程

虚拟机所在子网的网关通过网络接口 qr 连接到 br-int 桥上：

```
[root@10.73.189.17 ~]# ovs-vsctl show
    Bridge br-int
        Port "qr-81529ce9-49"
            tag: 1
            Interface "qr-81529ce9-49"
                type: internal
        Port "qr-db4752ad-ef"
            tag: 3
            Interface "qr-db4752ad-ef"
                type: internal
        ...
```

根据 br-int 桥上各个 qr 端口的 VLAN Tag 可见，端口 qr-db4752ad-ef 的 VLAN Tag 是 3，因此是连接虚拟机 vm1 和 vm2 的，端口 qr-81529ce9-49 的 VLAN Tag 是 1，因此是连接虚拟机 vm3 的。

如果 br-int 桥使用流表控制数据包的转发，那么流表项就可以这样设计：根据数据包的 VLAN Tag 转发到对应的 qr 端口，比如将 VLAN Tag 是 3 的数据包转发到端口 qr-db4752ad-ef，将 VLAN Tag 是 1 的数据包转发到端口 qr-81529ce9-49。

在我们的这个场景中，br-int 桥使用的是传统 2 层交换机的 MAC 学习方式，即根据数据包的目的 MAC 进行转发，对于 vm1 访问 IDC 中的主机 10.48.33.67/24 的场景，其数据包的目的 MAC 是 vm1 所在子网网关的 MAC 是 fa:16:3e:69:9a:50，这个前面我们已经看到过了：

```
[root@10.73.189.17 ~]# ip netns exec \
qrouter-b7daa3e4-a906-4c60-9b48-cef7c88f6f92 ip a
...
16: qr-db4752ad-ef: <BROADCAST,MULTICAST,UP,LOWER_UP> mtu …
    link/ether fa:16:3e:69:9a:50 brd ff:ff:ff:ff:ff:ff
    inet 192.168.0.1/16 brd 192.168.255.255 scope …
...
```

那么我们就来看一下 br-int 桥中，MAC 地址 fa:16:3e:69:9a:50 对应的转发端口是哪一个：

```
[root@10.73.189.17 ~]# ovs-appctl fdb/show br-int
port  VLAN  MAC                 Age
  ...
   7     3  fa:16:3e:69:9a:50     0
  ...
```

而编号为 7 的端口正是通往虚拟机 vm1 所在子网网关的网络接口 qr-db4752ad-ef：

```
[root@10.73.189.17 ~]# ovs-ofctl show br-int
...
7(qr-db4752ad-ef): addr:1d:00:00:00:00:00
     config:     PORT_DOWN
     state:      LINK_DOWN
     speed: 0 Mbps now, 0 Mbps max
...
```

5. OVS 最终决策结果

让我们来回顾一下数据包在 br-tun 桥和 br-int 桥中的决策过程：数据包从 VXLAN 端口进入 br-tun 桥，然后通过 patch 类型的接口进入 br-int 桥。但是事实上，数据包完全没有必要经过端口 patch-int、patch-tun，也完全没有必要进行打上或删除 VLAN Tag 的操作，而是直接由 VXLAN 端口转发到 qr 端口。好在 br-tun 桥和 br-int 桥由软件实现，完全可以由 br-tun 桥的 VXLAN 端口解封外层隧道封装后，直接转发到 br-int 桥的 qr 端口。以虚拟机 vm1 访问 IDC 中的主机为例，将从 VXLAN 端口进来的数据，直接转发到 qr-db4752ad-ef，结合它们在 datapath 上的端口号：

```
[root@10.73.189.17 ~]# ovs-dpctl show
system@ovs-system:
        ...
        port 6: vxlan_sys_4789 (vxlan)
        ...
        port 10: qr-db4752ad-ef (internal)
        ...
```

以及 datapath 中的流表，可以发现有下面一条流表项：

```
[root@10.73.189.17 ~]# ovs-dpctl dump-flows
...
recirc_id(0),tunnel(tun_id=0x4,src=10.76.36.36,dst=10.73.189.17,ttl=59,flags(-df
    +csum+key)),in_port(6),skb_mark(0),eth(src=fa:16:3e:1c:bd:25,dst=fa:16:
    3e:69:9a:50),eth_type(0x0800),ipv4(frag=no), packets:89079, bytes:8729742,
    used:0.974s, actions:10
...
```

这个流表项表示，从计算节点 1（10.76.36.36）发往网络节点（10.73.189.17）的 VXLAN 封装的数据包，如果 VXLAN ID 是 4，并且目的 MAC 是 fa:16:3e:69:9a:50，直观上讲，就是

vm2 发到网关的，那么直接转发到端口 10，即 qr-db4752ad-ef。

6. 数据包在网关中的处理

我们的例子中创建了 3 台虚拟机，分属于 2 个子网，这 2 个子网分别有自己的网关、DHCP 服务器，下面就是这 2 个子网的网关和 DHCP 服务器所在的网络命名空间：

```
[root@10.73.189.17 ~]# ip netns
qdhcp-2794f06c-98f2-45d4-8fd5-edd50b78c534
qrouter-a9da6c36-8aca-41d4-8ce6-2aa18feaccfc

qdhcp-50f681b4-08a2-4915-a22c-d2de968d4928
qrouter-b7daa3e4-a906-4c60-9b48-cef7c88f6f92
```

当来自 vm1 的数据包被转发到 qr 设备后，数据包就进入了 vm1 所在子网的网关 qrouter-b7daa3e4-a906-4c60-9b48-cef7c88f6f92，我们先来直观地认识一下这个网关：

```
[root@10.73.189.17 ~]# ip netns exec \
qrouter-b7daa3e4-a906-4c60-9b48-cef7c88f6f92 ip a
1: lo: <LOOPBACK,UP,LOWER_UP> mtu 65536 qdisc noqueue …
    link/loopback 00:00:00:00:00:00 brd 00:00:00:00:00:00
    inet 127.0.0.1/8 scope host lo …
16: qr-db4752ad-ef: <BROADCAST,MULTICAST,UP,LOWER_UP> mtu …
    link/ether fa:16:3e:69:9a:50 brd ff:ff:ff:ff:ff:ff
    inet 192.168.0.1/16 brd 192.168.255.255 scope …
17: qg-2181253a-17: <BROADCAST,MULTICAST,UP,LOWER_UP> mtu …
    link/ether fa:16:3e:58:f4:93 brd ff:ff:ff:ff:ff:ff
    inet 10.75.234.6/23 brd 10.75.235.255 scope …
    inet 10.75.234.7/32 brd 10.75.234.7 scope …
```

其中，lo 是个 loopback 设备，我们忽略它。另外 2 个网络设备，从其 IP 地址就可以判断出其功用了，显然，qr 是连接虚拟机子网一侧的网络接口，qg 是连接 IDC 网络一侧的网络接口。

因为 IDC 网络并不识别虚拟机所在的子网，因此，虚拟机进入 IDC 网络前，需要将源 IP 替换为从 IDC 网络中为其分配的 Floating IP。这种替换数据包源 IP 的技术称为 SNAT，是在内核的 netfilter 模块中进行的，我们看一下 vm1 所在子网网关的 netfilter 中的与 vm1 相关的 SNAT 规则：

```
[root@10.73.189.17 ~]# ip netns exec \
qrouter-b7daa3e4-a906-4c60-9b48-cef7c88f6f92 iptables-save
…
-A neutron-l3-agent-float-snat -s 192.168.0.3/32 -j SNAT
--to-source 10.75.234.7
…
```

根据 netfilter 中的规则可见，当源 IP 为 192.168.0.3 的数据包进入网关后，将其源 IP 从 192.168.0.3 替换为 Floating IP 10.75.234.7。SNAT 完成后，根据网关的路由表：

```
[root@10.73.189.17 ~]# ip netns exec \
qrouter-b7daa3e4-a906-4c60-9b48-cef7c88f6f92 route -n
Destination  Gateway      Genmask        …   Iface
0.0.0.0      10.75.234.1  0.0.0.0        …   qg-2181253a-17
10.75.234.0  0.0.0.0      255.255.254.0 …   qg-2181253a-17
192.168.0.0  0.0.0.0      255.255.0.0   …   qr-db4752ad-ef
```

虚拟机发往 IDC 的数据包将会通过连接 IDC 网络的接口 qg-2181253a-17 发送出去。

7. 再次光顾 br-ex 桥

当虚拟机的数据包进入 qg 接口后，因为 qg 设备是连接在 br-ex 桥上的，所以数据包再次光顾 br-ex 桥。虚拟机的数据包第 1 次是带着隧道封装从 xgbe0 进入 br-ex 桥的，br-ex 桥将其转发到 intenal 类型的端口 br-ex，通过这个端口数据包向上层协议栈传递，一直到到位于 4 层的 UDP VXLAN socket，VXLAN 端口解封数据包后，将其转发到 qr 端口，从而进入网关。网关在对数据包进行 SNAT 后，数据包通过网关的网络接口 qg 再次来到 br-ex 桥。

显然，qg 接口接收的发往 IDC 的包需要通过物理网络接口 xgbe0 发送出去。br-ex 桥使用传统的 MAC 和端口映射的方式进行转发决策，根据前面网关的路由表，对于从 vm1 发往 IDC 主机的数据包首先需要发送到 10.75.234.1，其 MAC 地址如下：

```
[root@10.73.189.17 ~]# ip netns exec \
qrouter-b7daa3e4-a906-4c60-9b48-cef7c88f6f92 arp -n
Address      HWtype  HWaddress          Flags Mask         Iface
192.168.0.3  ether   fa:16:3e:1c:bd:25  C qr-db4752ad-ef
192.168.0.4 ether fa:16:3e:b1:ed:13 C qr-db4752ad-ef
10.75.234.1 ether   14:14:4b:74:a4:9c   C   qg-2181253a-17
```

也就是说，目的 MAC 是 14:14:4b:74:a4:9c。我们看一下 br-ex 桥的 FDB，根据 FDB 可见，目的 MAC 是 14:14:4b:74:a4:9c 的网络包转发到 br-ex 桥上的端口 1：

```
[root@10.73.189.17 ~]# ovs-appctl fdb/show br-ex
port  VLAN  MAC                Age
  …
  1     0  14:14:4b:74:a4:9c   0
  …
```

而端口 1 正是物理网络接口 xgbe0 在 br-ex 桥上对应的端口：

```
[root@10.73.189.17 ~]# ovs-ofctl show br-ex
1(xgbe0): addr:00:25:90:8b:6e:9e
…
```

6.3 外部主机访问虚拟机

前面我们探讨了从虚拟机访问 IDC 中的主机的过程，在这一节中，我们以 10.48.33.67/24 访问 vm1 为例，探讨从 IDC 中的主机访问虚拟机的过程。

6.3.1 数据包在网关中的处理过程

来自IDC主机的数据包通过物理网卡xgbe0将到达网络节点的负责对外的br-ex桥，我们先来直观地认识一下它：

```
[root@10.73.189.17 ~]# ovs-vsctl show
  Bridge br-ex
      Port "qg-a22ee26a-fb"
          Interface "qg-a22ee26a-fb"
              type: internal
      Port "qg-2181253a-17"
          Interface "qg-2181253a-17"
              type: internal
      Port "xgbe0"
          Interface "xgbe0"
      Port br-ex
          Interface br-ex
              type: internal
```

前面我们已经看到，虚拟机vm1所在的子网网关连接IDC网络一侧的网络接口是qg-2181253a-17，因此，通过物理网络接口xgbe0进来的发往虚拟机vm1的数据包应该转发给端口qg-2181253a-17。

对于一个真实配置在某个网络设备上的IP，如果有ARP请求询问其对应的MAC地址，那么其所在的网络设备会进行ARP应答。但是，对于分配给虚拟机的Floating IP，其并没有一个真实对应的网络设备，那么问题来了，谁来负责应答Floating IP的ARP请求？显然，从IDC中的主机访问vm1的数据包都应该发往qg-2181253a-17。事实上，不仅是访问vm1，凡是访问vm1所在子网的数据包都应该发往qg-2181253a-17，因此，这就要求qg-2181253a-17负责其所在子网的所有Floating IP的ARP应答。为达到这个目的，就应该将所有的Floating IP都配置到qg-2181253a-17上：

```
[root@10.73.189.17 ~]# ip netns exec \
qrouter-b7daa3e4-a906-4c60-9b48-cef7c88f6f92 ip a
…
17: qg-2181253a-17: <BROADCAST,MULTICAST,UP,LOWER_UP> mtu …
    link/ether fa:16:3e:58:f4:93 brd ff:ff:ff:ff:ff:ff
    inet 10.75.234.6/23 brd 10.75.235.255 scope global …
    inet 10.75.234.7/32 brd 10.75.234.7 scope global …
    inet 10.75.234.26/32 brd 10.75.234.26 scope global …
…
```

我们看到接口qg-2181253a-17上配置了多个Floating IP，这些IP也称为网卡的辅IP（Secondary ip）。比如IDC中的主机通过ARP询问Floating IP 10.75.234.7的MAC地址时，当ARP广播包通过网络节点的xgbe0进入br-ex桥后，qg-2181253a-17就会给出ARP应答。qg-2181253a-17的MAC是fa:16:3e:58:f4:93，因此，凡是发往vm1所在子网的虚拟机的，数据包的目的MAC都是fa:16:3e:58:f4:93。我们具体看一下br-ex桥的FDB：

```
[root@10.73.189.17 ~]# ovs-appctl fdb/show br-ex
port  VLAN  MAC               Age
...
   4     0  fa:16:3e:58:f4:93    0
   ...
```

而编号 4 正是 qg-2181253a-17 所在的端口：

```
[root@10.73.189.17 ~]# ovs-ofctl show br-ex
...
 4(qg-2181253a-17): addr:1d:00:00:00:00:00
     config:     PORT_DOWN
     state:      LINK_DOWN
     speed: 0 Mbps now, 0 Mbps max
...
```

可见，从 xgbe0 进来的访问 vm1 所在子网的数据包确实是被转发到了端口 qg-2181253a-17，这是一个 internal 类型的端口，Open vSwitch 中 internal 类型的接口不会注册 rx_hander，所以向上层协议栈传递时也不会遇到钩子函数，数据包将顺利的传递到上层协议。

进入网关的数据包的目的 IP 是 Floating IP，因此需要替换为虚拟机的 private IP，即 DNAT。vm1 的网关所在的网络命名空间的 netfilter 的 DNAT 规则如下：

```
[root@10.73.189.17 ~]# ip netns exec \
qrouter-b7daa3e4-a906-4c60-9b48-cef7c88f6f92 iptables-save
...
-A neutron-l3-agent-OUTPUT -d 10.75.234.7/32 -j DNAT
--to-destination 192.168.0.3
-A neutron-l3-agent-PREROUTING -d 10.75.234.7/32 -j DNAT
--to-destination 192.168.0.3
...
```

vm1 的网关所在的网络命名空间的 netfilter 将数据包的目的 IP 10.75.234.7 替换为 vm1 的 private IP 192.168.0.3。然后网关通过查找路由表：

```
[root@10.73.189.17 ~]# ip netns exec \
qrouter-b7daa3e4-a906-4c60-9b48-cef7c88f6f92 route -n
Destination     Gateway        Genmask      ··· Iface
0.0.0.0       10.75.234.1     0.0.0.0 ···   qg-2181253a-17
10.75.234.0     0.0.0.0        255.255.254.0 ··· qg-2181253a-17
192.168.0.0     0.0.0.0        255.255.0.0   ··· qr-db4752ad-ef
```

通过网络接口 qr-db4752ad-ef 转发出去，因为 qr-db4752ad-ef 连接在 br-int 桥，因此，数据包将到达网络节点的 br-int 桥。

6.3.2 数据包在网络节点的 Open vSwitch 中的处理

1. br-int 桥中的决策过程

当数据包到达 br-int 桥后，首先需要为其打上 VLAN ID，这样到达 br-tun 桥后，才能根据 VXLAN ID 为其赋予其所属子网的 VXLAN ID。虚拟机 vm1 所在子网在 br-int 桥上的 VLAN ID 为 3：

```
[root@10.73.189.17 ~]# ovs-vsctl show
    Bridge br-int
        Port "qr-db4752ad-ef"
            tag: 3
            Interface "qr-db4752ad-ef"
                type: internal
        ...
```

打完 VLAN Tag 后，即可通过转发到 patch-tun 端口，从而通过 patch 类型的接口到达 br-tun 桥。br-int 桥基于传统的 MAC 和端口映射的方式进行转发决策，从网关中可以看到发往虚拟机 vm1 的数据包的 MAC 地址：

```
 [root@10.73.189.17 ~]# ip netns exec \
qrouter-b7daa3e4-a906-4c60-9b48-cef7c88f6f92 arp -n
Address        HWtype   HWaddress            ...   Iface
192.168.0.3    ether    fa:16:3e:1c:bd:25          qr-db4752ad-ef
...
```

结合 br-int 桥的 FDB：

```
 [root@10.73.189.17 ~]# ovs-appctl fdb/show br-int
port  VLAN  MAC                Age
   6     3  fa:16:3e:0d:14:18    7
   ...
   1     3  fa:16:3e:1c:bd:25    1
   ...
```

可见，br-int 桥会将发往 vm1 的数据包转发到端口是 1，而编号 1 的端口正是 patch-tun：

```
 [root@10.73.189.17 ~]# ovs-ofctl show br-int
1(patch-tun): addr:1a:70:72:4c:43:35
     config:     0
     state:      0
     speed: 0 Mbps now, 0 Mbps max
  ...
```

2. br-tun 桥中的决策过程

我们先来直观地看一下 br-tun 桥：

```
[root@10.73.189.17 ~]# ovs-vsctl show
    Bridge br-tun
        Port patch-int
            Interface patch-int
                type: patch
                options: {peer=patch-tun}
        Port "vxlan-0a4c2424"
```

```
            Interface "vxlan-0a4c2424"
                type: vxlan
                options: {csum="true", in_key=flow,
local_ip="10.73.189.17", out_key=flow,
remote_ip="10.76.36.36"}
...
```

虚拟机vm1运行在计算节点1（10.76.36.36），因此，从端口patch-int进来的，发往虚拟机vm1的，即VLAN ID 3，目的MAC是fa:16:3e:1c:bd:25的数据包，应该通过vxlan端口vxlan-0a4c2424进行封装后发往计算节点1（10.76.36.36）。端口patch-int和vxlan-0a4c2424对应的端口号如下：

```
[root@10.net.73.189.17 ~]# ovs-ofctl show br-tun
1(patch-int): addr:ba:fc:0a:cc:b6:1b
    config:     0
    state:      0
    speed: 0 Mbps now, 0 Mbps max
 ...
3(vxlan-0a4c2424): addr:aa:a2:4e:43:e6:ad
    config:     0
    state:      0
    speed: 0 Mbps now, 0 Mbps max
 ...
```

下面我们就结合br-tun桥具体的流表看一下其是如何选定3号端口，即vxlan-0a4c2424转发的，br-tun桥的流表如下：

```
[root@10.73.189.17 ~]# ovs-ofctl dump-flows br-tun
T0-1)cookie=0x0, duration=3208303.243s, table=0, n_packets=32518890, n_
    bytes=3186293924, idle_age=0, hard_age=65534, priority=1,in_port=1
    actions=resubmit(,1)
...
T1-1)cookie=0x0, duration=3208303.202s, table=1, n_packets=32518136, n_
    bytes=3186260384, idle_age=0, hard_age=65534, priority=0,dl_dst=00:00:00:00:
    00:00/01:00:00:00:00:00 actions=resubmit(,20)
...
T20-1)cookie=0x0, duration=3197919.252s, table=20, n_packets=6054644, n_
    bytes=552271264, idle_age=1, hard_age=65534, priority=2,dl_vlan=1,dl_
    dst=fa:16:3e:16:6c:db actions=strip_vlan,set_tunnel:0x3,output:2
...
T20-2)cookie=0x0, duration=1248740.256s, table=20, n_packets=2370088, n_
    bytes=216175296, idle_age=0, hard_age=65534, priority=2,dl_vlan=3,dl_
    dst=fa:16:3e:1c:bd:25 actions=strip_vlan,set_tunnel:0x4,output:3
...
```

因为patch-int端口号是1，因此，Table 0的第1条流表项T0-1即匹配上了，数据包转到table 1继续进行匹配。

因为是单播，所以table 1的第1条流表项T1-1匹配成功，动作是转到表20继续进行匹配。

table 20 的第 1 条流表项 T20-1 匹配失败，显然这条流表项是为另外一个子网准备的。沿着 table20 继续匹配。table 20 中的第 2 条流表项 T20-2 继续匹配，因为 dl_vlan=3，dl_dst=fa:16:3e:1c:bd:25，所以匹配成功。匹配成功后，br-tun 桥做了 2 件事：一是将数据包的 VXLAN ID 设置为 4；二是通过端口 3 发送出去，而 3 号端口正是 vxlan-0a4c2424。

VXLAN 端口将数据包封装后，将进入 3 层协议栈，按照正常的发送流程发送。但是现在发往 vm1 的数据包，已经进行了一层封装，外层的目的 IP 已经不是 vm1 的 192.168.0.3 了，而是 vm1 所在的计算节点 1 的 IP 10.76.36.36 了。

3. OVS 最终决策结果

让我们来回顾一下数据包在 br-int 桥和 br-tun 桥中的决策过程：数据包从 qr 端口进入 br-int 桥，然后通过 patch 类型的接口进入 br-tun 桥，最终通过 VXLAN 端口封装后进入 3 层协议栈，按照正常网络发包流程处理。但是事实上，数据包完全没有必要经过端口 patch-tun、patch-int，也完全没有必要进行打上或删除 VLAN Tag 的操作，而是直接到达 VXLAN 端口。结合从 IDC 中访问 vm1 的场景，就是从端口 qr-db4752ad-ef 直接转发到端口 vxlan-0a4c2424，在数据层面，这 2 个端口对应的端口号如下：

```
[root@10.73.189.17 ~]# ovs-dpctl show
system@ovs-system:
    …
    port 6: vxlan_sys_4789 (vxlan)
    …
    port 10: qr-db4752ad-ef (internal)
    …
```

我们来看一下控制面下发给数据面的最终的转发决策：

```
[root@10.73.189.17 ~]# ovs-dpctl dump-flows
…
recirc_id(0),in_port(10),eth(src=fa:16:3e:69:9a:50,dst=fa:16:3e:1c:bd:25),
    eth_type(0x0800),ipv4(tos=0/0x3,frag=no), packets:68401, bytes:6703250,
    used:0.055s, actions:set(tunnel(tun_id=0x4,src=10.73.189.17,dst=10.76.36.36,
    ttl=64,flags(df|csum|key))),6
…
```

显然，从 10 号端口 qr-db4752ad-ef 进来的，发往 vm1 的，即目的 MAC 是 fa:16:3e:1c:bd:25 的数据包，确实是直接转发到了 6 号 VXLAN 端口。

4. br-ex 桥中的处理过程

发送给 vm1 的数据包，经过 VXLAN 端口的封装，就进入了网络节点的 IP 层走正常的发包过程了。我们看一下网络节点的路由表：

```
[root@10.73.189.17 ~]# route —n
Destination     Gateway         Genmask         … Iface
```

```
0.0.0.0         10.73.189.1     0.0.0.0         ··· br-ex
10.73.189.0     0.0.0.0         255.255.255.128 ··· br-ex
```

因为vm1所在的计算节点1（10.76.36.36/25）与网络节点（10.73.189.17/25）不在同一网段，所以封装后的数据包将发往网关10.73.189.1，路由表中的br-ex是br-ex桥上的internal类型的同名端口：

```
[root@10.73.189.17 ~]# ovs-vsctl show
    Bridge br-ex
        Port "qg-a22ee26a-fb"
            Interface "qg-a22ee26a-fb"
                type: internal
        Port "qg-2181253a-17"
            Interface "qg-2181253a-17"
                type: internal
        Port "xgbe0"
            Interface "xgbe0"
        Port br-ex
            Interface br-ex
                type: internal
```

显然，从internal类型的br-ex进来的数据包，应该通过物理网络接口xgbe0发送到真正的物理网络上去。br-ex桥采用传统的MAC和端口的映射进行转发决策，换句话说，发往网络节点的网关10.73.189.1的数据包应该转发到xgbe0所在的端口，我们来看一下10.73.189.1的MAC地址：

```
[root@10.73.189.17 ~]# arp -n
Address                  HWtype  HWaddress           Iface
10.73.189.1              ether   14:14:4b:74:a4:9c   br-ex
…
```

结合br-ex桥的FDB：

```
 [root@10.73.189.17 ~]# ovs-appctl fdb/show br-ex
port  VLAN  MAC                Age
    1     0  a0:36:9f:2f:61:bc  299
    …
    1     0  14:14:4b:74:a4:9c    0
    …
```

可见，网络节点发往其网关的数据包，即目的MAC为14:14:4b:74:a4:9c的数据包，将转发到端口1，而端口1正是物理网络接口xgbe0所在的端口：

```
 [root@10.73.189.17 ~]# ovs-ofctl show br-ex

 1(xgbe0): addr:00:25:90:8b:6e:9e
     config:    0
 …
```

我们从数据层面也可以看到这个转发决策，端口 br-ex 和 xgbe0 在 datapath 中对应的端口号如下：

```
[root@10.73.189.17 ~]# ovs-dpctl show
system@ovs-system:
        …
         port 2: br-ex (internal)
         port 3: xgbe0
        …
```

结合 datapath 中的流表：

```
[root@10.73.189.17 ~]# ovs-dpctl dump-flows
…
recirc_id(0),in_port(2),eth(src=00:25:90:8b:6e:9e,dst=14:14:4b:74:a4:9c),
    eth_type(0x0800),ipv4(frag=no), packets:1034558420, bytes:173198413784,
    used:0.003s, flags:SFPR., actions:3
…
```

可以清楚地看到，从端口 2，即端口 br-ex 进来的包，通过端口 3，即 xgbe0 转发出去。

6.3.3　数据包在计算节点的 Open vSwitch 中的处理

1. br-tun 桥中的决策过程

当 VXLAN 封装的数据包达到计算节点后，位于 2 层的网卡驱动接收，然后沿着网络协议栈一路向北，通过 3 层，到达 4 层的 UDP 协议，进入 VXLAN 对应的 4789 号 UDP socket。4789 这个 socket 的接收函数 vxlan_rcv 会将网络包送达 OVS 的数据平面处理。br-tun 桥需要将数据包的 VXLAN ID 映射为对应的 VLAN ID，然后就可以将数据包转发到端口 patch-int，送达 br-int 桥了。我们先来看一下 br-tun 桥上的相关端口：

```
[root@10.76.36.36 ~]# ovs-vsctl show
    Bridge br-tun
        Port patch-int
            Interface patch-int
                type: patch
                options: {peer=patch-tun}
        Port "vxlan-0a4c2220"
            Interface "vxlan-0a4c2220"
                type: vxlan
                options: {csum="true", in_key=flow,
local_ip="10.76.36.36", out_key=flow,
remote_ip="10.76.34.32"}
        Port "vxlan-0a49bd11"
            Interface "vxlan-0a49bd11"
                type: vxlan
```

```
                options: {csum="true", in_key=flow,
    local_ip="10.76.36.36", out_key=flow,
    remote_ip="10.73.189.17"}
                …
```

与网络节点对应的 VTEP 是 vxlan-0a49bd11，从这个端口进来的数据包经过剥离外层封装、打上 VLAN Tag 后，应该转发到端口 patch-int。这 2 个端口对应的端口号是：

```
[root@10.76.36.36 ~]# ovs-ofctl show br-tun
1(patch-int): addr:56:71:ea:11:76:48
     config:     0
     state:      0
     speed: 0 Mbps now, 0 Mbps max
 2(vxlan-0a49bd11): addr:5e:3a:73:91:02:a9
     config:     0
     state:      0
     speed: 0 Mbps now, 0 Mbps max
 …
```

结合 br-tun 桥的流表：

```
[root@10.76.36.36 ~]# ovs-ofctl dump-flows br-tun
T0-1)cookie=0x0, duration=1954692.650s, table=0, n_packets=3627410, n_
    bytes=338751653, idle_age=6, hard_age=65534, priority=1,in_port=1
    actions=resubmit(,1)
T0-2)cookie=0x0, duration=1954183.439s, table=0, n_packets=3231014, n_
    bytes=293384410, idle_age=6, hard_age=65534, priority=1,in_port=2
    actions=resubmit(,3)
…
T3-1)cookie=0x0, duration=1283877.800s, table=3, n_packets=2438798, n_
    bytes=222448880, idle_age=6, hard_age=65534, priority=1,tun_id=0x4
    actions=mod_vlan_vid:6,resubmit(,10)
…
T10-1)cookie=0x0, duration=1954692.539s, table=10, n_packets=3231374,
    n_bytes=293425782, idle_age=6, hard_age=65534, priority=1
    actions=learn(table=20,hard_timeout=300,priority=1,NXM_OF_VLAN_
    TCI[0..11],NXM_OF_ETH_DST[]=NXM_OF_ETH_SRC[],load:0->NXM_OF_VLAN_
    TCI[],load:NXM_NX_TUN_ID[]->NXM_NX_TUN_ID[],output:NXM_OF_IN_
    PORT[]),output:1
…
```

vxlan-0a49bd11 的端口号是 2，所以 table 0 的第 2 条流表项 T0-2 匹配成功，数据包给到 table 3 继续匹配。

看 table3 的第 1 条流表项 T3-1，这条流表项负责从 VXLAN ID 转换为 VLAN ID。vm1 所在的子网的 VXLAN ID 是 4，根据执行的动作 mod_vlan_vid:6 可见，将为数据包打上 VLAN ID 6，然后给到 table 10 继续匹配。

table10 的第 1 条流表项 T10-1 匹配成功，其核心操作就是将数据包送往 1 号端口，即 patch-int 端口，目的是将数据包送往 br-int 桥。除此之外，在 table 10 中我们看到流表还进行了学习，将学习到的规则添加到 table 20。这个过程类似常规的 2 层交换机的 MAC 学习过程，即记录 VXLAN 端口和 MAC 的映射关系，等到反向发送时，根据目的 MAC 就可以知道转发到哪个 VXLAN 端口。

事实上，从同一个隧道端口进来的数据包可能属于不同子网的虚拟机，以另外一台计算节点 2（10.76.34.32）为例：

```
[root@10.76.34.32 ~]# ovs-ofctl show br-tun
...
2(vxlan-0a49bd11): addr:fa:1c:ab:11:e0:d9
     config:     0
     state:      0
     speed: 0 Mbps now, 0 Mbps max
...

[root@10.76.34.32 ~]# ovs-ofctl dump-flows br-tun
...
T0-1)cookie=0x0, duration=5939578.460s, table=0, n_packets=22276798, n_
    bytes=2027362163, idle_age=0, hard_age=65534, priority=1,in_port=2
    actions=resubmit(,3)

T3-1)cookie=0x0, duration=5145100.683s, table=3, n_packets=12577949, n_
    bytes=1143810253, idle_age=4, hard_age=65534, priority=1,tun_id=0x3
    actions=mod_vlan_vid:1,resubmit(,10)
T3-2)cookie=0x0, duration=2082283.237s, table=3, n_packets=4097103, n_
    bytes=374568367, idle_age=0, hard_age=65534, priority=1,tun_id=0x4
    actions=mod_vlan_vid:3,resubmit(,10)
...
```

我们看到，同样从 2 号 VXLAN 端口进来的数据包，有属于到 VXLAN ID 是 4 的子网，也有属于 VXLAN ID 是 3 的子网的。因此，需要针对不同的 VXLAN ID，打上相应的 VLAN ID。

2. br-int 桥中的决策过程

打着 VLAN Tag 的数据包通过 patch-tun，从 br-tun 桥进入了 br-int 桥。br-int 桥需要根据 VLAN ID 和数据包的 MAC 将其送往正确的 qvo 端口。数据包到达 br-int 桥时，数据包的外层封装已经被剥离，其目的 MAC 就是虚拟机网卡的 MAC 地址。虚拟机 vm1 的网卡的 MAC 是 fa:16:3e:1c:bd:25，我们结合 br-int 桥的 FDB，看一下其被转发到哪个端口：

```
[root@10.76.36.36 ~]# ovs-appctl fdb/show br-int
port   VLAN  MAC                 Age
    1     6  fa:16:3e:69:9a:50  214
   13     6  fa:16:3e:1c:bd:25    5
   ...
```

可见，目的 MAC 为 fa:16:3e:1c:bd:25 的数据包转发到编号是 13 的端口，这个端口正是 qvo03247d72-8f：

```
[root@10.76.36.36 ~]# ovs-ofctl show br-int
 1(patch-tun): addr:5e:4f:b3:75:13:8f
     config:     0
     state:      0
     speed: 0 Mbps now, 0 Mbps max
  13(qvo03247d72-8f): addr:9a:1d:7e:da:99:08
     config:     0
     state:      0
     current:    10GB-FD COPPER
     speed: 10000 Mbps now, 0 Mbps max
 …
```

观察 br-int 桥上的端口，其 VLAN ID 也的确是 6：

```
[root@10.76.36.36 ~]# ovs-vsctl show
    Bridge br-int
        Port patch-tun
            Interface patch-tun
                type: patch
                options: {peer=patch-int}
        Port "qvo03247d72-8f"
            tag: 6
            Interface "qvo03247d72-8f"
        …
```

qvo 是一个 veth 设备，其另外一端 qvb 连接着一个 Linux 网桥，因此转发到 qvo 的数据包将会被转发到 Linux 网桥。

3. OVS 最终决策结果

让我们来回顾一下数据包在 br-tun 桥和 br-int 桥中的决策过程：数据包从 VXLAN 端口进入 br-tun 桥，然后通过 patch 类型的接口进入 br-int 桥。但是事实上，数据包完全没有必要经过端口 patch-int、patch-tun，也完全没有必要进行打上或删除 VLAN Tag 的操作，而是直接由 VXLAN 端口转发到 qvo 端口。结合从 IDC 中访问 vm1 的场景，就是从端口 vxlan-0a49bd11 直接转发到端口 qvo03247d72-8f。在数据面，这 2 个端口对应的端口号如下：

```
[root@10.76.36.36 ~]# ovs-dpctl show
system@ovs-system:
    …
        port 5: qvo03247d72-8f
        port 6: vxlan_sys_4789 (vxlan)
        …
```

观察 datapath 中的流表，可以发现有下面一条流表项：

```
[root@10.76.36.36 ~]# ovs-dpctl dump-flows
…
recirc_id(0),tunnel(tun_id=0x4,src=10.73.189.17,dst=10.76.36.36,ttl=59,flags(-df
    +csum+key)),in_port(6),skb_mark(0),eth(src=fa:16:3e:69:9a:50,dst=fa:16:3e
```

```
    :1c:bd:25),eth_type(0x0800),ipv4(frag=no), packets:700873, bytes:68685318,
    used:0.251s, flags:S, actions:5
...
```

这个流表项表示，从网络节点（10.73.189.17）发往计算节点1（10.76.36.36）的VXLAN封装的数据包，如果VXLAN ID是4，并且目的MAC是fa:16:3e:1c:bd:25，即发往vm1的数据包，那么直接转发到端口5，即qvo03247d72-8f。

6.3.4 数据包在Linux网桥中的处理

在上一节，我们看到，发往vm1的数据包转发到了端口qvo03247d72-8f。qvo03247d72-8f是一个veth设备，其另外一端是qvb03247d72-8f:

```
[root@10.76.36.36 ~]# ip link
...
59: qvo03247d72-8f@qvb03247d72-8f: <BROADCAST,MULTICAST,…
master ovs-system …
60: qvb03247d72-8f@qvo03247d72-8f: <BROADCAST,MULTICAST,…
master qbr03247d72-8f …
...
```

qvb03247d72-8f连接在Linux网桥qbr03247d72-8f上：

```
[root@10.76.36.36 ~]# brctl show
bridge name     bridge id              …  interfaces
qbr03247d72-8f 8000.8ac05ea06309      …  qvb03247d72-8f
                                          tap03247d72-8f
```

我们看到Linux网桥qbr03247d72-8f上还有另外一个设备tap03247d72-8f，这个设备就是连接虚拟机虚拟网络设备的。Linux网桥qbr03247d72-8f需要做的就是将端口qvb03247d72-8f进来的数据包转发到端口tap03247d72-8f。看一下Linux网桥上qbr03247d72-8f的FDB：

```
[root@10.76.36.36 ~]# brctl showmacs qbr03247d72-8f
port no   mac addr             is local?   ageing timer
  1        8a:c0:5e:a0:63:09   yes           0.00
  2        fa:16:3e:1c:bd:25   no            0.84
...
```

至此，漫长的旅途终于结束了，数据包从IDC中的主机到达了虚拟机vm1，对应的tap设备和vhost-net线程交互完成数据包的接收。

推荐阅读

MANNING
Linux
IN ACTION
Linux实战

Linux
跟老男孩
学Linux运维
核心基础篇（上）

Linux
内核分析
及应用

构建高可用
Linux服务器
（第4版）
Build High Availability Linux Servers Fourth Edition

大规模Linux
集群架构最佳实践
如何管理上千台服务器
Best Practice of Managing
Massive Linux Cluster

Python Linux
系统管理与自动化运维
Python for Linux System Administration
and Automated Operation

GNU/Linux
嵌入式快速编程
GNU/Linux
Rapid Embedded Programming

Linux
性能优化
Optimizing Linux Performance

Linux运维
最佳实践
Best Practices in Linux Operations